(mg. Planche 17.)

86241

(mg. Planche 17.)

LE MONDE

DES

PAPILLONS

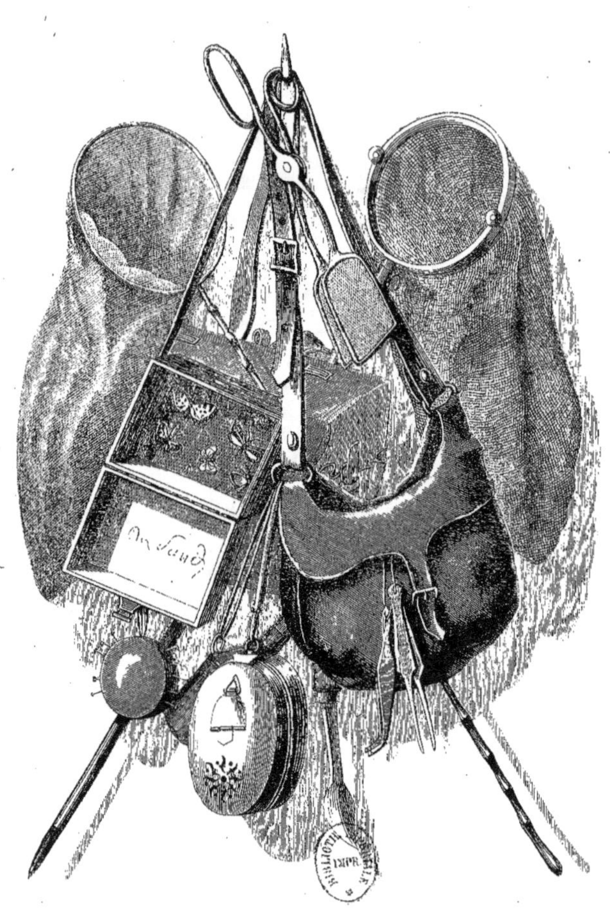

Les Engins du Chasseur.

LE MONDE

DES

PAPILLONS

PROMENADE A TRAVERS CHAMPS

PAR

MAURICE SAND

ORNÉ DE 62 DESSINS PAR L'AUTEUR

AVEC UNE PRÉFACE DE

GEORGE SAND

SUIVI

DE L'HISTOIRE NATURELLE DES LÉPIDOPTÈRES D'EUROPE

PAR A. DEPUISET

Membre des Sociétés entomologiques de France, de Londres, de Belgique, etc.

AVEC 50 PLANCHES COLORIÉES

PARIS

J. ROTHSCHILD, ÉDITEUR

LIBRAIRE DE LA SOCIÉTÉ BOTANIQUE DE FRANCE
ET DES SOCIÉTÉS ZOOLOGIQUE ET GÉOLOGIQUE DE LONDRES
43, RUE SAINT-ANDRÉ-DES-ARTS, 43

1867

PREMIÈRE PARTIE

CAUSERIES SUR L'HISTOIRE NATURELLE EN GÉNÉRAL

LES LOIS DE LA VIE, MÉTAMORPHOSES, MOEURS, HABITUDES DES PAPILLONS

ET MERVEILLES DE L'INSTINCT DE CES ÊTRES

CHASSE ET ÉLEVAGE DES CHENILLES. — OEUFS. — LARVES

CHRYSALIDES. — ÉCLOSION

PROPAGATION ET NOURRITURE. — CHASSE DES PAPILLONS. — PRÉPARATION

COLLECTION. — INSTRUMENTS DE CHASSE

CLASSIFICATION, ETC., ETC.

PRÉFACE

Cet ouvrage est, en résumé, sous forme de conversation & sous prétexte de promenade, un manuel & un index au moyen duquel on peut entrer, en deux heures de lecture, dans le plus joli des mondes animés, le monde des papillons, où l'auteur prétend avoir été initié en deux jours à tous les mystères.

La chose est possible si l'on a beaucoup de mémoire, & l'auteur prétend encore que la mémoire vient comme d'elle-même avec le goût que l'on prend pour une étude.

L'auteur, épris de cette spécialité, a voulu en faciliter l'accès à quiconque en sentirait le goût. Cela est naturel.

On ne *lit* pas les méthodes, on les étudie & on les consulte. En général, les ouvrages spéciaux ne se recommandent à la généralité des lecteurs que par les chapitres qui en résument l'aperçu général.

D'excellents ouvrages ont été publiés sur le monde des

lépidoptères; mais, entre ceux qui remplissent d'études assidues plusieurs années de la vie des amateurs sérieux, & ceux qui amusent les enfants pendant une saison de vacances, il y a un vide. L'auteur l'a senti en le traversant. Il l'a rempli pour son propre usage & par sa propre expérience, comme il a pu, & après en être sorti, il a voulu le combler, dit-il, par un de ces ouvrages faciles & courts, que non-seulement tout le monde peut comprendre, mais que tout le monde peut se procurer.

En effet, le goût des papillons exige une certaine aisance & beaucoup de loisirs. Les livres à gravures coloriées sont d'un prix élevé, les livres sans gravures ne suffisent pas. Les papillons desséchés & préparés qui peuvent servir de type sont une denrée plus chère que ne se l'imaginent les gens *frivoles* (ainsi parlent les amateurs), qui ne les connaissent que pour les avoir vus voler dans les jardins.

Il est rare qu'un jeune homme occupé à faire son éducation ait le temps de suivre une étude si minutieuse, si étendue, & qui ne peut être intéressante qu'à la campagne. Il est rare qu'un petit propriétaire assujetti à la vie des champs ait le superflu sans lequel on ne peut se procurer des ouvrages de six ou huit cents francs.

L'entomologie, & même cette simple branche, l'étude des papillons, est donc une science à l'usage des riches; ou bien elle doit absorber une partie de la vie d'un homme spécialement consacré aux sciences & vivant des sciences.

Voilà pourquoi ce vaste monde de petites merveilles est fermé à la plupart des personnes qui en goûteraient volontiers l'amusement & l'intérêt, & qui s'étonnent naïvement quand on leur montre une cinquantaine de sujets dans un cadre, en leur disant que ce n'est peut-être pas la cent-millième partie de ceux qu'elles n'ont jamais vus, bien qu'ils vivent dans l'air qu'elles respirent à toute heure.

Tout le monde connaît une vingtaine de types, les plus apparents, les plus répandus aux heures du jour où l'on se promène. On apprend aux enfants à les connaître sous leurs noms vulgaires, car on se souvient vaguement d'avoir été initié de même, & on pense que cela suffit à quiconque ne se destine pas aux études naturelles.

Eh bien! cela ne suffit pas. Sans devenir ni chasseur ni préparateur, ni collectionneur de papillons, il serait bon d'avoir une notion générale & précise de cette branche de l'histoire naturelle, comme on l'a des animaux plus apparents dans la création, comme on devrait l'avoir de toutes les classes d'êtres qui composent la faune environnante.

Un ouvrage qui, sans prétendre à révéler des secrets nouveaux, ni même à établir une méthode nouvelle, tend, sous une forme facile & enjouée, à initier tout le monde à toute l'existence d'un *ordre*, peut donc avoir son utilité, comme il a son intérêt très-réel pour les amants de la nature, qu'ils soient au point de vue de l'observation, de l'art ou de la poésie.

Mais à quoi bon, disent certains poëtes, savoir tous ces noms barbares qui dépoétisent la nature & qui mettent l'observation, chose froide & têtue, à la place de la contemplation, chose vive & mobile?

C'est là un raisonnement de paresseux, que j'ai fait souvent pour mon compte. J'ai passé ma jeunesse à me révolter contre les noms grecs & latins, & pour n'avoir pas voulu donner, de temps en temps, cinq minutes d'attention au sens de ces noms tirés des langues mortes devenues langues universelles, & par là indispensables à la science, j'ai laissé s'atrophier en moi le sens de la mémoire, si utile, si nécessaire, si agréable dans l'examen de la nature.

Beaucoup des lecteurs à qui je m'adresse sont tombés par leur faute dans la même infirmité. Aussi disent-ils, après avoir dit comme moi : à quoi bon les noms? — *à quoi bon les classifications?*

C'est là où nous sommes tous vraiment très-coupables & très-ingrats envers le divin auteur des choses; car sans croire qu'il les ait faites absolument pour nous, nous devrions sentir qu'en nous donnant la faculté de comprendre la richesse & la beauté de son œuvre, il nous a fait un très-beau présent; & c'est toujours être ingrat & mal-appris que de laisser dans un coin, sans y regarder jamais, une magnifique chose qui nous a été magnifiquement donnée.

Donc il faut connaître la création, & comme nous n'avons

pas les yeux de Dieu pour la voir d'emblée à la fois dans son ensemble & dans son détail, nous sommes obligés, pour la comprendre, de procéder par la synthèse & par l'analyse séparément; par conséquent nous sommes forcés de diviser & de classer sans cesse, sous peine de marcher à tâtons & de perdre notre vie entière en de stériles recherches.

La magnificence de la création consiste dans sa sagesse, dans l'unité de son plan & dans la variété de ses combinaisons. Ces combinaisons ingénieuses, admirables de beauté ou de fécondité, nous échappent si nous ne voyons qu'un petit nombre de types & si nous ignorons combien d'autres types s'enchaînent & se rattachent à ceux-là, en s'enchaînant à d'autres types encore, sans interruption, sans défaillance dans le génie inventif qui a présidé aux lois de la vie.

Vous ne comprendrez donc Dieu, autant qu'il est donné à l'homme de le comprendre, qu'à la condition de laisser en vous le moins de lacunes possible dans la connaissance du monde que vous habitez. C'est par cette connaissance approfondie, c'est tout au moins par une compréhension nette de cette connaissance acquise à la science, que, pouvant procéder avec logique du connu à l'inconnu, vous arriverez à vous faire une idée douce, consolante & sage des mondes qui peuplent cet univers dont l'immensité vous écrase & dont le mutisme vous épouvante.

Pour monter, non pas jusqu'au sublime architecte, mais du

moins vers le foyer de sa pensée où le progrès (sa loi d'amour) nous attire sans cesse, il nous faut graviter le long des spirales de l'infini. La science est une rampe qui nous préserve du vertige, & ses classifications sont autant de paliers commodes où nous pouvons reprendre haleine avant de monter plus haut.

Telle est, si nous l'avons bien comprise, la pensée du livre que nous avons sous les yeux, &, pour en suivre l'esprit en vulgarisant notre propre pensée, nous dirons, en d'autres termes, à l'artiste & au poëte que les nomenclatures & les dénominations épouvantent :

— Vous êtes les amants romanesques, les chevaliers errants de la nature. C'est là une belle mission, & je conviens avec vous que l'étude scientifique de la nature est une sorte de dissection que les artistes doivent éviter de présenter à nos regards. Mais faites attention que votre procédé consiste dans un choix & dans une combinaison d'objets, d'images, d'émotions à votre usage, & que plus vous enrichirez le fond de votre examen positif, plus il vous sera facile d'y puiser à coup sûr, avec discernement, avec ampleur, avec goût.

C'est ainsi que les peintres sérieux apprennent l'anatomie du corps humain, non pour en rendre servilement, hors de propos, toute la musculature, mais pour en accuser les principales beautés, & même pour faire sentir, sous les plis qui les revêtent, la grâce et la logique des mouvements. Plus vous ferez l'anatomie de la nature, plus vous aimerez les œuvres du Créateur.

Et même, en poursuivant cette analyse dans ses moindres détails, loin de vous sentir rebutés du champ immense déroulé sous vos yeux, vous trouverez chaque jour plus d'attrait & moins de fatigue à le parcourir. Vous vous apercevrez vite que, plus on y découvre de richesses, mieux on apprécie chaque pierre précieuse de ce trésor. Vous reconnaîtrez même qu'avant de voir, il faut avoir appris à voir, & qu'avant d'avoir examiné, au moyen de la classification, les espèces & les variétés d'individus, vous n'aviez qu'une vue confuse des différences de formes & de nuances qui caractérisent chaque genre de beauté.

Donc le poëte & l'artiste ne peuvent que gagner dans les études naturelles, & les lois de la vie sont tellement harmonieuses dans leur enchaînement, que, pour bien comprendre l'énigme de la vie humaine, il faut comprendre celle du moindre atome admis au privilége de la vie.

GEORGE SAND.

LE MONDE

DES PAPILLONS

CAUSERIE A TRAVERS CHAMPS

I.

L'ENTOMOLOGISTE.

Depuis plusieurs jours, nous avions projeté, Pigeot & moi, d'aller faire des études de paysage d'après nature dans la forêt de Châteauroux, dont certaines parties, comme les *Trois-Fouineaux,* sont si remarquables par la beauté de leurs arbres séculaires.

Après avoir fait une *pochade* dans la matinée & déjeuné fort modestement sous la voûte de verdure des grands chênes, nous nous sentîmes saisis de frissons, bien qu'il fît un temps magnifique & que nous fussions dans les premiers jours de juin. « Je ne sais, me dit mon camarade, si c'est le veau froid & le *petit bleu* qui passent mal, ou l'humidité qui règne sous ces grands coquins d'arbres, hauts comme des piliers de cathédrale & droits comme des tuyaux d'orgues, mais je suis gelé. »

Je lui proposai d'aller faire une autre étude sur la brande.

« Avec plaisir ! Assez d'arbres pour un jour. En avant ! au désert !
au soleil ! — Holà ! cria-t-il au petit paysan qui nous avait servi de guide,
viens ici, jeune homme des bois, ramasse les bribes du festin, mets-les
dans ta poche, car je suppose qu'il n'y a plus de place dans ton estomac,
& partons !

— Y a-t-il encore du veau ? demanda le petit paysan.

— Il y a encore du veau ! » répondit Pigeot d'un ton solennel.

Notre jeune guide ramassa le bâton de houx qu'il avait taillé &
ratissé toute la matinée, & sourit agréablement à mon ami.

« Ferme donc la bouche, lui cria l'artiste, tu me fais peur. »

Après avoir plié bagage & chargé le jeune Sylvinet de nos parasols,
nous gagnâmes la lisière de la forêt, & bientôt nous fûmes en pleine
brande.

« Arrêtons-nous ici, dit Pigeot, voici un motif. Un sentier de sable
au milieu des bruyères & des genêts en fleur. Du blanc, du vert, du
rose, du jaune ; une ligne droite comme une règle à l'horizon violet ; le
ciel bleu tout balafré de nuages gris, & le soleil sur tout ça. Il n'y a
qu'à peindre au premier plan maître Sylvinet, la perle des guides,
grattant son bâton, & voilà un tableau tout fait pour le prochain Salon. »

Pigeot ouvrit sa boîte à couleurs, prépara sa palette, s'installa
devant sa toile & alluma sa pipe. Au bout d'une heure de méditation :

« Ça manque d'effet, » dit-il.

Et tournant le dos au motif qui l'avait déjà séduit :

« Ça n'est pas mal non plus de ce côté-ci, reprit-il en clignant les
yeux ; silhouette de forêt sur un soleil couchant... mais trop d'effet. »

Il regardait en penchant la tête de droite & de gauche, se faisait une
longue-vue de ses deux poings à demi fermés. Il alla même jusqu'à
regarder la nature à l'envers, en se mettant la tête en bas, si bien que
Sylvinet, qui s'était remis à *chapuser*, c'est ainsi qu'il appelait la dernière
touche donnée à son brin de houx, arrêta son travail pour le regarder
d'un air moitié craintif, moitié dédaigneux, &, se hasardant à lui faire
une question, lui dit :

« C'est-il donc que vous voulez faire passer un chemin de fer par ici, que vous levez des plans?

— Un chemin de fer? dit Pigeot surpris. Non, mon doux fils, je cherche l'effet.

— C'est qu'avec tous ces sortiléges-là, vous allez amasser la grêle.

— Allons, bon! me voilà sorcier, à présent; mais il a raison, le drôle, voici l'orage. »

Quelques larges gouttes de pluie venaient de tomber, & la nuée qui montait rapidement allait nous crever sur le dos.

« Je l'avais bien dit, reprit le petit paysan, voilà l'eau. Si nous nous en allions?

— C'est ce que j'allais avoir l'honneur de vous proposer, monsieur Mathieu Længsberg, » répondit mon camarade en bouclant les courroies de son sac & en déployant son parapluie.

Et nous partîmes à travers la bruyère. La nuit venait, & l'orage assombrissait encore les chemins à peine tracés que nous suivions sur la lande. Pigeot nous devançait en chantant :

« Au soleil couchant
Toi qui vas cherchant
Fortune,
Prends garde de choir :
La terre, le soir,
Est brune. »

Nous marchions depuis quelques minutes, sans nous dire un seul mot, quand le jeune Sylvinet se hasarda à rompre le silence.

« Il fait si noir que ça en fait peur! dit-il. Je crois bien que nous sommes perdus!

— Vois à l'horizon,
Aucune maison.
Aucune ! »

lui répondit Pigeot.

En effet, nous nous étions perdus. Notre guide nous donna pour excuse qu'il nous avait suivis; que, puisque nous passions devant, c'est que nous savions le chemin. Que faire? Tout à coup, mon camarade me dit qu'il apercevait une lumière; mais elle était si éloignée, que, pour l'atteindre, il nous fallait bien encore une heure de marche.

Nous en étions à discuter si nous irions de ce côté, quand notre jeune paysan nous dit d'un air décidé :

« Moi, je n'y vas pas! Il n'y a pas de maison par là. C'est pour sûr un *flambeau* (feu follet)! ou peut-être pis : le *grand ramasseu de rosée!*

— Suivons cette direction, dit Pigeot, &, si nous avons affaire à ce fantôme indigène, nous lui demanderons à souper ; *Guzman ne connaît pas d'obstacle!*

— N'y allez pas! n'y allez pas! cria notre guide. Nous sommes bien à trois lieues d'Ardentes... Je reconnais le chemin; vaut mieux s'en retourner que de passer par la forêt de Châteauroux à cette heure de la nuit. »

Aller demander l'hospitalité à un garde forestier eût mieux valu que de refaire trois lieues de pays, & quelles lieues! Mais nous eûmes beau prier ou menacer notre guide, il réclama son salaire, & ne l'eut pas plutôt dans la main qu'il se sauva à toutes jambes.

« Que Dieu te gard' de male peur! lui cria Pigeot. Au plaisir de ne plus te revoir !

— Allons sur cette lumière, dit-il ; je meurs de faim, & je ne serai pas fâché de boire aussi beaucoup! »

Tout en pataugeant à travers les fondrières, mon compagnon me parlait d'omelette au lard sous les couleurs les plus alléchantes; mais ce fanal qui, pour nous, était l'étoile polaire du souper, ne se montrait plus que par intervalles. Il semblait même nous fuir, à mesure que nous avancions.

« Je commence à croire qu'il y a là du fantastique, dis-je à mon camarade.

— Holà! la chandelle! ohé! du feu follet! héla Pigeot, en faisant un porte-voix de ses deux mains.

Nous arrivâmes sur la lisière de la forêt, assez éloignés l'un de l'autre. Nous nous appelions de temps en temps. « Je marche droit sur la lumière! » me répondait mon camarade. J'en faisais autant. C'était à qui arriverait le premier. Croyant gagner du terrain, je m'enfonçai dans un fourré. J'entendis au loin la voix de Pigeot, mais je lui répondis en vain; le vent était contraire, il ne m'entendait pas, & bientôt je ne l'entendis plus moi-même. Croyant sortir du fourré, je m'y engageai tout à fait. L'orage s'était dissipé aussi rapidement qu'il s'était formé, mais la nuit restait sombre, & je n'apercevais plus le moindre fanal.

Prendre gîte dans l'épaisseur d'une forêt de quinze ou vingt lieues d'étendue & y passer la nuit sans manger n'eût guère été de mon goût. A force de tâtonner, je trouvai un sentier & je m'y engageai à tout hasard, quoiqu'il me parût aboutir à mon point de départ. J'y avais fait cent pas à peine, quand tout à coup, à ma grande satisfaction, je revis, au travers du feuillage, une lumière qui, pour être faible, n'était point douteuse. L'espoir me revint, & j'avançai aussi vite qu'il me fut possible. Mais j'eus bientôt un nouveau désappointement. La lumière que je poursuivais se mit à changer de place, & ne tarda pas à disparaître complétement. Je résolus de continuer mon chemin en marchant toujours du côté où je l'avais vue. Me voilà donc, encore une fois, trébuchant contre toutes les souches, me rencontrant avec toutes les branches, traversant le fourré & cassant tout sur mon passage. Meurtri, harassé, épuisé de fatigue, je m'arrêtai & me laissai choir au pied d'un gros chêne que je venais de heurter dans l'obscurité.

J'étais là à me demander si j'y passerais la nuit, ou si je reprendrais ma course à travers les broussailles, quand je fus tiré de mes tristes réflexions par un bruit étrange. Il fut d'abord régulier, continu, puis il cessa. Je n'entendis plus rien que le petit grésillement des chauves-souris. Je retenais mon souffle & je cherchais à deviner la cause de ce bruit, lorsqu'il se produisit de nouveau. Cette fois, il était plus distinct & semblait plus rapproché de moi. On eût dit du sifflement uniforme d'une faux dans les herbes. Mais qui pouvait faucher à pareille heure, & comme à tâtons, dans une forêt? Le bruit cessa encore, puis j'entendis comme quelqu'un qui aurait soufflé en reprenant haleine. Je ne sais

pourquoi les avertissements du petit paysan me revinrent à l'esprit, &
j'attendis avec un certain malaise, qui n'était pas sans charme, quelque
chose d'inexplicable.

Une clarté surgit subitement à dix pas de moi, & je vis, au milieu des
herbes, debout & se reposant sur un grand bâton, un être tout noir de
la tête aux pieds; le blanc de ses yeux brillait seul & paraissait refléter
cette lumière vive & immobile qui partait je ne sais d'où.

« *Satyres, bons satyres, venez vite!* » disait ce bizarre personnage.

Et il se remit à faucher en mesure, mais sans rien couper; car il ne
faisait que promener je ne sais quel instrument sur la tête des herbes.
C'est le *grand ramasseur de rosée*, ou le diable en personne, me dis-je.
Il s'arrêta; la lumière parut se rapprocher de lui, & une autre voix se
fit entendre.

« Prends garde de les tuer! dit-elle.

— Tuer les blancs, rien que les blancs! répondit l'homme noir.

— Non! aucun, » reprit l'autre d'un ton d'autorité.

J'en étais à croire que je faisais un rêve singulier, quand la lumière
se rapprocha tout à fait. Je distinguai alors une lanterne portée par un
homme vêtu d'une étrange façon pour le lieu & la circonstance. Il était
en habit noir & en cravate blanche, mais le tout assez négligé. Il

s'accroupit par terre. Le noir vint vers lui, en fit autant, & tous deux se mirent à chercher & à ramasser je ne sais quoi, en disant :

« *Faune ! Mégère ! Tithonus ! Hermione !* Bon ! Ah ! voici la *Bacchante !* très-bien ! »

Je regardais partout, espérant & craignant tout à la fois de voir apparaître quelque démon des bois ; mais rien ne se montra. L'homme en habit noir, m'ayant découvert dans les broussailles, s'avança soudain vers moi et me dit d'un ton ironique :

« Ah ! ah ! je vous y prends ! Vous venez encore m'épier ; mais, vous avez beau faire, vous n'avez pas l'œil !

— Que diable veut-il dire ? pensai-je. Celui-ci est un homme, un fou probablement ! Mais l'autre ?...

— Avez-vous quelque chose ? me dit-il.

— Ah ! pensai-je, c'est un voleur.

— J'ai trente sous & j'ai très-faim ! » lui répondis-je d'un ton fier & menaçant.

Au son de ma voix, il me mit dans la figure sa lanterne, que je fis sauter par terre pour me mettre sur la défensive, ma pique de paysagiste à la main ; mais il ramassa tranquillement sa lanterne & me demanda pardon, en me disant qu'il me prenait pour le pharmacien.

« Moi, un pharmacien ! m'écriai-je. Je suis peintre & perdu dans la forêt. Je vous prenais de loin pour une auberge.

— Pas d'auberge par ici ! » dit l'autre en s'approchant.

J'avoue que je repensai sérieusement à me défendre en le voyant venir sur moi. C'était un nègre du plus beau noir & d'une musculature imposante.

« Si vous voulez coucher quelque part, me dit le blanc, vous avez deux lieues à faire avant de gagner la *Verrerie ;* c'est le plus près ; mais je demeure à deux pas d'ici ; &, puisque vous êtes artiste, je vous prie d'accepter l'hospitalité chez moi. »

Voyant que je n'avais affaire qu'à un être bienveillant, je ne me le fis pas dire deux fois ; mais j'annonçai que j'étais avec un ami qu'il me fallait d'abord retrouver.

Alors, tous les trois, nous appelâmes Pigeot. Le nègre surtout développa une telle puissance de poumons, qu'il fallait que mon camarade fût à une bien grande distance pour ne pas l'entendre. Les deux inconnus me tranquillisèrent sur son sort en me promettant d'envoyer à sa recherche, & m'engagèrent à les suivre à leur domicile.

Mon hôte éteignit sa lanterne qui le gênait, disait-il, pour s'orienter, la donna au nègre & passa devant. Tantôt nous eûmes à traverser d'immenses clairières, tantôt nous nous engageâmes dans des sentiers & tantôt dans d'épaisses broussailles. Ce fut une véritable course à vol d'oiseau. Ce personnage fantastique marchait très-vite & ne rompait le silence que pour dire de temps en temps, à voix basse & comme se parlant à lui-même, des mots bizarres que je ne comprenais pas. J'allumai ma pipe pour tromper la faim qui me travaillait. Nous suivions en ce moment une haie de houx sur les bords de la forêt.

« Malheureux! s'écria le nègre, pas fumer.

— Tiens! est-ce que c'est défendu? lui répondis-je. Nous sommes en dehors de la forêt, il n'y a pas de danger pour le feu.

— Éteindre ça! Éteindre! reprit-il.

— Vous êtes sous le vent! me dit le maître; ayez la complaisance de ne pas fumer.

— Est-ce donc contraire à la santé de l'un de vous? demandai-je.

— Oh! nullement! » me fut-il répondu.

Convaincu de plus en plus que j'avais affaire à des fous, je commençai à regretter d'avoir accepté leur hospitalité. Je serrai ma pipe & continuai de les suivre. Tout à coup le maître s'arrête, rallume sa lanterne & me dit :

« Ne bougez pas! Attendez-moi ici. Je suis à vous dans dix minutes. »

Résigné forcément à subir toutes ses extravagances, je m'assis. Je le vis avec son nègre, à une vingtaine de pas de moi, s'arrêter, regarder la haie, élever & baisser sa lumière & marcher pas à pas, en prenant je ne sais quoi. Ils allèrent fort loin, & les dix minutes durèrent bien une demi-heure, au bout de laquelle, ne voyant & n'entendant plus rien, je pensai qu'ils m'avaient oublié. Comme cela ne faisait nullement mon affaire, je me mis à crier après eux. Ce fut en vain, & je me disposais à partir seul, à l'aventure, quand j'entendis tout à coup une voix près de mon oreille.

« Je vous ai fait attendre un peu, me dit l'homme à la cravate blanche, mais c'était indispensable. Le temps était bon ce soir ; cependant rien de nouveau, si ce n'est *Livida !* »

Je me perdis en conjectures sur ce nom cadavérique, & je me hasardai à demander ce qu'ils avaient été voir ; mais je ne pus rien obtenir d'intelligible. Les paroles devenaient de plus en plus mystérieuses. Je commençais presque à avoir peur, quand mon hôte poussa une petite barrière au milieu d'une haie vive, en me disant :

« Nous y voici ! Entrez. »

Il m'introduisit dans une salle à manger fort exiguë, m'offrit une chaise & me dit qu'on allait me servir à souper. Il ne me donna pas le temps de le remercier, car il sortit aussitôt. Resté seul, j'examinai le local. Trois ou quatre cadres d'insectes & de papillons ornaient les murailles. Un buffet-dressoir, couvert de quelques assiettes à fleurs, une table de noyer, quatre chaises de jonc & un poêle de faïence composaient tout l'ameublement ; un gros corbeau, perché sur le dos d'une chaise, dormait à cœur joie, sans se tourmenter de ma présence.

Le nègre reparut ; &, tout en mettant le couvert, il me questionna si bien que j'appris chez qui j'étais.

« Monsieur entomologiste, comme mon maître ?

— Ah! ah! votre maître est entomologiste! Comment l'appelez-vous?

— M. Desparelles. Très-savant... Moi aussi, mais pas tant comme lui. Æthiops, moi, monsieur! un joli nom, comme celui de beau papillon tout noir. C'est moi, monsieur, qui les ai tous pris. »

Et il me montrait les cadres avec orgueil.

« Mais il n'y a là que des papillons noirs, que des insectes noirs ou d'un brun sombre?

— Moi pas aimer d'autres couleurs. Joli que le noir.

— Vous avez raison à votre point de vue. Moi qui croyais qu'il n'y avait que des papillons blancs en France! »

Il éclata d'un rire à la fois badin & formidable; &, après m'avoir bien regardé, il reprit :

« Monsieur pas entomologiste! En ce cas, quoi donc?

— Peintre! artiste! Savez-vous ce que c'est?

— Moi aussi, artiste! Moi, jouer de la musique sur guimbarde, & demain, si vous voulez... »

M. Desparelles revint & interrompit les épanchements d'Æthiops, en l'invitant, d'un ton paternel, à servir promptement. Sachant où jétais, & commençant à voir clair un peu dans la conduite de mon hôte, je me mis à souper de grand appétit.

« Vous êtes peintre? me dit-il. Et moi aussi, je me suis cru peintre; mais je n'ai gardé de toutes mes études que ce dont j'ai besoin aujourd'hui pour reproduire fidèlement un insecte ou une plante. Je cherchais dans cet art ce qui n'était pas l'art, mais la copie servile de la nature. Quoique j'admirasse les maîtres, mon instinct se révoltait contre l'interprétation dans le détail, & c'est tout au plus si je faisais grâce aux Mignon & aux Vanspaendonck. J'avais tort; la peinture est le sentiment & non le calque des choses. Je l'ai compris plus tard en rêvant & en contemplant au sein de la création. J'ai retrouvé la grande synthèse quand j'ai pu satisfaire mes instincts qui m'entraînaient à l'analyse; mais il n'était plus temps de retourner à mes pinceaux. J'étais ravi par une étude mieux appropriée à mes facultés positives & patientes.

« Après la mort de mon père, qui me laissa une modique fortune, je vins m'établir ici, aimant mieux étudier par moi-même & jouir seul de mes découvertes ou de mes observations, que d'avoir à subir les idées des autres. J'ai de grandes joies, monsieur, des joies sans orgueil, car on ne peut toucher à une branche de la science sans être forcé de connaître les autres, & je m'aperçois souvent que je ne sais rien. Parfois je suis tellement occupé que j'oublie jusqu'à mes repas. Vous croyez peut-être que je suis insensible à ce que vous appelez la nature? Détrompez-vous! J'en jouis plus que vous, peut-être, car vous ne pouvez rendre en peinture ni la fraîcheur des bois, ni l'odeur des marécages, ni l'effet du soleil ardent sur les grandes bruyères qui paraissent trembloter & flamboyer au-dessus des terrains sablonneux. Rien n'est beau, rien n'est délicieux comme une nuit de printemps sur la lande, quand l'air vous apporte par bouffées les parfums des prairies lointaines. Et quel art exprimera le charme du silence? Le silence de la campagne n'est pas le mutisme du néant! C'est une mélodie que l'esprit seul peut entendre & qui chante dans l'âme ouverte à la poésie. Comme mes jouissances sont différentes des vôtres! Vous regardez un effet, vous cherchez une composition; quelque poëte que vous soyez, il vous faut toujours exprimer un aspect, fixer une scène, un moment dans l'espace & dans la durée. C'est une vive satisfaction; mais moi je n'ai rien à traduire, j'absorbe tout. Je suis l'égoïste de la création. Couché à plat ventre dans les herbes, je passe des heures entières à suivre avec admiration les mœurs d'un être microscopique. Dans une touffe de lichen grouille un monde mystérieux qui vit, aime, s'agite, en proie à des instincts plus sûrs que nos passions illogiques & confuses. La beauté de ce petit monde se révèle bientôt à celui qui l'observe avec amour. La couleur & la forme sont aussi riches dans le moindre détritus de l'écorce d'un arbre de la forêt que dans la forêt tout entière. Qu'ai-je besoin d'aller chercher des splendeurs pittoresques au fond des contrées lointaines? Je découvre un paysage dans un flocon de mousse, une contrée dans la cassure d'une pierre! Et vous croyez que je ne suis pas artiste?

— Je suis bien convaincu, répondis-je, que vous l'êtes plus que personne; mais comment faites-vous pour vous abstraire entièrement des soucis de la vie?

— Je ne puis ni ne dois, reprit-il, m'en abstraire entièrement. Tout homme a besoin de vivre avec ses semblables. L'étude de l'humanité, de la morale & de la politique est une belle étude assurément, mais remarquez qu'elle est souvent navrante, excitante toujours. Ce n'est pas à elle qu'il faut demander l'apaisement des passions, car c'est précisément la source des plus pénibles réflexions & des émotions les plus périlleuses. Dans l'étude de la nature, au contraire, vous trouverez ce complément des forces vives de l'intelligence qui faisait dire à Gœthe mourant ce grand mot digne de son génie : *Toujours plus calme!* Ne brisons donc pas avec la vie de nos semblables, tolérons leurs travers, servons leurs progrès. C'est là le devoir! mais ne croyez pas que ce pauvre atome tienne une si grande place sur terre, qu'il faille oublier pour lui les sublimes lois de l'univers. Sachez que le moindre insecte tient aussi sa place, & qu'il n'est pas moins nécessaire que vous-même à l'harmonie des mondes. Ouvrez votre esprit à la notion du grand *tout,* ce sera une grande félicité acquise; car pressentir & désirer la vie dans l'infini, c'est déjà la posséder. »

Il me parla longtemps ainsi, & loin d'étaler à mes yeux la sécheresse du classificateur, il me révéla l'enthousiasme naïf du véritable naturaliste. Plus je l'écoutais, plus cet homme, qui m'avait d'abord paru un peu froid, me devenait sympathique. Il ouvrait un champ tout à fait nouveau à mon imagination. En l'écoutant, je ne voyais plus qu'insectes bizarres courant dans des plantes fantastiques; je pénétrais avec lui jusqu'aux entrailles de la terre; je la peuplais d'embryons antédiluviens; j'aurais voulu être initié tout de suite à tous les mystères de la nature : mais il m'arrêta dans mon élan scientifique, en me disant que j'étais trop ambitieux, & que, pour bien connaître seulement une des plus petites divisions de la classification universelle, il fallait des années.

« Ne vous rebutez pourtant pas, ajouta-t-il; vous ne comptez pas abandonner la peinture, & comme vous ne voulez probablement que vous faire une idée de certains détails, je peux, en deux ou trois jours, vous donner un aperçu de la branche entomologique qui m'occupe dans ce moment. Vous m'avez surpris chassant le papillon.

— Je n'y ai rien compris du tout, lui dis-je, & je suis bien curieux de savoir comment vous vous y prenez.

— Chasse de nuit, chasse de jour, classement, éducation & conservation des sujets, tout cela se tient, reprit-il; & comme demain, de bonne heure, je me remets en quête dans la campagne, si vous n'êtes pas forcé de me quitter, j'aurai un grand plaisir à vous enseigner l'art du chasseur de papillons & à vous faire parcourir les chapitres sommaires de leur histoire.

— Va pour les papillons! m'écriai-je, & vive la chasse! c'est-à-dire vive la promenade avec un aimable compagnon comme vous! Je n'ai jamais fait grande attention à ces folâtres insectes, je vous le confesse; mais par le peu que j'en ai vu dans les cadres d'Æthiops, & par les noms bizarres que vous leur donniez en les recueillant dans la rosée du soir, je m'attends à des merveilles.

— Imaginez tout ce que vous pourrez, s'écria-t-il, vous serez encore au-dessous des richesses de la nature! »

Malgré mon désir de profiter de l'intérêt que mon hôte avait su donner à notre causerie, je me tourmentais de la perte de mon camarade Pigeot, lorsque le paysan envoyé à sa recherche arriva, porteur du billet que voici, écrit en hâte au crayon sur un feuillet d'album :

« J'apprends que tu as trouvé un bon gîte, mais il est trop loin de
« celui que la Providence m'envoie. A demain, au même endroit de la
« forêt, pour finir les études à l'heure de l'*effet*.

« PIGEOT. »

Comme minuit sonnait, M. Desparelles me conduisit à la chambre qu'il m'avait fait préparer, en me déclarant que ce n'eût pas été avec le pharmacien qu'il se fût montré si expansif.

« Qu'est-ce donc que ce pharmacien? lui demandai-je.

— Un imbécile qui se croit naturaliste & qui me gâte le pays ; mais il chasse peu la nuit ; il craint trop les coups de fusil.

— Comment, les coups de fusil ? Êtes-vous donc si féroce entomologiste ?

— Oh! non, pas moi! mais les paysans sont capables de tout dans leur frayeur superstitieuse. Croiriez-vous qu'ils voient en moi le *grand ramasseur de rosée?*

— Ma foi, lui répondis-je, j'ai failli en faire autant. »

Nous nous quittâmes les meilleurs amis du monde, en nous serrant la main.

II.

ÉLEVAGE DES CHENILLES.

ALGRÉ les fatigues de la journée, je dormis fort mal. Je n'avais dans la tête que la chasse aux papillons. Je rêvai d'un bœuf ailé & d'une vache volante, sans parler des combats que je livrai à de moindres monstres. J'étais en train de larder, à coups de pique, un papillon qui avait la figure d'un nègre, quand je fus réveillé par la voix de M. Desparelles, m'avertissant que, si j'étais dans les mêmes dispositions que la veille, il était temps de partir. Je sautai à bas du lit & m'habillai encore tout endormi. Je ne me réveillai bien que lorsque j'eus déjeuné. Il était six heures, & je n'avais pas l'habitude d'être si matinal.

Après avoir recommandé à Æthiops de ne pas oublier les provisions de bouche pour la journée, M. Desparelles me dit :

« Puisque vous voulez essayer un peu de tout aujourd'hui, venez vous munir des instruments nécessaires à la chasse. »

Et il me fit passer dans une pièce qu'il appelait sa ménagerie.

C'était une grande chambre qui tenait de l'orangerie & de l'atelier une immense fenêtre vitrée, des gradins chargés de pots de fleurs & des boîtes garnies de toile métallique ou de canevas, où grouillaient des chenilles; le long des murs, des cadres d'insectes, de chrysalides, des oiseaux empaillés, des herbiers, des fioles, des casiers, des cartons rangés & étiquetés avec soin; une bibliothèque, des perches, des filets de gaze, des engins de pêche ou de chasse, des planchettes, des instruments de dissection ou de préparation; tout piquait ma curiosité.

« Un peu de patience, me dit M. Desparelles. Vous voulez chasser le papillon : savez-vous d'abord ce que c'est qu'un *lépidoptère?* Avant tout, l'explication du mot *lépidoptère :* qui a des ailes écailleuses, du grec λεπίς, ίδος, écaille, et de πτερὸν, aile.

— Bon! dis-je, cela m'est égal!

— Ce n'est pas égal du tout. Les insectes se divisent en douze ordres. Le lépidoptère compose le dixième. Il y a les coléoptères, nom qui, en grec, veut dire ailes à étuis; les orthoptères, ou à ailes droites; les névroptères, ou ailes à nervures; les hyménoptères, ou ailes à membranes ; les diptères, ou à deux ailes, etc. La poussière de l'aile d'un papillon, vue à la loupe, ressemble à des écailles superposées absolument comme des tuiles sur un toit ; de là le nom générique d'ailes recouvertes d'écailles.

« A l'état parfait, l'organisation extérieure d'un lépidoptère se compose de quatre palpes dont les deux inférieurs sont seulement distincts, plus ou moins visibles & proéminents ; d'une trompe plus ou moins longue, selon les espèces ; de deux antennes de forme très-variable ; de deux yeux apparents, immobiles, gros, formés par un nombre prodigieux de petites facettes ; de quatre ailes & de six pattes plus ou moins longues, plus ou moins garnies d'ergots ; d'un corps en deux parties : le corselet & l'abdomen. Le corselet est formé de trois segments sur l'un desquels les ailes sont adaptées ; l'abdomen est allongé & se compose de sept anneaux, le dernier toujours plus fendu au bout chez le mâle que chez la femelle ; la tête est un peu comprimée en avant ; les palpes inférieurs, semblables à deux lèvres, se projettent en avant & renferment la trompe, qui varie selon les familles & qui sert de conducteur aux sucs nutritifs. Les ailes sont excessivement variables aussi de forme & de position. Elles sont libres & peuvent se redresser perpendiculairement chez les papillons de jour, quand l'insecte est au repos ; chez d'autres, chez presque tous les papillons de nuit, un frein musculaire les retient aplaties sur l'abdomen & les empêche de se relever. Les pattes, toujours au nombre de six, ne servent pas à toutes les espèces. Chez les *Argynnes,* les *Vanesses* & les *Satyres,* par exemple, les deux premières pattes semblent inutiles à la marche ; ils ne s'en servent nullement. En général, le mâle est presque toujours plus petit que la femelle & orné de couleurs plus brillantes. Dans certaines espèces de *Liparides,* de *Psychides* & de *Géomètres,* la femelle, bien qu'elle soit complétement dépourvue d'ailes, a toujours le corps plus gros que le mâle.

« Vous savez que, pour devenir papillons, ces intéressants insectes passent par quatre états : celui d'œuf, celui de chenille ou larve, celui de chrysalide, nymphe ou momie, & enfin celui d'insecte parfait. Il est des espèces qui pondent des milliers d'œufs, d'autres tout au plus une centaine. Vous voyez dans cette boîte des œufs de *Saturnia pyri* (grand paon de nuit), qui est la plus grande espèce de nos climats. Le volume des œufs varie beaucoup selon les espèces. Ceux du *Bombyx quercus* (du chêne), dont le papillon n'est pas la moitié si grand, sont presque aussi gros. Il y a des œufs de toutes couleurs, & ils peuvent supporter les froids les plus intenses sans que leur germe perde sa vitalité. Ici, j'avais des œufs de *Papilio podalirius* (vulgairement dit le *flambé*), que j'ai portés quatre jours sur moi & qui sont éclos hier. Au sortir de l'œuf, les petites chenilles ont mangé leur berceau, c'est-à-dire dévoré la coque d'où elles sortaient.

— Si vous les eussiez mis au soleil, ces œufs seraient-ils éclos plus vite?

— Non pas, le soleil les dessèche, & ils se ratatinent. Regardez cette substance blanchâtre comme de l'écume, ce n'est autre chose que des œufs de *Liparis salicis* (du saule); & cette espèce de bourre qui sert comme d'enveloppe à ceux-ci, c'est le poil de l'abdomen de la femelle du *Liparis dispar* (disparate). Elle se dépouille ainsi pour préserver sa ponte du froid & de la pluie. En voilà d'autres, disposés en forme de spirale autour d'une petite branche : ce sont des *Neustria* (livrée).

« Passons aux chenilles! car, à l'état d'œuf, le papillon n'est pas très-intéressant. Voici des boîtes de sapin, couvertes en toile métallique pour donner de l'air. Elles contiennent des espèces différentes. Voici des pots de grès avec de la terre, pour les espèces qui se chrysalident en terre, comme la plupart des noctuelles; une boîte pour les *Geometræ* (arpenteuses) qui donnent toutes des *phalènes*.

— Mais, pourquoi donc ne pas avoir une seule grande boîte pour les mettre toutes ensemble? Je pense qu'elles ne se mordraient pas!

— Elles feraient pis, elles se mangeraient. Les diverses espèces se font la guerre, & même, lorsque celles d'une même espèce sont trop entassées dans le même local, comme celles qu'on appelle *Fascelina,* par exemple, elles s'étouffent & dépérissent. Il faut donc absolument avoir une collection de boîtes garnies de toile métallique & aérées le plus possible. Chaque compartiment doit avoir un pied carré & environ deux pieds de hauteur, comme vous voyez, afin de pouvoir y faire tenir les plantes ou branches d'arbres. On range les chenilles séparément. Gardez-vous bien d'introduire au milieu d'une famille que vous soignez un individu inconnu qui viendrait porter la mort parmi vos élèves. Quand vous en trouvez, mettez-les à part. Du reste, pour bien connaître les larves des lépidoptères, il est nécessaire que chaque espèce ait son compartiment. Les boîtes doivent être garnies de deux pouces

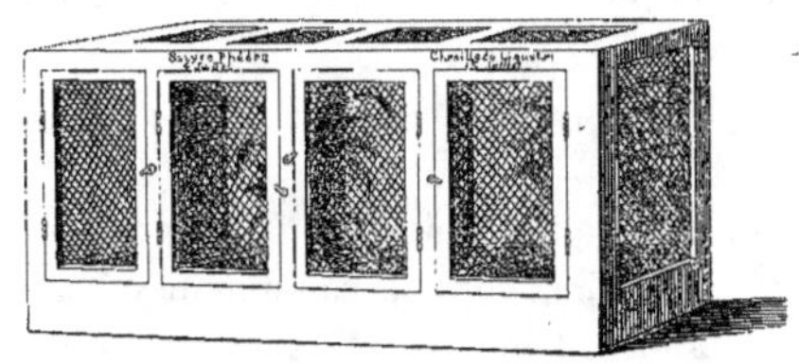

de terre légère & de mousse, ainsi que de quelques petites branches pour que les larves qui se chrysalident dans les arbres puissent y opérer leur métamorphose. De la nourriture fraîche tous les deux jours au moins. Les arroser légèrement de temps en temps pour remplacer la pluie, car les chenilles crèvent aussi bien d'excès de sécheresse que d'excès d'humidité; & de même pour la boîte aux éclosions, car les chrysalides respirent tout comme les chenilles, & une humidité chaude favorise énormément leur changement d'état. Dès qu'un individu est piqué par les ichneumons & que vous en découvrez les cocons, il faut le retirer de la boîte; autrement, cette espèce de cousin, venant à éclore, piquerait vos autres élèves. Si une chenille meurt, ayez le soin de la retirer aussi, car son exhalaison pourrait faire périr les autres, qui parfois la dévorent. Quinze jours après que vos sujets se sont métamorphosés, vous pouvez nettoyer les boîtes & reporter les chrysalides dans la grande boîte aux éclosions. Cependant, il ne faut pas déranger les coques sans nécessité, &, quand on a assez de place, il vaut mieux les laisser là où elles se mettent d'elles-mêmes.

— Mais comment sait-on qu'une chenille va se chrysalider?

— Quand elle va faire sa dernière peau, qui est l'enveloppe coriace qu'elle revêt pour passer papillon, elle jeûne & se purge copieusement pendant deux ou trois jours, change de couleur, devient terne; exemple celle du grand paon de nuit qui, de verte qu'elle était, passe au jaune & au brun; puis elle parcourt la boîte & cherche un endroit pour bâtir sa demeure. Chez quelques espèces, ce travail ne dure qu'un jour, & il y en a même qui le font en quelques heures. Il y en a aussi qui sont en train de filer & qui, se voyant dérangées, recommencent deux ou trois fois leur travail.

— Me voilà bien fixé, lui dis-je; je vous prie de continuer vos instructions.

— Voici donc une autre boîte, dit-il. Elle renferme la chenille du *Bombyx trifolii* (du trèfle), dont je vois un individu crevé d'indigestion; il a vomi ses intestins. Tâtez avec les brucelles comme son corps est vide! Cette espèce est difficile à élever.

— Que diable ai-je donc qui me démange comme ça? dis-je en portant la main à mes yeux. Plus je frotte, plus c'est cuisant.

— Parbleu! me dit mon professeur, vous avez touché cette chenille avec vos doigts; son poil vous est resté dans les pores, & vous vous en êtes mis aux paupières; ce n'est rien. Frottez-vous avec un peu d'huile. Continuons-nous? Ou bien en avez-vous assez?

— Voyons-en qui n'aient pas de poils, lui dis-je d'un air résigné.

— Celles-ci, reprit-il en me présentant une boîte de ferblanc, sont glabres. Ce sont des *Cossus-ligniperda* (gâte-bois), qui vivent dans l'intérieur des saules, dont elles mangent l'aubier et sucent la séve. Je les nourris de pommes & de sciure de bois. Elles vivent ainsi trois ans avant de se changer en nymphes. Heureusement que toutes les chenilles que vous voyez ici ne me font pas attendre si longtemps. Il y en a qui subissent toutes leurs métamorphoses dans l'espace d'un mois. D'autres, comme les *Bombyx rubi* (de la ronce), passeront l'hiver à l'état de chenilles roulées sous la mousse ou dans les feuilles sèches, & se chrysalideront au printemps de l'année prochaine. Par exemple, il me faudra avoir le soin de leur mettre quelques mottes de gazon frais, afin qu'au moindre rayon du soleil d'hiver elles puissent se refaire un peu l'estomac. Voici une boîte de *Polyommates quercus* (du chêne). Cette espèce ne se chrysalide pas en s'attachant aux branches comme les *Piérides*, les *Papilionides* & quelques autres espèces de *Lycénides*; elle descend sous la mousse & s'y transforme comme certains *Satyres*. J'ai élevé beaucoup de leurs chenilles, & j'ai remarqué que, parvenues à toute leur taille, elles coupaient le pétiole de la feuille à l'endroit où il tient au rameau. La feuille tombe & la chenille aussi. Comme elles sont très-paresseuses, très-lentes à marcher, & qu'elles se chrysalident sous la mousse sans former de coque, elles préfèrent descendre de cette façon, qui est plus expéditive.

« Dans ce pot de terre, voilà des chenilles de *Mania maura,* noctuelle qui vit sur les plantes basses. Elles ne sont pas velues & vous pourriez les toucher sans inconvénient ; mais si vous voulez qu'une chenille vive, il ne faut jamais la serrer dans les doigts. L'éducation de ces demoiselles exige beaucoup de soins. Certaine qui s'accommodait fort bien de telle plante, prend la fantaisie de n'en plus vouloir. Il faut alors chercher, bien longtemps parfois, ce qu'elle désire, & pendant qu'on le cherche, il lui arrive de tomber malade. Cela vous fait rire ? Sachez que le naturaliste a souvent le cœur brisé en voyant mourir une élève dans laquelle il mettait toutes ses espérances. Telle que l'on croyait bien portante recèle dans son sein des larves d'*ichneumon,* le plus grand ennemi des chenilles. Attendez un peu, je vais en chercher, car il doit y en avoir quelqu'une de *piquée.* Tenez! regardez cette chenille d'*Aglia Tau,* ornée de cornes fourchues, & voyez cette masse cotonneuse qu'elle a sur les flancs! C'est une cinquantaine de coques. Un ichneumon lui a introduit d'abord ses œufs dans le corps, au moyen d'une tarière dont il est armé. Cet œuf éclôt, la larve croît aux dépens & en même temps que la chenille, laquelle se transforme souvent en chrysalide quand même, abritant ainsi celle du parasite, de sorte qu'un beau jour on voit sortir celui-ci au lieu du charmant papillon que l'on attendait. Un ichneumon passe quelquefois trois jours & plus à poursuivre une chenille. Il attend patiemment le moment où elle change de peau, &, dans cet instant critique, il vient déposer son œuf ou ses œufs & s'enfuit après avoir ainsi inoculé la mort, car la chenille n'en revient jamais. Écrasons cette famille de meurtriers...

« Et pourtant, voyez comme on est injuste quand on se passionne pour une certaine classe d'êtres! Le but de cet hyménoptère n'est pas de tuer la chenille, mais d'assurer la nourriture de ses propres enfants. Il a soin de déposer ses œufs dans le tissu graisseux de la larve sans attaquer jamais les intestins. Si cette matière nécessaire au développement de l'insecte parfait est dévorée, la chenille parviendra peut-être à se chrysalider, mais ne fera jamais un papillon.

— Je vous avoue que j'aurais pris tous ces œufs-là pour ceux de la chenille.

— D'abord, répondit-il en riant, les chenilles n'étant point des insectes parfaits & fécondés, ne peuvent pondre; ensuite ce que vous voyez là, je ne vous ai pas dit que ce fussent des œufs; ce sont les cocons des petites larves de l'ichneumon. En un quart d'heure toutes ces petites coques ont été filées autour de la victime. Au reste, l'erreur que vous faites n'a rien qui doive vous humilier. Goedaert & quelques autres savants anciens l'ont partagée. Ils ont cru que les chenilles malades & piquées par les mouches enfantaient des vers, & même ils admirèrent naïvement le soin que prenaient ces tendres mères de filer pour envelopper de soie leurs nouveau-nés.

« Les œufs mêmes des papillons ne sont pas à l'abri de l'invasion. Il y a de très-petites mouches qui viennent y déposer les leurs, les larves y éclosent, s'y nourrissent & s'y chrysalident. Mais d'après la loi qui veut que la vie s'alimente de la destruction, ces petits sont mangés à leur tour par des parasites plus petits qui leur font subir la peine du talion. Les chrysalides d'ichneumon, qui ont elles-mêmes un parasite, en sont un exemple.

« Puisque nous sommes en train de parler des ennemis directs de la chenille, disons que les oiseaux, les punaises, certains coléoptères, &

certaines mouches leur font une rude guerre. Les larves du *Calosome Sycophanta,* qui vivent dans l'intérieur des nids des chenilles *procession-naires,* sont tellement voraces qu'elles s'étouffent à force d'en manger, & tellement féroces que les plus maigres d'entre elles mangent les plus grasses, de préférence aux chenilles qui les entourent.

« Je veux vous montrer un petit objet fort curieux que j'ai ramassé hier au bout de mon jardin.

— Qu'est-ce que cela? une petite bouteille?

— Une miniature de flacon de fine argile admirablement pétrie, comme vous voyez, & arrondie avec autant d'art & de régularité qu'un habile potier pourrait le faire. C'est l'ouvrage d'un insecte hyménop-tère, le sphége tourneur (*spirifex*).

— Ne cassez pas ce chef-d'œuvre, c'est très-curieux.

— Oui, mais ce n'est pas rare & je veux vous faire voir ce qu'il contient. Il doit servir de sépulcre à quelque pauvre chenille. »

Et brisant la petite bouteille, M. Desparelles me montra en effet cinq petites chenilles vivantes, de diverses espèces, qui avaient été apportées là pour provision à une petite larve de *spirifex*.

« En voici une, reprit-il, qui, sans se douter de son sort, s'apprête à changer de peau.

— Les chenilles changent donc de peau?

— Ne vous l'ai-je pas déjà dit? Le nombre des mues varie peu dans chaque espèce à l'état de nature. Cependant on peut, en captivité & par le mode de nourriture, en augmenter ou en diminuer le nombre chez certaines espèces velues. Ce qu'il y a d'assez singulier, c'est que je me suis amusé à tondre ras deux chenilles de *Chelonia-caja* (martre), la plus velue de toutes celles du genre : les poils ne repoussèrent pas; mais au bout de huit à dix jours, elle quitta sa vieille peau & en sortit plus fourrée que jamais. Il y a des espèces qui prennent une livrée tout autre que celle qu'elles portaient, quelquefois plus belle, d'autres fois moins.

— Et d'où leur vient la fantaisie de changer de peau? demandai-je.

— Fantaisie! s'écria M. Desparelles. Les animaux subissent des lois fatales & n'ont pas de fantaisies individuelles. La peau des chenilles est apparemment de nature à se sécher vite, &, dans cet état, elle cesse d'être un vêtement élastique; mais la loi de conservation, qui est dans le moindre animal, lui en prépare un nouveau plus moelleux & plus frais qui s'est formé sous l'ancien pour briller au jour voulu. Il faut croire que ce renouvellement ne s'opère pas sans effort, car toute décortication de la chenille est une maladie. Vous la voyez triste, terne, sans appétit, languissante, puis immobile & réduite à la diète pendant plus ou moins d'heures, suivant son espèce. Enfin la crise est arrivée : la vieille robe n'adhère plus, la calotte de la tête se soulève, le masque tombe, &, comme une graine qui éclate, l'enveloppe du corps se fend sur le dos jusque vers la moitié; alors l'individu se dégage du reste de l'étui & vous procure quelquefois les étranges surprises dont je vous parlais tout à l'heure. Dans certaines espèces, les sphinx particulièrement, la couleur & le dessin sont tellement changés que, si vous n'avez pas assisté à la métamorphose, ou si vous ne l'avez pas déjà observée, vous ne reconnaissez plus votre élève. Mais passons au troisième état, à celui de chrysalide.

— Attendez que je m'émerveille un peu, m'écriai-je. Ce n'est pas le tout de devenir savant, il faut rester artiste & admirer la nature dans ses œuvres. Ces petites créatures, que tant de gens repoussent avec dégoût, & que, pour ma part, j'avoue n'avoir jamais regardées qu'avec une sorte de mépris, me paraissent, à présent, avoir leurs agréments physiques.

— Je le crois bien! dit-il. Ouvrez donc les yeux à leurs beautés! »

Alors nous revînmes ensemble à l'examen des fraîches couleurs ou des riches fourrures de diverses espèces. Il me fit observer qu'il n'y a aucune analogie future entre la parure de la chenille & celle du papillon qu'elle produira. Telle chenille terne & insignifiante amènera un papillon étincelant de richesse. Telle autre, qui étale une robe semée de pierreries, deviendra un lépidoptère humblement ou sordidement vêtu, comme si la nature voulait dédommager une de ces deux existences des privations de l'autre. Il me fit admirer la chenille de *Io* (paon de jour), qui semble être habillée de velours noir à points blancs brillants comme du jais; celle de *Liparis salicis* (du saule), dont le dos blanc mat se borde d'une double ligne noire semée de boutons orange vif & de bouquets de légers cheveux ambrés. Dans le grand nombre de celles qui sont lisses & d'un vert printanier, il me fit remarquer combien il régnait de variétés dans leurs légers ornements, dans leurs fines rayures, dans leurs nuances délicatement fondues ou vigoureusement tranchées.

« Mais pourquoi tous ces noms latins? Ne serait-il pas plus simple de les appeler *livrée, flambé, paon de jour* en français?

— Les noms vulgaires qui leur ont été donnés primitivement ne sont pas plus à mépriser que les noms scientifiques; mais il faut bien dans les sciences une langue universelle; celle des localités est trop variée & trop incertaine. Si vous alliez parler de la Belle Dame à un Allemand, il ne vous comprendrait pas, tandis qu'il en sera tout autrement si vous dites *cardui* (du chardon). Les tribus & les genres changent selon les auteurs, mais le nom de l'espèce ne varie jamais. C'est un nom de baptême que lui confère le premier qui la découvre & que sanctionne ensuite la science. Il faut cependant que le nom imposé soit ou celui de la plante qui nourrit la chenille comme *médicaginis* (de la luzerne), *brassicæ* (du chou), *delphinii* (du pied d'alouette), etc.; ou tiré de quelqu'une des qualités de l'insecte, comme *plumistaria* (ayant des antennes semblables à des plumes), *apiformis* (en forme d'abeille); *lanestris* (laineux), etc. Au siècle dernier, les noms des demi-dieux et héros de l'antiquité furent très en vogue : *Adonis, Eurydice, Apollon, Scipion, Cléopâtre,* etc.; mais aujourd'hui on préfère celui de l'entomologiste qui a découvert cette nouvelle espèce ou bien celui du savant sous le patronage duquel on la met : *Yvanii* (d'Yvan), *Dejeanii* (de Dejean), *Saportæ* (de Saporta), *Maillardi* (de Maillard), etc.

« Toutes les chenilles sont munies de trois paires de pattes courtes, articulées & à crochet simple, posées sur les trois premiers anneaux à partir de la tête. Vous retrouverez ces six pattes appelées, pattes écailleuses ou vraies pattes dans le papillon. Les autres pattes, dites membraneuses ou fausses pattes, sont des tubercules charnus pourvus à leur extrémité de petits crampons circulaires & rétractiles au moyen desquels l'insecte se tient sur les plantes. Le nombre des six vraies pattes est invariable, mais celui des fausses pattes varie de deux à dix selon les différentes familles de chenilles. Toutes les larves que vous trouverez munies de plus de seize pattes ne vous donneront jamais de papillons, mais des mouches ou des coléoptères. D'ailleurs, elles ne sont jamais velues comme celles d'une grande partie des lépidoptères.

— Comment se fait-il que, parmi les chenilles des papillons de jour, les unes aient des épines sur le corps, tandis que d'autres n'ont que de petits poils courts et serrés?

— Ces appendices sont pour l'entomologiste ce que sont les aiguillons, les épines & vrilles pour le botaniste. Ils ne diffèrent des poils que parce qu'ils sont plus gros, plus durs, de consistance cornée & prenant souvent une extension qui les force à se ramifier. Est-ce que les piquants du porc-épic, les soies du sanglier, les plumes des oiseaux, les écailles des poissons, la laine des moutons, les cheveux de l'homme sont autre chose que des poils? Vous savez bien que toute substance, tout être se modifie selon le milieu qui lui est assigné. Les épines, crins, brosses, cornes & appendices plus ou moins bizarres des chenilles ne sont donc également que des cheveux ; mais des cheveux implantés sur chaque peau nouvelle de l'insecte, car l'ancienne peau tombe avec toutes ses épines pour faire place à de nouvelles épines toutes fraîches, toutes molles, qui ne prennent de consistance & ne se redressent que quelques instants après, au contact de l'air.

« Je vous disais, tout à l'heure, que les chenilles avaient beaucoup d'ennemis ; mais la nature qui ne crée jamais un animal, si faible qu'il soit, sans le mettre en mesure de se défendre, les a pourvues de certaines armes. Les unes sécrètent & lancent par la bouche une liqueur âcre; les autres se servent de leurs mâchoires pour mordre. Les *Géomètres* n'ont d'autres moyens de défense que la fuite; elles se laissent tomber dans l'espace & restent accrochées par un fil. Chez les *Dicranura*, le corps se termine par deux tubes mobiles & cornés d'où sortent, quand la chenille est tourmentée, deux longs filaments rouges dont elle se sert comme d'un fouet pour chasser les mouches friandes de sa peau délicate.

« Chez les *Papilio* & les *Parnassiens*, c'est une corne charnue en forme de fourche, placée au-dessus de la tête & cachée alors que la chenille est sans inquiétude; mais j'ai là des élèves de ce genre, nous pouvons tenter l'expérience. »

Et au moyen d'une barbe de plume, il chatouilla & agaça si bien l'une d'entre elles, qu'elle se redressa en colère & fit sortir une longue membrane orangée, dont elle frappait de droite & de gauche, en exhalant une odeur que je comparai à de l'extrait de carotte.

« Naturellement, me dit le professeur, les feuilles de ce légume étant la base de sa nourriture, ses organes & ses sécrétions sont imprégnées de ce suc savoureux.

« Mais regardez autre chose d'intéressant. C'est le travail de celle-là qui, après avoir trouvé une place convenable, se prépare à se métamorphoser en chrysalide. »

La chenille venait de tapisser de soie là tige qui devait la soutenir. Elle se retourna, cramponna ses deux dernières pattes, tout en entourant de soie l'extrémité de sa croupe garnie de petits poils roides visibles à la loupe; ainsi fixée au réseau de soie, elle appliqua d'un côté de sa tête, un peu en arrière, un fil qu'elle lâchait peu à peu en le faisant passer entre ses pattes écailleuses & le colla de l'autre côté. Elle recommença ainsi une cinquante de fois, en s'assurant à chaque reprise que le fil était solide. Elle fabriqua de la sorte une véritable corde, eu égard à son corps & à son volume. Cette soie provenait d'une liqueur contenue dans un petit réservoir sous le menton de la chenille, liqueur qui a la propriété de se solidifier à l'air. Le câble étant prêt avait la forme d'un petit arc. L'insecte commença par se plier, passa la tête dans le nœud & se glissa dessous jusqu'à ce qu'il fût sur son dos. Ainsi placée, la chenille se tendit & poussa de toutes ses forces sur ce lien pour en éprouver la solidité. Après quelques mouvements oscillatoires qui eurent pour but de lui faire entrer le fil dans la peau, elle rétracta ses pattes, &, lâchant tout point d'appui, elle se trouva soutenue par cette sangle & par les fils qui retenaient son extrémité inférieure.

« Dans quinze jours, dit M. Desparelles, le papillon sortira de son enveloppe, étendra ses ailes magnifiques & ira animer les lisières fleuries

de la forêt. Je dis qu'il éclôra en quinze jours s'il reste dans son milieu naturel; car le cours de sa vie à l'état de chrysalide peut être allongé ou diminué selon la température.

— Comment cela?

— L'insecte que nous appelons chenille est un papillon caché sous des vêtements organisés dont il a besoin pour croître. Sa croissance se fait sous la forme de larve, & la solidification de ses parties sous celle de chrysalide. Sous la première forme, il mange & fait provision de sucs nutritifs qui demandent à être digérés, distribués & surtout épaissis pendant la seconde période. Les organes du papillon ne sont encore qu'à l'état de bouillie dans la chenille. Dans la chrysalide, il s'établit une transpiration ; les parties aqueuses s'évaporent par la chaleur & les tissus se raffermissent. Cette opération se fait en plus ou moins de temps selon les conditions atmosphériques. »

Nous passâmes à la boîte aux éclosions.

« Avant tout, me dit-il, il faut voir s'il n'y aurait pas quelque nouveau-né qui s'échapperait si nous manquions de précautions. »

En effet, après avoir regardé à travers le canevas, il aperçut plusieurs *naissances* : le *Sphinx pinastri* (du pin), *Elpenor* (de la vigne), le *Smerinthe tiliæ* (du tilleul), variété rousse, la *Callimorphe-hera* (chinée), d'une fraîcheur incomparable.

« Voilà de splendides papillons!

— Assez communs! répondit-il tranquillement; &, s'armant d'une épingle, il ouvrit la boîte & piqua la *callimorphe,* qui, en se débattant, fit voir ses ailes inférieures.

— Variété! s'écria-t-il. *Hera* à ailes inférieures jaunes, au lieu de rouges!

— Ne seraient-elles pas plus jolies rouges?

— Ce que Dieu a fait est bien fait; mais l'entomologiste préfère la variété, & surtout la rareté. »

Il passa à l'individu une autre épingle en travers, afin qu'il ne débattît point ses ailes, ce qu'il appela mettre un frein, en attendant la préparation complète. Je regardai les chrysalides & demandai l'explication des détails de leur logement.

« D'abord, me dit-il, cette boîte est divisée en trois parties. Voici un endroit sec pour toutes ces coques de *Saturnia* (grands et petits paons). Une partie éclora l'année prochaine, au mois d'avril, une autre partie l'année suivante; prévoyance de la nature, en cas de désastre, gelée intempestive, sécheresse, etc. Voici deux vieilles coques de la même espèce qui sont en chrysalide depuis trois ans.

— Et ces êtres-là sont vivants? dis-je, étonné.

— C'est la vie à l'état latent.

— Quelle différence y a-t-il entre cette vie d'expectative & la mort?

— La chrysalide vivante a un mouvement. (Il me le fit observer en pressant légèrement le corps d'un individu de *Catocala sponsa* (fiancée), dont l'abdomen fit des oscillations comme celles d'un poisson. Les chenilles, reprit-il, respirent par de petites ouvertures que l'on appelle stigmates, & qui sont au nombre de neuf de chaque côté de leur corps. Ces stigmates se retrouvent dans les chrysalides comme dans les papillons. »

Il me montra ensuite comment on découvre que la mort a remplacé la léthargie. Il y a décès quand les anneaux se soudent & que la momie devient légère.

La seconde partie de la boîte contenait, sur un lit de mousse, les coques & chrysalides qui veulent de la fraîcheur sans être dans la terre. Au-dessous d'elles, sous un grillage, un tiroir plein de terre mouillée entretenait l'humidité.

« La manière dont les chenilles se transforment, me dit M. Desparelles, varie beaucoup, comme vous voyez ; voici des cocons analogues à ceux des vers à soie, d'autres enveloppés seulement de quelques fils. Cette coque triangulaire verte, avec cette nervure plus claire au milieu, est celle de l'*Halias-quercana* (du chêne), la plus grande platyomide du genre. Celle-ci, qui ressemble un peu aux chrysalides des *Pierides brassicæ* (du chou), est cependant une phalène, l'*Ennomos-tiliaria* (du tilleul). En voilà une, la *Cucullia verbasci* (du bouillon blanc), qui se tapisse ou plutôt maçonne une coque en terre très-solide. Voici la coque du *Bombyx quercus* (du chêne), qui ressemble à un gland ; celle du *Bombyx rubi* (de la ronce), qui est allongée en forme de croissant ; celle de l'*Urapterix-sambucaria* (du sureau), qui flotte, suspendue par de légers fils de soie, dans un hamac diaphane ; celle de *Saturnia pyri* (grand paon de nuit), que vous avez vue tout à l'heure, est d'un agencement admirable. Les soies dont elle se compose sont disposées de manière à laisser sortir le papillon sans effort, à l'heure de son éclosion, & à ne pas permettre l'entrée aux insectes durant le sommeil de la chrysalide.

« En général, toutes les chenilles velues font des coques, & celles qui ont des tubercules, comme *Saturnia pyri,* fournissent bien plus de soie que les autres.

« Voici le dernier compartiment, continua-t-il. C'est un tiroir plein de terre de bruyère où reposent les chrysalides de sphinx. Celles d'*Atropos* (tête de mort) sont énormes. Ce sont les plus grosses de nos climats. Voici une douzaine de coques de *Sesia-apiformis* (apiforme), qu'elles composent avec des parcelles de bois rongé & réduit par elles à l'état de sciure. Remarquez une particularité intéressante : au bout de cette coque rude, épaisse, difficile à déchirer, vous voyez le fourreau vide de la chrysalide qui semble avoir monté d'elle-même jusqu'à l'orifice pour donner passage à l'insecte parfait. Il y a mieux, cette même sésie va bâtir & cacher sa coque dans l'intérieur des peupliers, & parfois dans les racines jusqu'à un demi-mètre de profondeur ; & pourtant, la nymphe fait ce trajet, puisqu'on la trouve à moitié sortie à travers les écorces. Ainsi cette momie, si bien serrée dans ses anneaux comme dans des bandelettes, a la faculté de grimper. Vous vous en assurerez en remarquant qu'elle est pourvue de petites pointes qui garnissent les segments de son abdomen & sur lesquels elle appuie ses mouvements. »

Il me fit voir, dans une autre boîte, des nymphes de papillons de jour, suspendues la tête en bas, ou attachées par le milieu du corps, au moyen d'une soie à peine visible, filée par la chenille.

« Ce sont les plus belles de toutes! m'écriai-je. Elles sont tout en or, en argent ou en bronze.

— C'est ce qui leur a fait donner le nom de chrysalide, de χρυσὸς (or). On a ensuite généralisé ce nom, en l'employant pour toutes les transformations. Cette enveloppe n'a pourtant de l'or que l'apparence ; c'est une substance gommeuse appartenant à l'insecte, & qui, recouverte d'une petite pellicule transparente, brille d'un éclat métallique.

— Comment font donc les papillons pour sortir de là avec leurs grandes ailes? Ils grandissent donc?

— Il n'en est rien! Le papillon sort de sa chrysalide, qui n'est plus alors qu'une espèce de pelure d'oignon que le moindre souffle emporte

au loin; je parle ici des *Vanesses, Argynnes, Mélitées* & autres genres
diurnes; & il en sort absolument de la même manière qu'il est sorti de
ses vieilles peaux lorsqu'il n'était encore que chenille. Il est d'abord
mou & humide, ses ailes sont petites & chiffonnées. Il s'accroche &
reste immobile; puis ses ailes se développent, se sèchent & s'affer-
missent. Avant de les essayer, il se débarrasse de son *meconium,* espèce
de liqueur rouge comme du sang. Toute cette opération se fait dans
l'espace d'une heure au plus; mais le papillon n'a pas plus grandi, relativement, que votre parapluie quand vous l'ouvrez, & il ne grandira
plus.

L'éclosion est plus compliquée chez les papillons qui font des
coques; puisque, déjà à moitié dégagés de la chrysalide, ils ont encore à
percer le cocon qui l'enferme. Les uns ramollissent l'endroit qui doit
leur donner passage, avec un liquide qui dissout la gomme; les autres,
comme certains bombyx, coupent les soies de la coque; mais, comme ils
n'ont plus de mâchoires, je suppose qu'ils doivent se servir de leurs
yeux taillés à facettes, comme d'une lime. Le plus souvent, l'insecte n'a
qu'à pousser devant lui l'opercule retenu par quelques fils qui se
rompent à la moindre pression du prisonnier.

— Et combien de temps vit un papillon?

— Leur existence est généralement courte. Le mâle périt après
l'accouplement, & la femelle après la ponte. Celles-ci en captivité &
forcées au célibat vivent ordinairement plus longtemps qu'à l'état de
nature, & meurent sans avoir pondu. Cependant celles des *Bombycides*
se débarrassent de leurs œufs sans avoir été fécondées. En somme,
on peut fixer à une dizaine de jours la durée de la vie d'un lépidoptère.

« Il y a cependant des exceptions. Les *Vanesses,* qui vivent en
famille à l'état de chenille, éclosent en été. Dans la même espèce, les
unes volent, s'accouplent & meurent dans la quinzaine; les autres se
retirent dans les arbres creux, les fentes des vieux murs, les caves, &
tombent dans un engourdissement léthargique dont elles ne sortent, aux
premiers beaux jours, que pour s'accoupler en mars, c'est-à-dire huit

mois après leur éclosion. Vous pensez bien qu'après cette hibernation, ces papillons ont perdu beaucoup de leur fraîcheur. Cependant c'est un plaisir pour le naturaliste de voir, au moindre rayon du soleil d'hiver, ces hôtes des jardins & des prairies, sortir de leur retraite, secouer leur torpeur & voltiger sur les plantes encore blanches de la gelée du matin. Je les ai souvent observés, & je peux dire que chaque hiver il y en a une demi-douzaine que je connais de vue, l'un à sa grandeur anormale, l'autre à son aile déchirée, d'autres encore à leurs habitudes & au choix de leur cachette le long des espaliers. Ce sont des *Atalante,* des *grande tortue,* des *Antiope.* Elles se trompent peut-être de saison; pourtant je ne les vois pas chercher à fouiller les fleurs absentes. Elles ne paraissent songer qu'à se dégourdir les ailes en volant avec lenteur sur les pierres un peu attiédies par le soleil, ou à se poser, les ailes ouvertes, sur le sable sec. Le fait de papillons qui passent l'hiver a également lieu pour les chrysalides. Prenons la *Piéride brassicæ* (du chou) comme exemple. Sur trente chenilles qui se chrysalideront à l'arrière-saison un tiers éclôra, pondra & mourra en quelques jours, l'autre tiers éclôra, & restera en léthargie, comme je viens de vous le dire, tandis que les dix derniers hiberneront à l'état de chrysalide. De cette façon, vous êtes sûr d'avoir pour l'année suivante des œufs, des chrysalides & des papillons qui vous donneront de quoi dévorer votre potager. En général, il y a deux pontes par an & deux apparitions, l'une au printemps, l'autre à l'automne, mais la génération de l'arrière-saison donne toujours des sujets plus petits & moins brillants que ceux de la première. En revanche il y a des espèces qui ne paraissent qu'une seule fois, d'autres chez lesquelles les mâles éclosent longtemps avant les femelles. Certaines autres qui, après avoir passé l'hiver en chrysalides, éclosent au printemps & sont vêtues de couleurs si différentes de celles de leurs frères aînés, qu'on en avait fait deux espèces, comme la variété *Levana* de la vanesse *Prorsa.*

« J'ai remarqué aussi que les papillons avaient des heures régulières selon les genres pour sortir de leurs momies. Tous les mâles des *Ché-lonides,* entre autres *Caja* (oursine), *Villica* (fermière), *Purpurea* (pourprée), éclosent vers sept heures du matin, & les femelles à la tombée du jour ; les noctuelles *Fimbria, Pronuba,* de neuf heures du soir à minuit ; *Tenebrosa* (ténébreuse) vers cinq du soir ; les phalènes des genres *Boarmia, Amphydasis* & *Larentia,* vers minuit. L'apparition des papillons de jour a lieu ordinairement de huit à dix heures du matin, tandis que les sphinx attendent l'après-midi.

— C'est bien curieux & bien intéressant ! Mais alors il n'y a plus qu'à chercher les chenilles, car le papillon doit être bien plus beau, élevé de cette façon.

— Certainement ! aussi est-ce à l'état de chenille que je le cherche le plus. Mais le soleil monte, partons ! »

III.

CHASSE AUX PAPILLONS ET AUX CHENILLES.

Après s'être muni de filets & de boîtes de chasse, les unes en carton, à fond de liége, pour les papillons, les autres en fer-blanc, à
fenêtres de toile métallique pour les chenilles; d'une pelote couverte
d'épingles de différents numéros; de brucelles, de plusieurs fioles, etc.,
M. Desparelles appela son domestique & le chargea, outre la provision
de vivres pour la matinée, d'un parapluie de toile auprès duquel mon
parapluie de paysagiste n'était qu'une ombrelle, d'une perche, d'une
longue boîte d'herboriste, d'une petite bêche tout en fer pour la
recherche des chrysalides dans la terre, d'un sécateur s'adaptant au
bout de la perche pour couper les hautes branches où l'on peut découvrir des chenilles, d'une pelote de fil, avec aiguilles & ciseaux, pour
raccommoder les filets en cas d'accident, etc., etc.

Le nègre était enchanté. Plus son maître le chargeait, plus il semblait léger. Nous partîmes. La journée s'annonçait magnifique.

« Nous pouvons fumer un cigare, me dit mon savant. Nous avons pour une demi-heure de marche jusqu'à la forêt, où nous nous mettrons en quête, en suivant le ruisseau qui la traverse; mais une fois la chasse commencée, il faut que toutes vos facultés soient tournées vers un but: deviner, découvrir, voir & saisir. Ce n'est pas tout d'avoir du goût, il faut encore *de l'œil* & beaucoup de jarret. »

Je ne l'écoutais plus: j'étais parti comme une flèche, en criant: « Un papillon! un papillon! » &, à coups de chapeau, je cherchais à l'attraper. Je le pris enfin & l'apportai en triomphe. Il était charmant. Il ressemblait à une feuille vert pâle. Sans regarder ma capture, que je tournais & retournais entre mes doigts, M. Desparelles me dit:

« C'est *Rhamni* (le citron), espèce commune & pérannuelle.

— Attraper les papillons au filet & non au chapeau! me dit le nègre en étouffant de rire. Papillon jaune, vilain! Tuer tout de suite. »

Mais, au lieu de l'écouter, je lâchai le papillon, ce qui parut contrarier M. Æthiops, car il avait une aversion décidée pour tout ce qui ne lui rappelait pas la couleur de sa race, & il l'exprimait naïvement devant son maître débonnaire & souriant.

« N'écoutez pas Æthiops, me dit-il, il a une manière de voir à lui, & ses classifications ne ressemblent en rien à celles de Linnée, Latreille ou Boisduval. »

Quand nous fûmes arrivés sur la lisière de la forêt, Æthiops développa le parapluie gigantesque, &, saisissant d'une main la perche, de l'autre tenant le parapluie ouvert & renversé :

« Battre pour le monsieur! » dit-il.

Et il frappait, comme un abatteur de noix, sur les branches d'un chêne, en tournant tout autour.

« L'opération que vous faites là n'arrange guère les arbres, lui dis-je. Si vous étiez aux environs de Paris, on vous ferait un mauvais parti.

— Mais nous sommes ici un peu au désert, répondit M. Desparelles, & les paysans croient que nos insectes nous servent à faire des drogues. — Halte! ne tape plus! Voici quelques chenilles de *Polyommates* dans le parapluie, des *arpenteuses* qu'on prendrait, au premier coup d'œil, pour de petites branches sèches. Ne semble-t-il pas qu'elles sont ainsi afin de pouvoir échapper même à l'œil perçant des oiseaux? Tenez, en voici une enfermée dans un fourreau qu'elle traîne partout avec elle : on appelle cette famille les *Psychés*. Elles vivent & se transforment dans cette maison portative. Rangeons tout ce monde séparément dans diverses boîtes, avec quelques feuilles, afin qu'elles aient de quoi manger jusqu'à ce soir. »

Il fit ensuite le tour de l'arbre en cherchant au pied, dans la mousse & les brins d'herbe.

« Tenez, lui dis-je, voici une chrysalide enveloppée dans un réseau de soie & de mousse. C'est comme un petit nid d'oiseau. La connaissez-vous?

— Je vous dirai bien que c'est une chrysalide de *noctuelle*, genre

Catocala, je crois; mais, quant à l'espèce, je ne la connaîtrai qu'après l'éclosion.

— Il y a donc plusieurs espèces sur le même arbre?

— Un seul en nourrit quelquefois plus de cinquante. On a cru long-temps que chaque plante nourrissait une espèce particulière de chenilles; mais la même espèce peut se trouver sur vingt plantes différentes. Pourtant ne cherchons ni sur les noyers, ni sur les platanes; aucune de nos espèces d'Europe ne vit sur les plantes exotiques. Quant aux plantes indigènes, toutes sont dévorées sans exception, même les plus vénéneuses, telle que l'euphorbe, qui est sans action destructive sur certaines espèces.

— Donne-moi la pelle, dit-il au nègre. Voici de la terre légère, propice aux chrysalides. »

Il en trouva effectivement deux petites d'une couleur roussâtre.

« Noctuelles! » dit-il en les mettant dans la boîte.

Comme nous passions sur des tapis de violettes sauvages, il me fit remarquer des feuilles rongées.

« Arrêtons-nous ici & cherchons, dit-il. Si, en écartant les feuilles, vous voyez par terre de petites crottes noires, regardez autour, & vous trouverez peut-être quelque chenille d'*Argynnis* (nacré). »

Après quelques instants d'examen, je commençai à me plaindre de la chaleur, car le soleil me tombait d'aplomb sur la tête.

« Bah! dit-il en riant, cherchez toujours. Un entomologiste ne doit craindre ni le froid, ni le chaud, ni la pluie, ni le soleil.

— Voilà quelque chose, m'écriai-je. Une chenille avec des épines sur le dos. »

Il vint vers moi.

« C'est l'*Argynnis Paphia* (tabac d'Espagne). Je vous fais mon compliment, car elle est difficile à trouver durant le jour, à l'état de chenille. Eh! eh! vous l'avez aperçue! Allons! l'œil n'est pas mauvais!

— J'ai soif! lui dis-je en prenant ma gourde. J'ai bien mérité de boire!

— Le chasseur, jamais avoir ni faim, ni soif, dit Æthiops en s'essuyant le front; mais bouleaux là-bas! Allons-y. »

En passant près d'un chêne, mon professeur m'arrêta.

« Voyez-vous sur l'écorce? dit-il.

— Quoi donc?

— Cette petite boursouflure.

— Non.

— C'est la coque du *Bombyx-Milhauseri* (de Milhauser), très-difficile à voir, même pour un œil exercé. »

Cela, en effet, ressemblait tellement à l'écorce, que j'y regardai à deux fois, & de très-près, avant d'y croire. Je ne vis même la chrysalide que lorsqu'il eut ouvert la coque.

« Aux bouleaux! » cria de nouveau Æthiops en brandissant la perche d'un air menaçant.

Mais aux bouleaux, qui étaient fort éloignés, nous attendait une de ces amères déceptions si fréquentes, hélas! pour les jambes du naturaliste. Je l'ai appris depuis.

De loin, ces arbres ne nous paraissaient pas très-élevés; mais, à mesure que nous approchions, ils semblaient croître à vue d'œil. Arrivés au bas du premier, nous pûmes constater qu'il avait une tige droite & lisse d'au moins dix mètres sans une seule branche.

« La perche est trop courte! dit d'un ton calme M. Desparelles. Nous ne pouvons pas battre celui-ci; cherchons-en un autre qui soit branché moins haut; mais je crains qu'il n'y en ait pas, car ces arbres paraissent tous du même âge.

— En voici un plus abordable, » m'écriai-je en prenant la perche.

Déjà j'étais mordu de cette passion nouvelle.

Mais comme le bout de ma perche n'atteignait que le bout des feuilles, il me vint une idée : « Bon nègre, ne bougez pas, dis-je en me saisissant du parapluie. Je vais vous grimper sur le dos. »

Il me laissa faire. Me voilà donc à califourchon sur son échine, la perche en main. Au premier coup frappé dans les feuilles, une grande & belle *Lichénée* tombe dans le parapluie. Æthiops, ne se sentant plus de joie, lâche mes jambes, qu'il tenait, & se précipite sur cette chenille comme s'il craignait de la voir s'envoler. Manquant de soutien, j'abandonne la perche qui lui tombe sur la tête, & je me trouve assis dans les genêts épineux.

« Malheureux! m'écriai-je, tu ne peux donc pas modérer tes passions! il fallait m'avertir, au moins! Par ta faute, me voici lardé outrageusement.

— Oui! oui! dit-il; belles chenilles là-dessus. Recommençons. »

Malheureusement c'était la seule branche que la perche pût atteindre. Nous passâmes à un autre bouleau, à un quatrième, à un cinquième. Ils étaient tous plus hauts les uns que les autres! Æthiops arrachait sa laine avec désespoir.

« Moi aller chercher une échelle! dit-il; mais avant, essayer de grimper! » Et, se débarrassant de son fourniment, il se mit à l'œuvre. Ce fut sans succès. L'ascension était impossible. Les bouleaux sont des arbres ensorcelés, on les croirait savonnés du haut en bas. Lassé de vains efforts, il fut, en jurant, s'asseoir sur l'herbe brûlée par le soleil.

Je lâchai alors perche & filet, & m'escrimai à lancer des pierres &

des mottes de terre dans le feuillage; mais rien ne tomba que mes projectiles.

« Fatalité! m'écriai-je. Il y a des chenilles là-dessus & nous ne les aurons pas! Coupons l'arbre! »

C'était une idée; mais, outre que nous n'étions pas chez nous, nous manquions des instruments nécessaires, & puis c'était l'heure des papillons. M. Desparelles avait vu voler des *Nymphales* & des *Hespéries* sur les bruyères qui longeaient la forêt. Ramassant tous nos engins sans rien dire, & jetant un dernier regard de fureur sur les bouleaux, nous quittâmes ces lieux maudits pour nous enfoncer dans les allées ombreuses de la forêt. La nature avait triomphé de l'homme!

Nous marchions depuis un quart d'heure, la tête basse, récoltant de temps à autre quelques chenilles microscopiques roulées dans les feuilles. Nous étions dans un endroit frais; un filet d'eau serpentait sur les cailloux, à travers la mousse & les racines des vieux arbres.

« Asseyons-nous ici, dit M. Desparelles, & déjeunons.

— Cela me va beaucoup, répondis-je. Depuis une demi-heure, j'ai d'affreux tiraillements d'estomac & des faiblesses dans les jambes. Je n'osais pas le dire. »

Pendant que le nègre apprêtait le déjeuner, M. Desparelles m'appela vers lui. Il venait d'arracher quelques plantes dans le ruisseau, & me montrant une espèce de chenille :

« Voici, dit-il, une chenille d'*Hydrocampa,* qui vit & se chrysalide dans l'eau. Vous ne connaissiez pas ce mode de transformation? Le papillon éclôt au pied de la plante fontinale que sa chenille a choisie, grimpe le long de sa tige & vient se développer à l'air. Du reste, l'insecte parfait ne quitte guère les alentours du lieu de sa naissance.

— Comment! lui dis-je, il y a donc des chenilles partout?

— Presque partout & dans tout, répondit-il. Tenez! la première feuille venue!

Il prit une feuille de ronce, & me montrant une petite raie sèche qui la parcourait, ici en zigzag, là en spirale, comme une broderie capricieuse :

« Voilà, me dit-il, le chemin que la larve microscopique d'une *tinéide* trace en toute sa vie; sur cette petite feuille, qui lui sert de maison & de pâturage, l'insecte naît, se transforme, &, après cette longue existence d'une huitaine de jours, il s'envole pour s'accoupler & mourir le lendemain. La famille des Teignes est assez connue par les ravages qu'elle exerce sur nos habits et nos pelleteries. »

Le déjeuner fut très-agreste. Quoiqu'il dût être mangé froid, il se ressentait de l'ardeur du soleil, de même que la boisson, que nous n'eûmes pas la patience de laisser rafraîchir assez longtemps dans le ruisseau.

Tout en déjeunant, M. Desparelles me dit :

« Vous n'avez sans doute jamais remarqué une analogie quelconque entre l'insecte & la plante sur laquelle il vit, soit à l'état de larve, de chrysalide ou de papillon? Vous serez charmé en même temps que frappé de ces analogies, si vous mordez à ces études.

« Par exemple, la chenille du *Papilio Machaon,* qui se nourrit sur la carotte, subit l'influence de son suc colorant; le fond dominant de la robe de la larve est du même vert que les tiges de la plante, & elle est zonée de la même couleur orange que la carotte elle-même. Chez l'insecte parfait, vous retrouvez encore des ornements du même ton.

« Le ton des saxifages, dont les fleurs sont généralement rouges & blanches, se retrouve aussi dans la couleur des *Parnassiens,* le blanc tacheté de rouge.

« Les localités que fréquentent les papillons & l'époque de l'année où ils se montrent ont sur eux la même influence; car il existe une harmonie générale dans la nature. Les *Piérides,* avec leur blancheur florescente, leurs dessins de mousse délicate, leur jaune de primevère ou de bouton-d'or, sont bien les papillons des prairies du printemps; les *Coliades,* soufre & souci (*Edusa* & *Hyale*), ne paraissent au contraire qu'à l'automne, quand la nature a déjà pris la teinte jaune & brûlée; les *Lycénides,* couleur d'azur, ne vivent que dans l'air bleu de l'été; les *Argvnnis,* aux tons cuivrés, parsemés d'or ou d'argent, ne fréquentent que les endroits séchés par le soleil, cherchant la maigre fleur du chardon, qui leur rappelle peut-être leur première existence de chenille hérissée de piquants. Les chenilles des *Vanesses-Io, Urticæ, Atalanta,* sont pourvues d'épines brûlantes comme les orties où elles naissent.

« Vous verrez quelle ressemblance existe entre une chenille de *Satyre* & un épi de graminée! Vous remarquerez, quand vous les connaîtrez, que celles dont la teinte est plus terreuse vivent toujours sur des herbages plus secs & iront se métamorphoser en terre; leurs papillons, s'ils fréquentent les arbres ou les rochers couverts |de lichens, auront sous leurs ailes inférieures les mêmes tons, afin d'échapper aux yeux de leurs nombreux ennemis.

« Parmi les *Sphinx,* la chenille de *Ligustri,* quoique fort grosse, représente tellement la silhouette d'une des feuilles pliées dont elle se nourrit, qu'en regardant d'en bas, il est très-difficile de l'en distinguer. Tous les *Smérinthes* sont encore plus difficiles à trouver, quand bien même vous avez le nez dessus. Les papillons des *Smérinthes-Populi, Quercus* & *Tiliæ* (peuplier, chêne & tilleul) sont identiquement semblables à l'écorce & aux feuilles sèches de ces arbres.

« Quant aux chenilles des *Chelonia Purpurea* & *Orgva-Fascelina,* qui se plaisent sur les genêts, elles ont la plus grande analogie avec les gousses de ces légumineuses. Les chenilles de plusieurs espèces de *Lasiocampa-Quercifolia* (feuille de chêne), entre autres, & des *Catocala,* sont tellement adhérentes aux écorces, & d'une apparence tellement

moussue, qu'on n'est souvent averti de leur présence que par le froid
de leur corps, en passant la main le long des branches. Aussi sont-elles
fort bien baptisées *Lichénées.*

« Dans les *Cossus,* la ressemblance avec l'écorce des saules sur laquelle ces lépidoptères vont déposer leurs œufs est encore plus frappante.

« La chenille du genre *Dicranura* ne paraît, au premier abord,
avoir aucune analogie avec les peupliers sur lesquels on la trouve. Il y en
a cependant entre le rouge vineux de sa tête, le ton feuille morte de son
dos, le vert sale de son ventre & les feuilles mortes qu'elle dévore
durant l'automne. Ajoutez que sa coque, appliquée contre le tronc de
l'arbre, ne paraît être, comme celle du *Milhauseri* que je vous ai montré,
qu'une excroissance de l'écorce.

« La coque de *Diloba-Cœruleocephala* n'est pas moins curieuse. La
chenille choisit un lichen, pénètre dessous & y fait sa coque, qui ne
paraît à l'œil qu'une petite boursouflure de la plante. Quelques *Phale-
nides* se chrysalident de la même manière, & l'analogie est encore plus
grande chez elles, car leurs chenilles ressemblent à de petites branches
verdâtres & moussues. Les ailes des *Leucanides,* qui vivent & se transforment dans l'intérieur des roseaux, paraissent nervées & veinées
comme le tissu de ces plantes.

« Mais les plus curieuses sont les *Géomètres.* Elles sont si semblables, comme forme & comme couleur, aux branches sur lesquelles
elles se tiennent, qu'il faut les voir remuer pour s'assurer que ce sont
bien des chenilles. En chassant, il m'arrive souvent de m'y tromper à
première vue, malgré la grande habitude que j'ai de les observer.
Toutes les espèces qui éclosent à l'arrière-saison sont ternes & tristes
comme les brouillards de novembre où elles se perdent. »

Ici j'ouvrirai une parenthèse &, quittant pour un moment la narra-
tion de ma promenade avec M. Desparelles, je rapprocherai de ses
réflexions sur les analogies mystérieuses ce fragment d'une lettre que
je reçus quelques années plus tard sur le même sujet :

« Je viens de recevoir pour toi, de notre ami Edmond Planchut, un magnifique envoi de
papillons des îles Philippines.

« Autrefois, quand tu étais le *disciple de M. Desparelles,* tu craignais de nager en pleine mer & de te lancer dans l'étude des exotiques. Depuis que tu en as pris toi-même & que tu as recueilli des larves & des chrysalides dans les forêts vierges de l'Amérique, tu apprécies davantage cette faune éblouissante des régions privilégiées ; & moi, en attendant que tu viennes nommer & classer ces nouveaux arrivants, j'admire & je compare tout ce merveilleux petit monde. Cela donne bien à penser sur ce profond & sublime mystère que tu appelais le rôle du luxe dans la création. Pourquoi en effet cette prodigalité inouïe, presque folle de la nature dans ses plus minutieux détails ? Je regarde dans tes collections une Tinéide du Brésil, un Yponomeute, je crois ? & je découvre, à la loupe, au bas de sa courte jupe plumeuse, une bordure d'anneaux d'or rouge, encadrés de noir. Au reste, nos *micros* indigènes ont aussi de ces coquetteries insensées, presque invisibles à l'œil nu, tu me l'as fait remarquer souvent. Ce que tu ne m'as pas dit, ce que tu ne me diras pas, mon cher enfant, c'est le pourquoi de cette ostentation d'ornements chez des êtres dont l'utilité ne nous est pas encore bien démontrée, puisque plus d'une espèce, parmi ces infiniment petits, est même très-nuisible à l'emménagement de l'homme sur la planète. L'homme veut faire des provisions, la mite & la teigne en font leur profit. L'homme ne peut atteindre ces misérables ennemis qui le dépouillent ; & quand, armé du microscope, il en saisit quelques-uns, le voilà forcé de s'extasier sur l'armure de parade de ces ravageurs lilliputiens. Si la mite de nos armoires & l'alucite de nos blés n'ont pas été créées, comme il semble bien, pour le plus grand avantage de nos denrées, la nature proteste donc contre le roi de la création, &, rieuse & fantasque, jetant à pleines mains sur ces nuisibles *micros* l'or & les pierreries, elle s'est donc plu à leur dire : Vous serez beaux, bien faits, admirablement organisés & habillés, par-dessus le marché, des tissus les plus précieux ! Cela sera parce que tel est mon caprice de vous élever, par le vol & par la beauté, au-dessus du bipède sans ailes, sans plumes & sans écailles, qui prétend avoir accaparé mes prédilections & mes faveurs.

« N'allons pas plus loin, nous n'en sortirions pas, nous qui adorons quand même une providence, & contentons-nous de dire que le beau est un mystère dont la raison d'être échappe à toute investigation. C'est évidemment quelque chose de tout-puissant & de sacré, & l'homme, le roi des destructeurs au bout du compte, ne peut empêcher l'éternelle reproduction de cet élément superflu, mais probablement nécessaire, de l'équilibre universel.

« Encore, si nous pouvions savoir comment se produit le beau dans la nature ! Mais là nos questions restent également sans réponse. La chimie aura beau constater *en quoi c'est fait,* comme disent les enfants, jamais elle ne saisira le mode des mystérieuses opérations qui désagrègent ceci ou cela, pour le réagréger & le transformer à d'autres fins. Comment les *Morpho,* ces lépidoptères métalliques de la Nouvelle-Grenade, qui volent sur les mines de cuivre, prennent-ils l'éclat & les reflets chatoyants de l'azurite & des diverses combinaisons de couleur que le minerai cache au sein de la terre ? Tu as fait une étude de ces affinités frappantes ou plutôt de ces réactions du milieu sur l'être qui s'y produit. Me diras-tu comment le métal semble transmuer ses oxydes irisés en tissu squalleux, en laque gommeuse, en plumes imperceptibles, pour dorer en vert, en bleu, en rouge, en jaune, en orange, en violet étincelant, la chrysalide, la chenille & la robe de ces incomparables papillons ? Tu dis que les Indiens ne s'en cassent pas la tête & qu'ils supposent tout bonnement que c'est le vert-de-gris qui les colore de la sorte. Mais moi, je crois qu'ils ont raison, ces bons sauvages, & que la nature tire tous ses matériaux de travail du même alambic. Seulement, comment s'y prend-elle? Comment, dans les froides régions où elle n'a plus le concours d'un généreux soleil pour faire pleuvoir diamants & rubis sur ses créatures, compose-t-elle avec les purs reflets de la neige, les sombres couleurs des lichens & les satins des écorces, ces douces harmonies des espèces boréales?

« Pourquoi la *Pantherode pardalaria*, si bien nommée, offre-t-elle l'image frappante de la robe de la panthère?

« Pourquoi la *Callithea Leprieuri*, du fleuve des Amazones, est-elle un résumé de toutes les nuances du vert disposées en ondes, comme les reflets emportés & brouillés par les flots rapides?

« Pourquoi ces Héliconiens à ailes de gaze complétement diaphanes, l'*Hetera piera*, par exemple, avec ces formes élégantes qui semblent chercher l'immatérialité?

« Pourquoi ces *Leptocircus* à ailes transparentes aussi, ces Érycines & ces Argus bleus à longues queues doubles ou quadruples imitant celles des Lyres, des Veuves & autres oiseaux des mêmes climats?

« Pourquoi & comment toutes choses? Il n'y a que cela qui nous embarrasse!

« Mais ce qui n'embarrasse ni toi ni moi, c'est de savoir si nous nous aimons. A cela point de doute, & que Dieu débrouille le reste!

« George Sand. »

Je pense que le lecteur ne me saura pas mauvais gré de cette digression qui rentre si bien dans mon sujet, & je le prie de revenir en arrière pour s'asseoir avec moi sur la mousse en compagnie de M. Desparelles.

En fumant & devisant, il remarqua, au pied d'un jeune frêne, l'herbe éparpillée & la terre fraîchement remuée.

« Nous ne sommes pas venus ici, dit-il, & voilà des traces de chercheurs de chrysalides! C'est le pharmacien! un fameux savant qui ose prétendre, entres autres énormités, que le petit paon de nuit est le papillon le plus rare du département! Je lui en revendrais à la livre! »

Pendant que nous nous remettions en marche, il m'apprit que, pour certains papillons, comme les *Satyres*, il fallait attendre patiemment qu'ils se fussent posés & les prendre au filet; que, pour d'autres, comme les *Argynnes*, il était nécessaire de les saisir lestement au passage.

« Il en est, ajouta-t-il, les *Nymphales* par exemple, qui reviennent tout de suite à la place où on les a manqués ; d'autres, seulement une heure après ; beaucoup ne se montrent plus au même endroit. Dès qu'un papillon paraît fixé sur un point, on doit en approcher doucement, & il faut avoir soin, autant que possible, de se placer de manière à avoir son ombre derrière soi. Une fois qu'il est pris, on le cerne rapidement dans un des coins du filet, sans lui donner le temps de s'y débattre, &, à l'aide des brucelles, par-dessus la gaze, on lui presse la poitrine en dessous, puis on le pique sur le milieu du corselet, en faisant bien attention à ne pas enlever sa poussière, ou, pour mieux dire, ses écailles. Les entomologistes exercés savent le tuer, ou au moins l'étourdir dans le filet même, au moyen d'une adroite pichenette sur la tête. Mais celui qui n'a pas la main habile, lui enlève souvent les deux épaules en employant ce procédé.

« Puisque vous paraissez prendre un vif intérêt à cette étude, je vais vous faire part d'un secret, ou plutôt d'une découverte que je dois à un de mes amis qui s'est occupé de préparations entomologiques. Il s'agit tout bonnement de toucher la tête du papillon avec le bout d'un pinceau mouillé d'éther, dès qu'il ne remue plus dans le filet. Il se trouve asphyxié instantanément. On peut alors le piquer tout à son aise, & on gagne à cette méthode un temps énorme. Je dois vous dire que l'éther n'a aucune influence sur les couleurs & qu'on peut s'en servir sur les papillons, avec modération toutefois, sans aucun inconvénient ; mais il faut que vous sachiez aussi que cette asphyxie ne dure qu'un quart d'heure & que l'insecte n'en meurt pas. Donc, étouffez-le avec les brucelles avant qu'il ne se réveille & ne se débatte le long de l'épingle. »

Pour compléter ces instructions, M. Desparelles me montra une *sésie* sur une fleur, & me dit que pour cette espèce de lépidoptère, le filet était inutile. Il prit, en effet, la *sésie* facilement avec les pinces, engin de chasse muni de tulle, dont les branches recourbées me rappelèrent les fers à papillotes des coiffeurs.

« C'est l'*Apiforme*, dit-il, & c'est une capture intéressante à vous faire observer.

— Comment, lui dis-je, c'est là un papillon? Je l'aurais pris pour une guêpe!

— Ah bien oui! répondit mon professeur, il a une trompe. Dans les classifications, vous le verrez placé au nombre des *crépusculaires,* & cependant il ne vole que par un soleil ardent. Pas un de ce genre ne vole la nuit.

« Mais nous voici sur la bruyère. Mettons-nous en chasse & prenons tout. On ne sait jamais si l'on ne trouvera pas quelque variété dans une abondante récolte. Allons donc nous mettre à l'affût, à moins que vous ne préfériez courir comme un enfant à travers les ronces. Æthiops, mon garçon, tu vas aller faire un tour sur les genêts, & tu mettras dans cette boîte toutes les chenilles noires ou blanches que tu trouveras. »

Æthiops parti, M. Desparelles, étendu à plat ventre dans la bruyère, le filet couché obliquement à côté de lui, prêt à saisir sa proie, ne bougea plus & attendit certains papillons qui venaient se poser sur les parois d'une grosse souche suintante. J'imitai cette tactique; mais je ne fus pas si heureux que lui; j'en manquai les trois quarts.

« Ne vous pressez pas, me disait-il; cela viendra! »

Nous eûmes bientôt une grande quantité de *Satyres,* peu d'espèces différentes, mais quelques variétés pour le nombre & la place des *yeux* sur les ailes. Nous étions occupés à les ranger dans les boîtes de chasse, quand de grands cris, partant à peu de distance de nous, nous firent lever la tête.

« Bonne chance & bonne chasse! nous criait un personnage qui agitait d'une main un filet à papillons, & de l'autre son chapeau de paille. »

Je ne pouvais distinguer sa figure, j'avais le soleil dans les yeux.

« C'est le pharmacien! dit mon professeur en soupirant. La chasse est finie pour le moment. Serrons tout. Mais ne serait-ce pas votre ami qui le suit de loin? »

C'était Pigeot, en effet, qui brandissait en l'air son sac de paysagiste au bout de sa pique.

Le pharmacien arrivait ou plutôt bondissait & gambadait à travers la bruyère. Comme il n'était plus qu'à cinq ou six pas de nous & qu'il se disposait à nous saluer, je le vis tout à coup trébucher; son chapeau vola d'un côté, son filet de l'autre, & il disparut dans les hautes herbes.

M. Desparelles ne put retenir un grand éclat de rire. Il courut cependant au secours du pétulant pharmacien qui n'avait aucun mal.

« Je ne sais pas ce que j'ai rencontré sous mes pieds, dit ce dernier en se relevant; mais j'ai fait là une belle chute!

— Vous n'avez pas l'*œil*, mon cher, répondit M. Desparelles d'un ton tranquille.

— Je n'ai pas l'œil! je n'ai pas l'œil! vous me dites toujours la même chose! »

Pigeot était près de nous. Nous nous jetâmes dans les bras l'un de l'autre.

8

« Après trente ans d'absence! Vous permettez, monsieur?... dit-il en s'adressant au pharmacien. »

Là-dessus, nouvelle accolade.

> — Et puisque je retrouve un ami si fidèle,
> Ma fortune va prendre une *façon nouvelle!*

criait-il d'un ton emphatique. Ah çà, qu'es-tu devenu, hier soir?

— Je suis devenu élève entomologiste, répondis-je. Et toi?

— Moi? dit-il en m'attirant à l'écart, j'ai couru longtemps après cette lumière qui fuyait toujours. J'ai fini par l'attraper sur la grande route, où je me suis trouvé, je ne sais comment. Devine ce que c'était? La diligence, mon cher! J'y suis monté en désespoir de cause, & j'y ai fait la connaissance de ce monsieur qui venait de la chasse aux hannetons. Je ne m'en réjouis pas. Figure-toi que j'ai fait tout au monde pour le quitter, & qu'il n'a pas voulu me laisser aller à l'auberge. Bon gré, mal gré, il m'a fallu souper avec lui à Châteauroux & l'entendre parler d'un tas de bêtes, & cela fort longuement. J'ai pris le parti de m'endormir à table, après avoir avalé de rage plus d'un petit verre. Ce matin, comme je me disposais à venir à ta recherche, ce maudit bavard s'est obstiné à m'accompagner. Et nous voilà! Que le diable l'emporte maintenant!

— Eh bien, lui dis-je, j'ai eu plus de chance que toi; j'ai rencontré un homme charmant à qui je vais te présenter. »

En ce moment, Æthiops revenait en criant de loin :

« Belles chenilles! belles chenilles!

— Tiens! un sauvage! » s'écria Pigeot.

Et il se mit à danser devant Æthiops, à la façon des singes, en lui disant :

« Eau de feu! bon visage pâle! échange! produits chimiques! cacao! montre à répétition! habit rouge! »

Insensible à ces avances, le nègre tournait autour du pharmacien en criant toujours :

« Belles chenilles! belles chenilles! d'un air presque féroce.

— Pas manger lui! disait Pigeot. Lui pas bon! eau de feu! eau de feu! »

Tout à coup Æthiops s'arrête, regarde Pigeot, l'appelle *farceur,* & se met à rire de son rire homérique. Puis il revient au pharmacien, ouvre sa boîte et lui dit :

« Chenilles noires! bien belles! sur les bouleaux! Toi prendre ma perche! vas-y. Bien bon! bonne chance.

— En vérité? s'écria le pharmacien; c'est sur les bouleaux que vous avez pris ces chenilles! Ne serait-ce pas des *Cossus?*

— A peu près! répondit M. Desparelles en riant plus silencieusement que son nègre. Ne vous gênez pas! Nous n'en avons battu que deux, seulement pour montrer à monsieur, ajouta-t-il en me désignant.

— Ah! ah! monsieur est entomologiste de Paris, *sans doute?* dit le pharmacien ébahi, en me regardant. Vous avez une belle collection, *sans doute?* »

Pigeot répondit pour moi :

« Mon ami ne collectionne que les punaises! mais quelles punaises, monsieur! Vingt-cinq cadres, & il n'y en pas deux de pareilles!

— En vérité? fit le pharmacien. Je croyais que leurs couleurs passaient en vieillissant?

— Oui, dis-je; mais j'ai un secret pour les conserver intactes. »

Il voulut nous entraîner avec lui; mais M. Desparelles lui dit qu'il avait affaire & nous engagea à dîner. Le pharmacien s'était attaché à ses pas. Le nègre les suivait, portant les bagages. Restés en arrière, nous les suivions aussi, Pigeot & moi, à une certaine distance. Tout à coup, mon ami ramasse un gros scarabée noir qui courait sur le sable. « Attends un peu, dit-il, tu vas voir! » Il s'arrête, ouvre sa boîte, tire son pinceau & sa palette & se met à peindre en bleu le coléoptère; il passe du rouge sur le corselet, l'orne d'une paire de buffleteries en croix, lui pose des points jaunes imitant des boutons, & lui enfonce une épingle dans le corps. Après quoi, nous appelons le pharmacien, qui ne tarde pas à s'arrêter.

« Voilà un fameux insecte! lui crie Pigeot; un insecte rare, je crois, car je n'ai pas encore vu son pareil!

— Il est fort rare en effet, dit M. Desparelles gardant admirablement son sérieux. C'est le *scarabée-militaris.*

— En vérité? dit le pharmacien; mais je n'ose le prendre! M. Desparelles le veut *sans doute?*

— Non! non! répondit M. Desparelles. Ce merveilleux insecte vous appartient, puisque c'est à vous qu'on l'apporte; c'est comme si vous l'aviez trouvé vous-même. »

Le pharmacien éclatait de joie. Il serra précieusement l'insecte dans sa boîte, & comme nous prenions à gauche, il nous quitta, non sans avoir fait promettre à Pigeot de lui chercher d'autres insectes.

Quand nous fûmes un peu loin de lui, M. Desparelles se livra à une grande hilarité en pensant au scarabée peint & aux chenilles de *Caja* prises pour des *Cossus.*

« Il faut que ce pauvre pharmacien soit encore plus simple que je ne croyais, » dit-il.

Pigeot s'aperçut alors que M. Desparelles n'avait pas été dupe de sa plaisanterie, & commença à lui montrer de la considération.

Le soleil baissait.

« Il est cinq heures, dit M. Desparelles, & les espèces diurnes ne volent plus maintenant. Il n'y a plus guère que des phalènes, que nous pourrions prendre en battant les broussailles; mais ce n'est pas la peine. Ce soir, vous verrez comment je me les procure, ainsi que les noctuelles. Chaque saison demande une chasse particulière. Il y a des papillons toute l'année, même en hiver, mais ils sont rares durant les froids. Les mois qui fournissent le plus d'espèces sont ceux de juin, juillet, fin septembre & octobre. Pour les chenilles, il faut chercher en février & mai les chrysalides de sphinx, visiter les plantes basses en avril, battre les arbres & faucher sur les graminées en mai & juin.

« Faucher? lui demandai-je. Est-ce donc ce que vous faisiez hier soir?

— Précisément. Je cherchais des chenilles de satyres. En juillet,

on trouve les chenilles de *sphingides* sur les légumineuses. En août &
en septembre, on ne trouve plus que des espèces destinées à passer
l'hiver à l'état de chrysalide.

— Pardon, observa timidement Pigeot : vous parlez de faucher les
chenilles. Est-ce que ça pousse dans votre pays comme de la luzerne? »

Je n'étais pas moins curieux que lui de me faire expliquer le *ramas-
sage de rosée* dont j'avais été témoin la veille.

« Vous n'avez pas regardé le troubleau dont se servait mon brave

Æthiops, dit notre hôte en s'adressant à moi. Le troubleau sert ordinairement à pêcher des insectes dans les marécages. Moi, je l'ai modifié
& approprié à la récolte des chenilles. C'est un grand filet à papillons,
solidement établi & garni d'une forte toile au lieu de gaze. En le promenant à la manière des faucheurs, on ramasse toutes les chenilles &
insectes qui dorment ou pâturent la nuit sur les plantes basses. »

Nous suivions un petit sentier sablonneux. En nous parlant, M. Desparelles s'arrêta, se baissa pour observer & toucher de petits grains
noirs, puis regarda dans un arbre, juste au-dessus de sa tête.

« Venez ici, me dit-il, & suivez mes yeux. La voyez-vous ? »

Je ne voyais rien d'abord.

« C'est la chenille de *Dicranura-Erminea,* reprit-il ; au bout de ce petit rameau, sur sur cette feuille à demi-rongée.

— Ah ! oui vraiment ? m'écriai-je. Comment l'avez-vous devinée là-haut en cherchant à vos pieds ?

— Chasse *à la crotte !* dit Æthiops ; bonne chasse pour les grosses chenilles.

— De même que vous avez trouvé tantôt dans les violettes une *Argynnis* par ce moyen, de même, reprit M. Desparelles, vous trouverez les grosses chenilles sur les arbres, en cherchant sur le sable ou sur la terre la trace de leurs déjections ; & en remarquant celles qui sont fraîches, vous pourrez dire à coup sûr : Elle est là au-dessus de moi.

— Ma foi, dit Pigeot émerveillé, on parle des ruses & du génie d'observation des sauvages dans les forêts du nouveau monde...

— Ne riez pas, dit M. Desparelles : un naturaliste alerte & passionné en remontrerait aux Indiens de ce cher M. Cooper, que j'aime pourtant de tout mon cœur. Avec un peu d'habitude, il n'est pas plus difficile de reconnaître par la forme des *laissées* la tribu & le genre d'une chenille, que de reconnaître un papillon à sa manière de voler. Le papillon plane, le satyre sautille, la nymphale vole follement, la phalène vole sans bruit, comme un oiseau de nuit, l'hépiale rase la terre & retombe sans fournir une longue course, la zygène part lourdement en ligne droite, le sphinx fend l'air, la noctuelle décrit des courbes, le bombyx vole comme un fou & semble vouloir se cogner à tous les arbres.

« Mais tous ces habitants de l'air n'ont qu'une médiocre valeur dès qu'ils ne sont plus frais, & je ne saurais mieux vous faire comprendre la différence qui existe entre un papillon fraîchement éclos & un autre papillon qui a déjà volé, qu'entre une prune fraîche, toute couverte de cette buée qu'on appelle vulgairement la *fleur,* & une autre prune essuyée portée au marché & ayant déjà été maniée par plusieurs chalands. Il faut donc absolument chasser la chenille, car il y a, outre l'attrait de former une collection de premier choix, des espèces que vous ne verrez jamais voler, attendu qu'elles n'ont pas d'ailes.

« Dès le mois de février, aussitôt que la température se radoucit, mettez-vous en chasse pour explorer les feuilles sèches : c'est là que la proie se réfugie tout l'hiver. Voilà comme je m'y prends avec Æthiops. Je le charge d'une claie en fil de fer, montée sur quatre pieds, & d'une grande nappe. Arrivés dans la forêt, nous tendons le drap sous le châssis & nous faisons des amas de feuilles sèches que nous épluchons à tour

de bras sur la claie. Tous les insectes enfermés dans les feuilles passent seuls à travers les mailles & tombent sur la nappe. Il faut avoir soin de choisir les endroits où, sous les feuilles sèches, commencent à pousser les violettes, les plantains, les primevères, le lierre terrestre & les différentes espèces d'oseille. C'est ainsi que je me procure presque toutes les espèces de noctuelles de la première saison. Il faut, pour compléter la série de celles qui n'éclosent qu'à l'arrière-saison, battre à coups de gaule les saules & les trembles. Les jeunes chenilles sont réfugiées dans les chatons & les pousses nouvelles. En mai & juin, les mois où il pleut des chenilles, vous pouvez récolter jusqu'à deux cents espèces différentes dans une seule chasse.

« Il y a bien encore un moyen de faire tomber les chenilles des branches : c'est, à l'aide d'un maillet de plomb entouré de cuir, de frapper un coup sec sur le tronc des arbres encore jeunes. La secousse brusque imprimée à l'arbre surprend les jeunes larves qui se laissent choir sur la nappe étendue au-dessous. Mais je ne vous conseille pas cette opération dans les bois de l'État, les gardes forestiers vous feraient des procès-verbaux que vous mériteriez bien, car chaque coup de maillet est une blessure faite à l'écorce de l'arbre, blessure cachée, il est vrai, mais qui n'en existe pas moins. Les gros arbres s'en moquent, ils ne frissonnent seulement pas sous vos coups.

« Je vous recommande de chercher en juillet la chenille & la chrysalide de la *Gortyna Flavago,* dans l'intérieur des tiges de l'yèble. Quand, trop loin de chez moi pour y revenir en temps opportun, je trouve cette charmante espèce, je l'emporte & l'élève dans mon jardin en la greffant.

— Comment! dit Pigeot, voilà que vous greffez les chenilles?

— C'est une manière de dire. Je choisis des yèbles ou des sureaux bien sains, je coupe la tige à deux ou trois décimètres de terre, car la chenille aime à se blottir dans la partie basse de la tige, la partie humide. Après avoir fendu cette tige en deux & pratiqué une petite loge pour contenir mon élève, je l'inocule, pour ainsi dire, au milieu de la moëlle, & après avoir rapproché les deux parties de la tige fendue au moyen d'un bout de fil, je laisse à la chenille le soin de pourvoir à ses besoins. Elle creuse alors sa galerie en dévorant l'intérieur du sureau, se pratique une ouverture dans l'épaisseur du bois afin de sortir plus tard en papillon, & elle se chrysalide. J'agis de la même manière pour toutes les larves *endophytes,* c'est-à-dire celles qui vivent cachées, & j'obtiens ainsi des papillons plus beaux que par l'élevage en serre. Il est vrai que j'ai le soin d'aller chercher la tige que j'arrache avec sa racine contenant la chrysalide, quelques jours avant l'éclosion, & que je la mets à l'humidité. La plante, n'ayant pas le temps de sécher & de se rétrécir, n'étouffe pas le joli insecte encore au maillot, qui périrait écrasé dans la tige contractée.

« Je cherche, autant que possible, à faire oublier la nature à mes élèves, & à toutes celles qui vivent de plantes susceptibles d'être mises en pot, je sers la nourriture toute plantée ; cela réussit beaucoup mieux que de faire tremper les tiges dans l'eau. Vous savez que les plantes prennent leur nourriture par les racines ; du moment que vous les coupez

& que vous remplacez leur nourrice la terre par de l'eau claire, vous les débilitez. Cette plante étiolée, devenant à son tour la nourrice de la chenille, influe sur sa santé & occasionne ces maladies que l'on appelle la jaunisse, la moisissure, &c. Je dois vous mentionner un autre genre de recherches que j'appellerai « la chasse au marais. » Il s'agit d'aller en juillet dans les étangs couper ou plutôt arracher les joncs qui sont percés d'un petit trou bouché avec de la soie. Les chenilles & les chry-salides de plusieurs espèces de nonagrides, toutes fort intéressantes, habitent l'intérieur de la tige, parfois immergée à deux ou trois pieds. Il n'est pas toujours sans danger de se promener dans l'eau jusqu'au ventre sur ces fonds tourbeux au milieu des joncs de trois mètres de haut. Vous pouvez y disparaître sans que personne s'en doute & y rester à tout jamais. Mais cette crainte ne doit pas plus arrêter le naturaliste que celle d'attraper une fluxion de poitrine ou la fièvre cérébrale, sans compter bien d'autres agréments tels que maux de dents, rhumatismes, morsure des serpents, & que sais-je encore!

« Mais si ces dangers ne vous font pas reculer & que vous vouliez vous livrer à la chasse des chenilles, il est indispensable de savoir un peu de botanique. »

Et M. Desparelles, qui me parut aussi versé dans cette science que dans l'autre, appliqua, chemin faisant, ses préceptes en nous apprenant à distinguer un plaintain d'une primevère, un polygonum d'un liseron, un lierre terrestre d'une linaire, un delphinium d'une géraniée, une graminée d'un carex, etc., etc.

« Connaître les plantes qui nourrissent les différentes espèces, dit-il, est déjà beaucoup; mais ce serait insuffisant si l'on ne connaissait aussi les époques de l'année où la chasse offre le plus de succès. Puisque vous me paraissez mordre à la science, je vous ferai cadeau d'un almanach que j'ai dressé à mon usage, vous y trouverez le mois où la chenille a atteint sa taille & la plante sur laquelle elle vit [1]. »

---

1. Voir à la fin de la première partie l'Almanach du Chasseur de Chenilles.

IV.

PROPAGATION. NOURRITURE, PRÉPARATION, MIELLÉE.

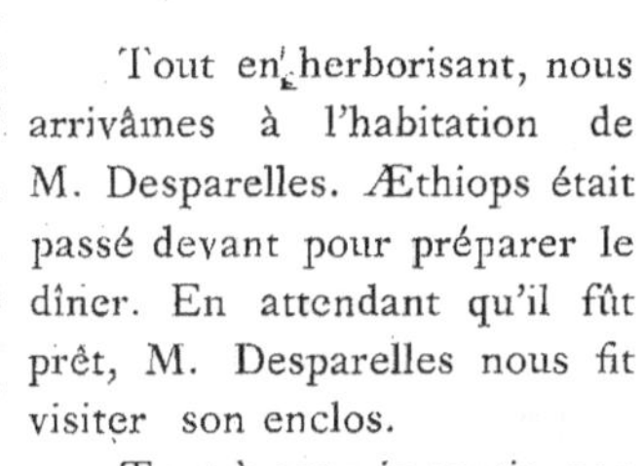

Tout en herborisant, nous arrivâmes à l'habitation de M. Desparelles. Æthiops était passé devant pour préparer le dîner. En attendant qu'il fût prêt, M. Desparelles nous fit visiter son enclos.

Tout à coup je sentis mon camarade Pigeot me pousser le coude, & je le vis regarder d'un air moitié goguenard, moitié surpris, des sacs de cuir numérotés, des poches de gaze ornées d'étiquettes & des boîtes garnies de toiles métalliques accrochées aux arbres. Quelques arbustes même étaient entièrement enveloppés de mousseline.

« Je ne voudrais pas être indiscret, dit-il à l'entomologiste, mais je suis très-intrigué par tous ces *pochons*. Est-ce pour préserver vos fruits des insectes?

— Pas le moins du monde, ce sont des chenilles en nourrice. Certaines d'entre elles veulent absolumént vivre à l'air libre, & tous les soins de l'homme ne remplacent pas la nature. J'élève ainsi des nichées d'espèces fort rares, sans m'en occuper beaucoup. J'ai soin de regarder de temps en temps si la nourriture ne manque pas ou si quelque carabe, grand mangeur de larves, n'a pas eu l'indiscrétion de s'introduire auprès de ces jeunes personnes. Quand le moment de la métamorphose en chrysalide est arrivé, je porte le tout chez moi. Vous voyez beaucoup d'arbres qui n'ont pas d'autre destination. J'ai même consacré, au bout de mon jardin, toute une partie de terrain inculte à tendre des piéges, à enfermer des pontes. C'est ainsi que j'ai acclimaté des espèces méridionales, ou très-rares dans la contrée, lesquelles, à l'heure qu'il est, croissent & multiplient en liberté aux environs.

— Ah çà! dit Pigeot, & les moineaux?

— Æthiops, les chats & les oiseaux de proie leur font une rude guerre. Ils connaissent la maison comme très-mauvaise pour eux & n'y viennent guère.

— Alors, c'est le paradis des chenilles, chez vous?

— Ma foi, un peu! Je n'en détruis jamais une inutilement. Je sais bien que certaines sont si nuisibles qu'il faut absolument modérer leur multiplication désordonnée; mais si l'entomologiste se résigne à voir & même à conseiller ce *massacre des innocents,* croyez bien que ce n'est pas sans en souffrir au fond de l'âme.

— Il aime tant les chenilles qu'il en mangerait, dit Pigeot en s'adressant à moi, mais pas assez bas pour que notre savant ne l'entendît point.

— Il ne faudrait pas trop s'amuser à expérimenter ce nouveau gibier, répondit-il en riant. Certaines espèces ne vivent que de plantes es plus vénéneuses, comme les euphorbes & les aconits. Excepté celles qui vivent dans les fruits & que vous avez peut-être goûtées, comme moi, sans le vouloir, je ne me fierais à aucune. On mange pourtant aux colonies les vers palmistes qui ne sont autre chose que les larves d'un charançon (la *calandra palmarum*). Les nègres en sont très-friands & les avalent tout vivants comme nous faisons des huîtres. Les Romains

engraissaient aussi des larves pour s'en régaler. Quelques auteurs pré-
tendent que c'étaient des cossus ; mais je doute que cette chenille, qui
sent le vinaigre de bois, valût grand'chose à n'importe quelle sauce... »

Il s'arrêta court, & nous indiquant du doigt deux papillons blancs
qui se poursuivaient dans l'air :

« Regardez, dit-il. Le simple spectacle de ce qui va se passer entre

Calandra palmarum.

ces deux êtres vous instruira davantage que toutes les belles phrases
que je pourrais vous faire sur la manière dont les papillons célèbrent
leurs noces. »

Nous fîmes halte comme deux disciples obéissants, & nous voilà le
nez en l'air, à regarder ces deux papillons se culbutant & tourbillonnant
l'un sur l'autre, l'un autour de l'autre, s'élevant ou s'abaissant. L'un
d'eux, probablement fatigué de cette lutte, s'échappa & vint rapidement
se poser au milieu du sentier inondé de soleil.

« C'est la femelle, dit M. Desparelles. Voyez comme elle redresse
ses ailes & les applique l'une contre l'autre. Son abdomen plus court
que les ailes est, dans cette attitude, si bien garanti des attaques du
mâle, qu'elle se moque de lui pour le quart d'heure. »

En effet, le mâle, qui l'avait suivie, vint se poser en face d'elle, &,
semblable à un bélier qui veut donner des coups de tête, il reculait &
s'avançait en frappant de ses antennes sur celles de la dame. Il s'élevait
ensuite de terre & voltigeait en ayant l'air de la provoquer à ouvrir ses
ailes ; mais la papillonne ne bougeait pas & persistait à se faire désirer.
Tout à coup le mâle parut prendre un grand parti. Il tourna deux ou
trois fois autour de la dame comme un paon qui fait la roue, puis revint

droit sur elle nez contre nez. Il avait l'air de lui dire : « Regarde comme
je suis beau & aimable. » Mais ne recevant apparemment aucune
réponse favorable, il prit brusquement son essor & s'envola si haut que
nous ne pouvions plus le voir.

« Elle est par trop farouche ! dit Pigeot, voilà ce pauvre papillon
qui va chercher femme ailleurs.

— Détrompez-vous, lui répondit notre savant, c'est une feinte.
Attendez. »

La femelle, ne voyant plus personne, ouvrit lentement ses ailes &
les abaissa pour un instant sur un plan horizontal. Nous étions à la
regarder, étalée au soleil, quand tout d'un coup le mâle, rapide

comme une flèche, fondit sur elle, sans lui donner le temps de replier ses ailes. Vaincue, elle céda.

« C'est un malin! dit Pigeot. Il n'y a rien de tel que de faire le dégoûté pour obtenir tout ce qu'on veut.

— Les amours des papillons sont des plus mystérieuses, nous dit notre hôte. L'accouplement chez certains bombyx & zygènes dure quarante-huit heures, tandis que chez d'autres, c'est l'affaire d'un instant. Je n'ai jamais surpris de sphinx accouplés & l'on prétend qu'ils s'unissent en volant.

— A quoi reconnaissez-vous de suite les sexes différents?

— Ceci n'est pas toujours facile à reconnaître à première vue ; mais en général les femelles sont de plus grande taille, l'abdomen est plus gros, & leur parure est moins vive que celle des mâles. Les antennes sont un signe infaillible chez une grande quantité de nocturnes, les femelles n'ont que de simples fils, tandis que leurs maris portent deux belles plumes en panache, à l'inverse du genre humain, ou la femme l'emporte en grâce & en beauté sur l'homme. Chez les lépidoptères & beaucoup d'autres ordres d'insectes, la femelle semble être déshéritée. Il y a même des genres de papillons où la nature lui refuse des ailes & semble ne la considérer que comme un sac à œufs. »

Æthiops, la serviette sous le bras, vint d'un air solennel nous avertir que le dîner était prêt.

Nous ne nous fîmes pas prier pour faire honneur à la cuisine du nègre qui nous parut excellente, grâce à la promenade qui nous avait prodigieusement ouvert l'appétit.

Pigeot admira ou feignit d'admirer beaucoup la collection d'Æthiops & gagna ainsi ses bonnes grâces.

« Oh! dit le noir, en se mêlant familièrement à la conversation, moi faire grands essais. Moi marier papillons noirs avec papillons blancs pour faire jolis mulâtres.

— Et ça réussit?

— Pas savoir encore.

— Il ne faut jamais rien faire devant cet animal-là, nous dit M. Des-

parelles en riant à sa manièrc. Il m'a vu chercher à accoupler des papillons d'espèces très-proches, il veut accoupler les espèces les plus disparates. Si je le laissais mettre en pratique ses théories & que le diable
s'en mêlât, nous verrions les monstres les plus bizarres. N'a-t-il pas
cherché à faire accoupler une chatte avec un lapin? & il a été très-
étonné, le lendemain, de ne plus trouver que la queue du futur époux.
Je le surprends parfois en contemplation devant des bocaux de cristal

où il enferme des grenouilles, des salamandres & des hannetons, &
jouant de la guimbarde autant pour leur plaisir que pour le sien; mais
le résultat de ses croisements de race se termine toujours par des catas-
trophes comme celle du lapin.

— Pas fâcher moi! dit Æthiops peiné de voir son maître douter de
ses essais de croisements. Vous pas croirc; mais si moi réussir, oh!
moi bien rire!

— C'est singulier, dit M. Desparelles en s'adressant à nous, de voir
avec quel entêtement les simples & les enfants persévèrent dans leur
ignorance & comme ils sont récalcitrants à la vérité. Personne ne
connaît moins la nature que les gens qui, par état, peuvent l'observer à

Aristote fait bien naître du bois mort les scarabées & de la feuille du chou les chenilles. Vous vous rappelez *la Chasse* & *la Pêche* d'Oppien, traité complet de la zoologie du temps. Il se demande comment peuvent se produire les rhinocéros, puisqu'ils sont tous mâles. Il pense qu'ils sortent tout vivants du sein de la terre ou qu'ils ont pour pères & mères les rochers du rivage, & qu'ils partagent cette faveur avec les huîtres, les anchois, les coquilles & tous *ceux* qui naissent dans le sable. Je regrette beaucoup que nous n'ayons plus ces métis bizarres, fruits incestueux du chameau & de la fauvette. J'aurais bien désiré voir ces arbres mysté-rieux dont la graine tombant dans la mer faisait éclore instantanément des canards. Cette manière d'observer la nature est par trop fantaisiste. Les chèvres qui respirent par les cornes ; les cerfs qui, animés d'une fureur déraisonnable contre les serpents, passent leur vie à les cher-cher, & après de terribles combats les mangent avec délice ; les hyènes, douées du singulier privilège d'être mâles & femelles, alternativement, & de devenir aussi tendres mères qu'elles furent amants passionnés ; certains poissons, d'un naturel tout à fait farceur, qui passent leur temps à chercher les navigateurs pour leur faire des niches, telles que de soulever le vaisseau hors de l'eau & de le laisser retomber, ou d'en mordre si bien la quille qu'il est impossible d'aller plus loin, & mille autres folies.

« La nature avait été si peu observée, que beaucoup de ces absur-dités avaient encore crédit au commencement du siècle dernier, si bien que Réaumur, le plus grand observateur qui ait existé en entomologie, s'était donné la peine de réfuter, avec un esprit charmant, les théories & procedés du père Kircker, qui ne se gênait pas pour croire à la création spontanée d'une manière par trop absolue. Ce révérend père ne soutenait pas seulement que les insectes & bon nombre d'autres animaux nais-saient de décompositions & transmissions de molécules des uns aux autres, il prétendait avoir trouvé des recettes pour faire pousser, comme des plantes, les vers, mouches, scorpions & jusqu'aux serpents. Cette opération est digne de figurer au nombre des admirables secrets du Petit Albert.

« On fera, dit-il, périr & sécher les verres de terre; on les réduira
« en poudre; on remplira un vase d'une terre grasse & douce, & on
« mêlera avec cette terre la poudre des vers desséchés; on aura soin d'ar-
« roser la terre d'eau de pluie. On n'aura que trois à quatre jours à
« attendre, au bout desquels on trouvera que toute la terre du vase four-
mille de vers. » C'est au moyen de cette expérience que le père Kircker
explique la prodigieuse multiplication des vers de terre. « C'est pour-
« quoi, dit-il, les chemins en paraissent couverts après les pluies qui ont
« arrosé les cadavres desséchés des lombrics. »

« Il se procure, à quelques modifications près, tous les insectes
d'une manière équivalente. Pour les serpents, qu'il regarde comme très-
proches parents des vers, il veut qu'on les fasse rôtir avant de les réduire
en poudre. Cette poudre semée dans une terre fertile, bien arrosée
d'eau & exposée au soleil, ne peut manquer de donner, au bout de huit
jours, des serpents parfaits qui pourront s'accoupler si on a le soin de
mettre un peu de lait dans l'arrosage.

« Il n'y a donc rien d'extraordinaire à ce que, de nos jours encore,
une foule de préjugés aient force de loi en histoire naturelle. Mais le
soleil se couche, Æthiops, voici le moment. »

Æthiops sortit & reparut, portant un grand pot
de grès & un petit balai de chiendent.

« Qu'est-ce que c'est que ça, oncle Tom? demanda
Pigeot. Est-ce le dessert?

— Non! miellée! répondit le nègre; pour prendre
papillons tout plein!

— Tu mielleras tout le long des tilleuls, lui dit son
maître. Le vent souffle sur la forêt. Il y a de la chance
par ce temps-ci. En attendant, mes chers hôtes, je
vais vous montrer comment on monte un papillon. Venez dans la
ménagerie. »

Là, il nous fit asseoir.

« Voici, dit-il, des épingles de différentes grandeurs, des ciseaux,
des brucelles, des bandes de papier; voici des planchettes de bois tendre

avec une rainure au milieu, profondes d'un pouce au moins. Ces rainures sont, vous le voyez, de largeurs différentes pour le corps des diverses espèces. Je vais préparer devant vous cette *paranymphe* que j'ai prise tantôt sur l'aubépine. Il faut d'abord la tuer, car les papillons un peu forts résistent, comme vous voyez, à la pression des brucelles. »

Il alluma une lampe à esprit-de-vin, passa dans une carte le bout de l'épingle qu'il avait introduite sous la trompe du lépidoptère, & en fit rougir là tête.

« Pauvre bête! dit Pigeot ; c'est féroce ce que vous faites là!

— Oh! il faut s'endurcir le cœur là-dessus, répondit M. Desparelles ; autrement, point de collection. Il y a plusieurs manières de tuer les sujets. Autrefois, on se servait de soufre pour asphyxier les gros papillons chez qui la vie est très-dure ; mais ce procédé ne vaut rien : il altère les couleurs.

« Voilà le papillon mort! reprit-il, en jetant la carte & l'épingle brûlée. Je le pique dans la rainure. Avec des aiguilles, j'étends les grandes ailes de manière à ce que leur extrémité supérieure dépasse un peu la hauteur de la tête ; j'étends ensuite les ailes inférieures jusqu'à ce qu'elles soient un peu recouvertes par les supérieures. Mes quatre ailes en place, je les comprime avec deux bandes de papier que je fixe avec des épingles d'acier à tête d'émail; puis j'arrange les pattes, les antennes, l'abdomen. Cela doit se faire comme l'exercice en douze temps; une, deux!

— Je comprends! dis-je; mais cette opération demande beaucoup d'habitude & une grande légèreté de main.

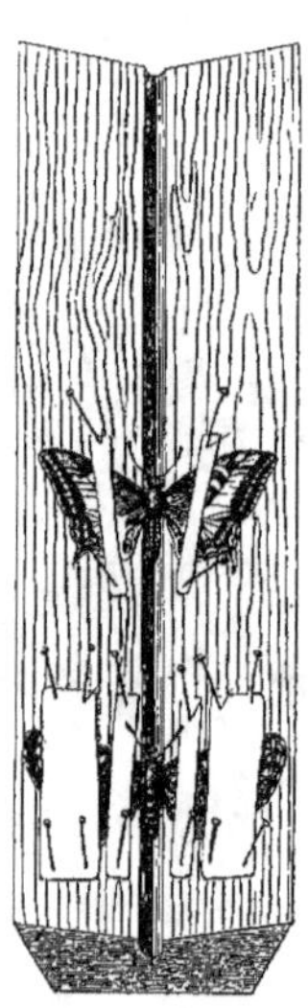

— Pour les micro-lépidoptères, certes! & il faut plus de temps que cela. Quand le papillon est parfaitement séché sur la planchette, ce qui demande deux jours ou deux mois, selon son volume, vous le retirez délicatement pour le porter à la collection.

— Et combien de temps peuvent durer les papillons, une fois qu'ils sont apprêtés?

— Mais indéfiniment, pourvu que vous les visitiez de temps à autre,

& que vous les teniez privés de lumière & enfermés soigneusement dans des cartons à fond de liége & à double couvercle, dont l'un vitré, afin de pouvoir étudier la collection sans crainte d'accidents, & l'autre en carton, afin d'empêcher la lumière de la décolorer. Il faut avoir soin d'y laisser du camphre dans un coin, & de le remplacer quand il est évaporé. Il faut surtout qu'une collection soit dans un endroit sec. Si vous aperceviez de la poussière sous un papillon, ce serait un indice qu'il est attaqué par les *anthrènes*. On doit alors, pour tuer les larves ou les insectes qui le dévorent, l'enlever & le mettre dans une boîte à part dans laquelle on jettera quelques gouttes de benzine.

« Quelquefois les papillons tournent au gras, c'est-à-dire qu'ils deviennent huileux & perdent ainsi leur coloris. Il faut alors les enlever de la collection, passer sur les parties graisseuses un pinceau imbibé d'essence de térébenthine rectifiée ou plutôt de benzine Colas; poser le papillon sur de la terre de Sommières, dans une boîte, & l'enterrer dedans. Vingt-quatre heures après cette opération, on doit dégager la terre avec un pinceau sec, retirer le papillon, secouer l'épingle pour faire tomber le fin argile en poudre qui reste sur les ailes; puis le remettre dedans, comme la première fois, mais sans l'imbiber d'essence, & l'y laisser quarante-huit heures. Ce temps écoulé, vous retirez votre insecte, vous secouez l'épingle, & à l'aide du pinceau sec vous enlevez les parcelles de poussière qui resteraient sur le corps. Moyennant quoi, les couleurs de votre papillon sont aussi fraîches que s'il venait d'éclore.

« Pour ceux qui se recouvrent d'une efflorescence blanche, qui est la moisissure, un pinceau imbibé d'éther, passé sur les parties attaquées, les nettoie très-bien.

« Il arrive souvent qu'un papillon se dessèche avant qu'on ait eu le temps de l'apprêter. Il y a plusieurs manières de le faire ramollir. Avec un pinceau trempé dans l'alcool, vous l'humectez sous les ailes; il redevient mou presque aussitôt; mais l'alcool endommage parfois les couleurs et colle le duvet du corselet. Un autre moyen est de les piquer sur une rondelle de liége que vous posez sur une assiette pleine d'eau

coupée d'alcool, que vous recouvrez d'une cloche de verre ; le lendemain, le papillon est bon à préparer. Mais le meilleur moyen, c'est
d'avoir une boîte de sapin assez grande, à fond de liége ; vous faites
tremper la boîte dans l'eau, afin qu'elle s'imprègne bien ; vous piquez
sur le fond les papillons secs ; vous fermez la boîte hermétiquement ;
vous l'entourez de chiffons mouillés, en ayant soin d'entretenir l'humidité, & vous pouvez laisser là vos sujets jusqu'à un mois sans que la
moindre moisissure les endommage.

« Il y a aussi divers procédés pour conserver les chenilles. On les
vide complétement en pressant le corps, puis on les souffle & on les
injecte avec un mélange de cire colorée, fondue avec de l'essence de
térébenthine. Ou bien on hache du coton très-menu, avec un peu d'ar-
senic & d'alun calciné, dont on remplit le corps de la chenille.

« Une autre manière de les collectionner est de les placer dans des
tubes de verre hermétiquement fermés ; mais auparavant, il faut laisser
macérer les chenilles pendant vingt-quatre heures dans la composition
suivante :

Esprit de vin.	375 grammes.
Eau distillée.	1 litre.
Sublimé corrosif.	8 grammes.
Alun calciné.	95 grammes.

On remplit les tubes de la même liqueur.

« Mais, outre que ces préparations demandent beaucoup de soin, il
est rare, quoi qu'on fasse, que les chenilles conservent leurs formes &
leurs couleurs.

« La nuit est venue, dit M. Desparelles, je vais allumer ma lanterne
& nous irons faire un tour à la *miellée*. Si le vent n'a pas changé, vous
pourrez voir des milliers de papillons. Il n'y aura qu'à choisir ; mais
nous ne trouverons que des noctuelles, & non pas même de toutes
les espèces. Les *Plusies* & les *Cucullies* n'y viennent pas. On y peut

aussi attraper des *Phalénides;* mais je m'en procure plus facilement en laissant brûler une veilleuse dans une chambre dont la fenêtre est entr'ouverte. J'ai même pris de cette façon des *Sphinx* & des *Bombyx.* »

Nous arrivâmes à l'endroit disposé pour sa chasse nocturne, & comme il nous l'avait annoncé, il y avait des milliers de papillons sur les feuilles où ils pompaient le suc. Il en prit dans sa main & les tourna & les retourna dans tous les sens, sans qu'ils fissent le moindre mouvement. Quand un sujet ne lui plaisait pas, il le reposait tranquillement sur une feuille. Cela paraissait surnaturel. On eût dit les papillons magnétisés par notre savant. « Il faut le voir pour le croire! » disait Pigeot qui passait après lui & qui en eut bientôt rempli son chapeau.

M. Desparelles resta bien deux heures à faire ses choix. De temps en temps, il disait :

« C'est bien! toujours le même! Ah! ah! je ne vous croyais pas de la localité!

— Pour la curiosité de la chose, me dit Pigeot, viens remplir ta casquette de papillons! mon chapeau est plein jusqu'aux bords! »

M. Desparelles nous dit que nous pouvions les détruire, qu'il y en aurait autant le lendemain s'il ne pleuvait pas.

Nous retournâmes à la maison. Chemin faisant, je demandai à M. Desparelles comment il parvenait à attirer ainsi les papillons sur un point.

« Vous saurez d'abord, répondit-il, que pour acquérir par la *miellée* une idée nette de l'apparition successive des espèces & un aperçu de la richesse du pays, de même que pour se procurer, par ce moyen, des sujets fraîchement éclos, il est indispensable de se livrer à ce genre de chasse avec ardeur & persévérance. La *miellée* se fait avec le détritus des ruches & les miels avariés. Trois cuillerées dans un litre d'eau suffisent. Il est bon de faire sa provision à l'avance, la fermentation ajoutant au parfum. L'emploi de ce mélange est simple. Dès que le printemps arrive & que les premières pousses paraissent, on choisit les feuilles un peu rugueuses, par exemple, les rejets de tilleul, les noisetiers, les charmes, & on asperge depuis le sol jusqu'à la hauteur de quatre pieds environ. Cette opération doit avoir lieu une demi-heure avant le coucher du soleil. Une heure après, on peut déjà chasser avec succès. Il faut mieller chaque soir, sans interruption, quand bien même on ne chasserait pas, car si l'on s'en abstenait un seul jour, il faudrait s'attendre à peu de chance pendant les trois ou quatre soirées suivantes.

— Ah çà! dit Pigeot en riant, vous croyez que vos papillons de nuit ont la mémoire de leur souper de la veille, & que, quand ils ne trouvent rien sur la nappe, ils s'en vont bouder plusieurs jours?

— Je ne crois rien, & pourtant je suppose tout, répondit l'entomologiste. L'instinct des plus petits & des plus faibles animaux est encore quelque chose de si prodigieux, qu'on ne sait comment l'expliquer.

— Mais ceux que j'ai là dans mon chapeau & que vous me permettez d'offrir à votre corbeau, s'il en veut! n'iront pas dire à leurs connaissances qu'ils se sont grisés ce soir!

— Il s'en est échappé un assez bon nombre pour que l'on sache aux environs que le festin n'a pas manqué, répondit M. Desparelles; & si vous doutez des moyens de communication de volonté que les insectes peuvent avoir entre eux, soit par quelque langage que nous n'entendons pas, soit par quelque pantomime non moins éloquente, allez observer les mœurs des fourmis, celles des abeilles & de tant d'autres insectes vivant en société, & vous ne serez plus si sceptique.

« Une autre observation importante, reprit M. Desparelles, c'est qu'il est nécessaire de mieller à l'abri du vent & sous le vent, en ayant soin de procéder de telle sorte que l'odeur du miel soit emportée vers des localités riches en papillons de la nature de ceux que je vous indiquais tout à l'heure. Les treilles en *cordon,* un peu éloignées des habitations, permettent de mieller dans de bonnes conditions, car elles offrent presque toujours un abri au papillon, qui ne veut pas être dérangé pendant son repas; mais si le vent prend la treille en ligne droite, la chasse est presque nulle, l'odeur ne se portant que sur un point très-restreint.

Quant à la manière de se rendre maître du papillon, vous m'avez vu faire. On le choisit à la lanterne. Ordinairement il est ivre. On le fait tomber dans un filet plat, à rebords de deux ou trois centimètres ; puis on le pique avec une aiguille bien acérée ou avec le *trident* (trois aiguilles acérées montées ensemble au bout d'un petit manche ou d'un crayon). Il est facile alors de lui retirer cet instrument du corselet pour lui passer l'épingle à insectes. En observant tout ce que je viens de dire, on peut se procurer des individus presque aussi beaux que ceux élevés de chenilles.

« Les années chaudes & humides sont tellement favorables à l'éclosion des noctuelles que j'ai vu un soir un phénomène assez curieux. Je me promenais en contemplant la transparence du ciel & la clarté des étoiles. Mon imagination était partie sur les ailes de la fantaisie au milieu de tous ces soleils, de tous ces mondes, & je me voyais déjà cherchant dans les forêts de Saturne des chenilles de phalène grosses & longues comme des serpents boas, des papillons de l'envergure des aigles de nos montagnes. Je craignais la rencontre des scolopendres qui, dans les proportions voulues en ce pays, n'auraient fait de moi qu'une bouchée, quand je fus frappé d'une phosphorescence qui paraissait émaner d'un arbre. Je m'approchai croyant avoir encore le reflet des étoiles dans les yeux. Les fleurs, les feuilles étaient littéralement couvertes d'étincelles de feu.

— Qu'était-ce donc ?

— Des noctuelles attirées par l'odeur enivrante des fleurs d'un tilleul ; mais en si grande quantité que c'était incroyable, & ce que j'avais pris pour des étincelles était l'éclat de leurs yeux brillants dans l'obscurité. C'était une miellée naturelle. »

Il faisait nuit noire quand nous reprîmes le sentier qui conduisait à la *villa* Desparelles. Au détour d'un buisson, Pigeot se trouva vis-à-vis d'un objet assez burlesque. C'était une figure de feu d'un aspect naïvement diabolique.

« Est-ce une facétie d'Æthiops pour éprouver nos courages ? dit-il en riant à notre hôte.

— Non, répondit celui-ci, c'est une boîte percée de trous dont je vais vous expliquer l'usage. Il a plu à Æthiops de disposer ces trous d'une manière fantastique pour effrayer les petits paysans qui rôdent parfois le soir le long des haies, & pour leur ôter l'envie de toucher à cet engin de chasse. Je vous ai dit que les phalènes venaient peu à la miellée, mais elles viennent à la lumière, les pyrales en sont encore plus curieuses, & pour m'en procurer, j'installe, comme vous voyez, dans cette caisse, une veilleuse qui brûle toute la nuit ; mais il faut avoir le soin de la recouvrir d'un entonnoir en verre ou en toile métallique pour empêcher les papillons attirés par cette clarté douce de se brûler ou de tomber dans l'huile. Le matin, je lève doucement le couvercle de la boîte & je choisis ceux qui me plaisent. Étant profondément endormis pendant le jour, ils se laissent facilement embrocher sur place. J'en recueille ainsi pendant toute l'année. »

De retour à la maison, M. Desparelles nous montra un volumineux album où presque tous les papillons du pays étaient représentés avec leurs noms, leurs genres, les endroits & les époques de leur apparition. L'exactitude & la finesse du dessin en étaient admirables.

« Quelle patience ! s'écriait Pigeot. Quel fini ! Les moindres détails y sont rendus comme dans la nature.

— Mais c'est la nature en effet, nous dit le professeur. Ne croyez pas que j'aie eu le temps de copier, de dessiner & de peindre ces milliers d'insectes que vous avez sous les yeux. C'est un procédé fort simple. J'étends sur une feuille de papier de l'eau gommée avec une petite dissolution de sel, afin d'éviter le brillant de la gomme ; puis, ayant détaché les ailes d'un papillon, je les applique sur le papier à leur distance ordinaire, en commençant par les supérieures, si je veux présenter le sujet en dessus, & par les inférieures, si c'est le dessous que je veux montrer. En imbibant deux papiers, je peux même l'imprimer en dessus & en dessous à la fois, & je passe le tout sous un rouleau de bois ou sous une presse, en ayant soin de placer quelques feuilles de papier pour amortir le brisement des nervures. Au sortir de la presse, j'enlève les quatre ailes, qui ne sont plus qu'une pellicule, les écailles étant restées collées sur le papier. Je n'ai plus qu'à peindre le corps, les pattes & les antennes, & encore, pour les petites phalènes, je les imprime tout entières. Il faut avoir le soin de ne choisir que des sujets très-secs & aussi bien conservés que possible. »

V

COLLECTION, CLASSIFICATION.

Le lendemain, M. Desparelles nous conduisit dans la chambre aux collections, située à côté de la ménagerie. C'était une pièce bien aérée, dont tous les murs étaient occupés par des armoires en plein chêne, de six pieds de haut, au-dessus desquelles était rangée toute une bibliothèque d'histoire naturelle. Et ouvrant une des armoires qui contenait une cinquantaine de casiers superposés & étiquetés avec soin : « C'est ici, dit-il, tout le contraire de la *ménagerie ;* pas un insecte vivant n'y entre : c'est la *nécropole* des papillons ; car il est aussi impossible de conserver une collection dans l'endroit où l'on élève, arrose, cultive pour ainsi dire les chenilles vivantes, qu'il serait nuisible à la santé de celles-ci de vivre au milieu de cette atmosphère imprégnée d'odeur de camphre, de benzine & d'éther. Vous pouvez fumer ici tout à votre aise, cela ne peut être qu'excellent pour chasser les mites & les petites larves de l'*anthrène-*

museorum qui se faufile dans mes cartons, malgré une active surveillance. »

Et pour nous donner l'exemple, le professeur alluma un cigare, & ouvrit à deux battants toutes ses armoires, qui contenaient des piles de casiers, & posa devant nous sur la table quelques-uns de ces casiers, dont le couvercle vitré permettait de voir les files de papillons avec leurs

noms & leurs numéros se détachant sur un fond éclatant de blancheur & de propreté.

« Sur quoi sont-ils donc piqués pour tenir si bien? demanda Pigeot.

— Les fonds des boîtes sont en liége ou en bourre recouverts d'un papier blanc; mais, pour les petites espèces, les fonds en aloès sont préférables à cause de la finesse des épingles qui s'émoussent facilement. »

C'était admirablement rangé, étiqueté, choisi; tous les sujets étaient bien préparés, les ailes étendues au même niveau horizontal, les antennes en avant, les pattes dépliées.

« Quels sont donc, demanda Pigeot, ces signes cabalistiques inscrits sur les étiquettes?

— Ce sont des signes convenus en entomologie pour désigner les sexes. Celui-ci ♂ signifie mâle; celui-là ♀ femelle.

« Depuis une centaine d'années beaucoup de savants se sont occupés de cette branche de l'entomologie. Ils ont classé, déclassé et reclassé l'ordre des Lépidoptères, les uns d'après l'aspect de l'insecte parfait, ou la forme des antennes, ou le nombre des ergots, ou les nervures des ailes; les autres d'après les larves ou les chrysalides.

« Réaumur, Leeuwenoeck, Malpighi, furent les premiers qui, sans chercher de classifications, ouvrirent le champ aux observations fines & délicates des mœurs, aux études microscopiques & aux idées générales sur la classe des insectes.

« Linnée, dont le génie a embrassé toute la nature, établit trois grands *genres* dans l'*ordre* des Lépidoptères, en se basant sur la forme des palpes & des antennes de l'insecte parfait.

« Il divise donc en trois genres : — *Papillons, Sphinx* & *Phalènes,* — & fait entrer dans ce dernier groupe les bombycites, noctuélites, phalénites, tordeuses, pyrales, teignes & alucites [1].

« Geoffroy, Dè Geer, Scopoli & Fabricius suivirent, à quelques modifications près, la méthode de Linnée.

« Latreille, par ses travaux & ses observations, fit faire les plus grands pas à cette branche de la science. Tout en continuant le système de Linnée, il y apporta quelques subdivisions & créa beaucoup de genres nouveaux basés sur les premiers états de larve & chrysalide, caractères excellents pour classer l'insecte parfait.

« Lamarck suivit la classification Linnéenne; mais en commençant par les plus petits & les moins perfectionnés des Lépidoptères pour terminer au point de départ de ses prédécesseurs. La méthode de Duméril est aussi simple que celle de Linnée. Il divise en quatre familles : les *Globulicornes,* ou papillons à antennes terminées en massues; *Fusicornes,* ou à antennes en fuseau; les *Filicornes;* ou à antennes en fil; les *Séticornes,* ou à antennes en soie.

« En même temps que Linnée classait des papillons d'après la forme des antennes, Denis & Schiffermuller apportaient dans la science un système excellent, basé d'après la forme & les mœurs des chenilles, en commençant par les Sphinx. Le catalogue des papillons de Vienne,

---

1. Voyez à la fin de la première partie les Tableaux des Méthodes comparées.

continué par Ochsenheimer & Treitschke, est un remarquable travail qui est malheureusement resté trop longtemps inconnu en France.

« En 1816, Dalman le Suédois basa une nouvelle méthode d'après la disposition des nervures des ailes.

« Godart & Duponchel ont résumé toutes ces idées différentes & en ont formé une classification que l'on pourrait appeler intermédiaire.

« Il en est de même des savants anglais Samouelle, Stephens, Haworth & Curtis.

« La méthode de Boisduval & Guénée se fonde en partie sur la forme générale de l'insecte parfait, en partie sur les nervures des ailes, sur la forme & les mœurs des chenilles. Ils séparent les lépidoptères en deux *légions :* les *Rhopalocères* (papillons à antennes plus ou moins renflées vers leurs extrémités, volant le jour) & les *Hétérocères* (papillons aux antennes de formes variables, prismatiques, linéaires, dentées, pectinées, plumeuses ou filiformes, volant le jour le soir ou la nuit).

« Plus tard, si vous mordez à cette branche de l'entomologie, il vous faudra nécessairement, pour déterminer les espèces rares que vous trouverez & même pour vous assurer au besoin que vous avez découvert quelque espèce nouvelle, vous procurer des ouvrages spéciaux, dont je vous fournirai le catalogue[1].

— Et quelle est, selon vos idées, lui demandai-je, la meilleure classification ?

— Elles sont toutes satisfaisantes, mais aucune ne peut être le dernier mot de la science. Cela est facile à comprendre. Comment voulez-vous établir des systèmes sur un groupe d'insectes dont on ne connaît après tout qu'une faible partie ? Combien de vastes contrées sur le globe où le naturaliste n'a pas voyagé, & combien d'autres où l'homme lui-même n'a pu pénétrer !

« Il y existe, à coup sûr, des familles, des genres qui servent de lien entre ceux que nous avons & qui nous paraissent brusquement

2. Voyez à la fin de la première partie la Bibliographie des Ouvrages spéciaux à consulter pour le Lépidopterologiste.

interrompus. Car, dans la nature, tout se tient comme les anneaux d'une chaîne, & si parfois la parfaite logique de cet enchaînement nous échappe, la faute n'en est qu'à l'insuffisance de nos regards qui ne peuvent tout embrasser. Soyons bien certains que là où nous ne trouvons pas l'anneau caché il existe toujours par la seule raison qu'il doit exister. Mais ces anneaux ne vont pas en ligne droite; ils se relient & s'enchaînent les uns aux autres en tous sens comme une cotte de mailles.

« Ce sont des cercles de cercles, puisqu'une tribu se soude avec la tribu voisine par un genre qui sera le premier ou le dernier, à volonté. C'est pour cette raison qu'il est parfois si difficile d'assigner une place à certaines espèces. C'est, pour toute la création, une loi universelle & fatale de l'ordonnance, de l'enchaînement & du rayonnement des êtres & des mondes. Pour faire comprendre à votre esprit ce que je veux dire, je parlerai à vos yeux. »

Et prenant un morceau de craie, M. Desparelles nous traça un enlacement de cercles en nous disant : « Figurez-vous que ce sont des cercles de papillons qui, par les petites différences d'une espèce à l'autre, forment les petits anneaux moléculaires, pour ainsi dire, des anneaux moyens, lesquels forment les anneaux des grands anneaux que je traduis par *genres, tribus, légions, familles.* Je base ce tableau synoptique tantôt d'après l'aspect général de l'insecte parfait, tantôt d'après la forme des antennes & des palpes, ou des pattes & la nervure des ailes, tantôt d'après les premiers états de larve & de chrysalide.

TABLEAU SYNOPTIQUE

DE L'ENCHAINEMENT DES TRIBUS & PRINCIPAUX GENRES

DE

L'ORDRE DES LÉPIDOPTÈRES.

					Sphinx.				
	Castnia.	Amalthocera.	Zygena.	Pterogon.	Brachyglossa.	Cocytia.	Cercophora.	Sesia.	
Hesperia.	Hecatesia.	Œgocera.			Smerinthus.			Stygia.	
Satyrus.		Eudryas.			Endromis.			Hepialus.	
Brassolis.		Agarista.	Lithosia.	Chelonia.	Bombyx.	Notodonta.	Dicranura.	Zeuzera.	Bombycoïdes.
Morpho.		Hazis.	Hypocrosis.	Liparis.	Saturnia.	Lasiocampa.	Cossus.	Hemiceras.	Glottula.
Biblis.		Emplocia.	Euochroma.	Drepanula.	Heterogynis.	Cocliopodes.	Euplocamus.	Nonagria.	Leucania.
Libythea.		Amphydasis.			Psyché.		Œcophora.	Apamea.	Caradrina.
Apatura.		Ligia.	Aventia.	Yponomeuta.	Solenobia.		Elachista.		Noctua.
Nymphalis.		Boarmia.		Crambus.	Adela.		Butalis.		Orthosia.
Vanessa.		Boletobia.		Schenobius.	Alucita.	Arpiptherix.			Hadena.
Argynnis.		Hybernia.		Phycis.	Tinea.	Gracillaria.			Xylina.
Cethosia.		Larentia.		Galleria.	Pterophorus.	Lampros.			Heliothis.
Heliconia.	Hedyla.	Eubolia.		Scoparia.	Hydrocampa.		Grapholis.	Cosmia.	Stilbia.
Danaïs.		Zerene.		Botys.			Carpocaspa.		Amphipyra.
Eumenia.		Mecoceras.		Margarodes.			Tortrix.		Toxocampa.
Peridromis.		Geometra.		Asopia.			Peronea.		Gonoptheryx.
Colias.		Palyade.		Ennychia.	Nola.		Coccyx.		Calpe.
Pieris.		Acidalia.		Pyralis.	Odonta.	Xylopoda.	Aspidia.		Eriopus.
Leptalis.	Ephyra.	Cabera.	Siona.	Herminia.			Argyroptheryx		Plusia.
Parnassius.		Macaria.		Deltoïdes.			Paedisca.		Euryphia.
Eurycus.		Fidonia.		Platydia.			Sericoris.		Placodes.
Papilio.		Scodonia.		Pseud. Delt.			Sarrothripa.		Homoptera.
Leptocircus.	Urania.	Urapterix.		Thermesia.			Halyas.		Hypograma.
Érycine.	Sematura.	Ennomos.	Noct. Phal.	Erastria.	Dyopsis.	Poaphila.	Antophila.	Bendis.	Hypocala.
							Remigia.		
Lycena.	Erateina.	Micronia.	Acontia.	Euclidia.	Palindia.	Ophiusa.	Erebus.	Ophideres.	Catocala.

« Maintenant, avec l'exemple & le tableau sous les yeux, nous pouvons choisir à notre gré, pour point de départ, la tribu la plus ou moins perfectionnée. Supposons que nous prenions le type *Sphinx* comme étant celui du papillon le mieux organisé : où allons-nous pour commencer notre classification? à droite ou à gauche? D'un côté les *Ptérogons* & les *Zygènes* tiennent intimement aux *Sphinx,* & de l'autre les *Cocytes, Cercophores* & *Sésies* sont dans le même cas. Si nous suivons les premiers, ils nous entraînent si bien dans les *Amalthocères, Castnies* & *Hespéries,* lesquelles à leur tour nous forcent à connaître leurs voisins les *Satyres* & *Biblides,* que nous voici dans les *Nymphalides,* en laissant bien loin les *Smérinthes* si proches parents des *Sphinx.*

« Cela prouve que les œuvres de Dieu n'ont pas été faites pour être étiquetées & classées dans des cartons. Le plan de la nature est plus vaste que celui auquel l'homme veut l'astreindre. La création terrestre, considérée dans son ensemble, est une échelle de progression qui part de la matière inerte pour aboutir à l'homme, l'animal le plus perfectionné de notre petit globe.

« Mais qu'est-ce que notre globe? Avec son système planétaire & son soleil, il ne tient pas plus de place dans l'immensité des mondes que quelques grains de sable sur le rivage de l'Océan. Par histoire naturelle, on devrait entendre l'étude & la science de la nature entière; l'astronomie aussi bien que la physique, la chimie aussi bien que l'appréciation des formes & du nombre des êtres qui peuplent le globe; mais la vie d'un homme est trop courte pour qu'il puisse faire marcher de front l'ensemble de ces connaissances. Sans doute les savants anciens, pour la plupart, comme Anaxagore, Thalès ou Pythagore, étaient tout à la fois naturalistes, géologues, physiciens, astronomes & même moralistes. Mais, de leur temps, la science avait peu d'étendue. Elle a tant progressé depuis, & elle est arrivée à un tel développement, qu'il ne serait plus possible à un seul esprit de l'embrasser dans le détail de toutes ses ramifications. Aussi les modernes s'en sont-ils partagé les diverses branches, & aujourd'hui, on n'appelle plus l'histoire naturelle que l'étude des trois règnes minéral, végétal & animal. Déjà même le naturaliste

abandonne au géologue l'étude du règne minéral, & au botaniste celle
du règne végétal, pour ne s'occuper, lui, que du troisième. Ce n'est, du
reste, qu'à la faveur de cette division que la science a fait d'immenses
découvertes & approfondi tant de points restés obscurs pendant des
siècles. On lui doit même d'avoir pu constater, au moyen de l'analyse,
l'admirable synthèse de la nature.

« La nature est une, ajouta-t-il avec animation, depuis le roc que
vous foulez sous vos pieds, jusqu'à vous, l'être le plus élevé de la création. Les pierres croissent, a dit Linnée, les végétaux croissent & vivent,
les animaux croissent, vivent & sentent. Si vous me demandiez d'établir
l'origine de l'homme, je vous dirais : Regardez d'abord tous ces points
lumineux, toutes ces nébuleuses, ces astéroïdes, ces comètes, ces pla-
nètes, ces soleils qui se meuvent dans l'immensité, qui gravitent dans
la profondeur du ciel : parmi les étoiles que nous voyons, la plupart
sont tellement loin de nous, que leur lumière, quoiqu'elle parcoure plus
de trois cent mille kilomètres par seconde, met des milliers d'années
pour arriver jusqu'à nous; mais il s'en faut que nous apercevions toutes
les étoiles. Il y en a encore au delà de ce que notre imagination peut
créer, & au delà encore. Cela n'a ni commencement ni fin. C'est l'image,
c'est, si vous voulez, le corps de Dieu.

« Eh bien, parmi tous ces mondes qui peuplés, qui déserts, qui en
fusion, qui éteints, la terre, masse liquide & vaporeuse, s'étant refroidie,
finit par se couvrir d'une croûte solide dont l'épaisseur augmente conti-
nuellement. L'air, l'eau, la terre, le feu, tout était confondu :

> Ante mare & terras & quod tegit omnia cœlum,
> Unus erat toto naturæ vultus in orbe,

disait Ovide, qui avait admirablement compris la première aube de notre
globe : puis les lois de l'équilibre s'établirent; chaque chose prit sa
place. Ce ne fut pas l'affaire d'un instant, mais de plusieurs millions de
siècles. L'air se condensa, se peupla de molécules & d'atomes invisibles.
Les montagnes, terrains plutoniens, charpente osseuse de la terre, se

soulevèrent par endroits & firent retirer la mer. La croûte du globe, se refroidissant de plus en plus, donna naissance à d'autres terrains sous-marins, ou terrains d'alluvion, abandonnés par le liquide. Avant même que le liquide fût séparé des roches, des êtres vivants, les zoophytes ou animaux-plantes se formèrent, peuplèrent les mers, & le principe de la vie se produisit. Les polypes, participant de la pierre, de la plante & de l'animal, en même temps que les plantes agames, couvrirent les roches dénudées. La végétation & la vie se manifestèrent partout. Après les zoophytes, les mollusques, puis les articulés, dont l'existence & la forme procèdent encore, d'une manière frappante, des végétaux ; puis les poissons, les reptiles, les oiseaux & les mammifères ; enfin l'homme ! L'homme qui n'est pas une race homogène, mais un genre divisé comme tous les autres en espèces & en variétés ; l'homme qui, par sa construction physique, sa faculté de raisonnement, sa conscience du bien & du mal, & son éternel besoin du progrès, est un être culminant dans la création terrestre, un être supérieur à tous les autres & destiné à les dominer tous, mais participant d'eux tous, en ce sens qu'il est comme le résultat d'une longue, ininterrompue & ascendante création d'êtres inférieurs.

« Donc la nature est tellement une que chaque règne se relie aux autres par la loi de filiation progressive. Ainsi le madrépore est bien un trait d'union entre la nature inerte, les plantes & les animaux ; de même que, dans le règne animal, l'ornithorinque, cette espèce de *canard* qui allaite ses petits, est bien le passage du mammifère à l'oiseau, & la baleine celui du mammifère au poisson. « *La science est une, & vous l'avez divisée !* » s'écriait Geoffroy Saint-Hilaire, le plus grand naturaliste synthétique que la France ait produit.

— Puisque vous dites que tout s'enchevêtre dans la nature, dit Pigeot, quelle ressemblance y a-t-il entre un papillon & un éléphant ?

— Je vous répondrai tout de suite, dit M. Desparelles en souriant, que tous deux ont une trompe : mais vous voulez me faire faire des enjambées de géant, d'un embranchement dans un autre !

— Pardon, lui dis-je, mais qu'appelez-vous embranchement ?

— La science, dit-il, a séparé la nature en deux *divisions,* les corps inorganiques, ou règne minéral, & les corps organiques, ou règnes végétal & animal. Le règne animal, à son tour, se divise en quatre *embranchements :* les zoophytes, les mollusques, les articulés & les vertébrés. Chaque embranchement se subdivise en classes, ordres, familles, tribus, genres, espèces, variétés.

« Le papillon est dans les articulés, divisés en cinq classes : les Annélides, Cirrhipèdes, Crustacées, Arachnides, Insectes.

« Chaque *classe* se divisant en *ordres,* nous avons, pour tous les insectes, douze *ordres :* 1° les Myriapodes; 2° Thysanoures; 3° Parasites; 4° Suceurs; 5ᵐ Coléoptères; 6° Orthoptères; 7ᵃ Hémiptères; 8° Névroptères; 9° Hyménoptères; 10° Lépidoptères; 11° Ripiptères; 12° Diptères.

« Chaque ordre se divisant en *familles,* nous avons pour les Lépidoptères deux *familles,* les Rhopalocères & les Hétérocères, qui se divisent successivement en *tribus, genres, espèces, variétés* & *individus.*

« Par exemple, ajouta-t-il, en prenant un papillon sec sur une planchette, voici un *individu* mâle de Levana qui est une *variété* de l'*espèce* Prorsa, du *genre* Vanesse, de la *tribu* des Nymphalides, dans la *famille* des Rhopalocères, *ordre* des Lépidoptères, *classe* des Insectes, *embranchement* des Articulés du *règne* animal, *division* des corps organiques.

« Maintenant, dit-il à Pigeot, vous me demandez la ressemblance d'un éléphant qui est un mammifère & un vertébré, avec un papillon qui est un insecte & un articulé : il n'y en a certes pas au premier abord; mais, si vous voulez me suivre un peu, nous trouverons cependant une certaine relation qui atteste l'unité de plan dans la nature.

« Nous avons entre nos deux points de comparaison, le papillon & l'éléphant, puisqu'il vous plait de procéder ainsi, la classe des poissons, celle des reptiles & celle des oiseaux. Connaissez-vous un peu d'anatomie? Savez-vous ce que c'est qu'un squelette & une colonne vertébrale?

— Un peu, répondit Pigeot.

— Alors, reprit notre savant, vous avez dû remarquer une certaine analogie entre les squelettes de l'homme, du mammifère, de l'oiseau &

du poisson. Chez ce dernier, les os ou arêtes deviennent si fins qu'ils sont flexibles : ce qui était membres chez les mammifères devient ailleurs ailes ou nageoires. Tous ces vertébrés vivent donc autour de leur charpente osseuse, tandis que les articulés vivent au contraire au dedans : car les carapaces des écrevisses & des coléoptères ne sont autre chose que des vertèbres, & les pattes ou appendices qui leur servent à se mouvoir sont des côtes attachées à une colonne vertébrale, laquelle est placée à l'inverse de celle des vertébrés. Vous n'avez qu'à ouvrir une écrevisse pour examiner ses organes, en fendant sa carapace en dessus, & vous y retrouverez les vaisseaux, le tube alimentaire & le système nerveux placés sur la face qui regarde le ciel.

— Alors les insectes marchent donc sur le dos ? dit Pigeot en riant.

— Appelez ce côté *dos,* si vous voulez, reprit M. Desparelles ; il ne tient qu'à vous ! Je vais vous montrer maintenant un rapport entre ce papillon & votre éléphant. L'éléphant a une colonne vertébrale interne, des côtes, quatre jambes, des yeux pour voir en avant, un système nerveux. Le lépidoptère a de même une colonne vertébrale, mais externe, à laquelle s'attachent des côtes qui sont devenues des pattes, tandis que les quatre ailes, dont les nervures sont la charpente osseuse, sont en réalité, dans cet être dont l'air est le milieu, quatre moyens de locomotion, quatre nageoires aériennes, quatre membres véritablement appropriés à son usage, comme les jambes de l'éléphant le sont à son puissant équilibre sur la terre.

« Continuez la comparaison : vous trouvez dans le papillon deux yeux placés sur le dessus de la tête pour voir devant lui, puisque l'animal est sens dessus dessous. Son état normal est le vol. S'il se repose sur ses pattes, il agit comme vous lorsque vous vous couchez sur le dos.

« Mais, laissons là la science transcendentale, reprit M. Desparelles, pour revenir modestement à notre petite famille des lépidoptères.

« Je dois avant tout vous apprendre quelles sont les parties qui constituent le lépidoptère à l'état d'insecte parfait.

a. La tête, ordinairement arrondie, est plus large que longue.

b. Les yeux, apparents, gros & convexes, présentant un grand nombre de facettes.

c. La trompe, toujours roulée en spirale & composée de deux filets assez longs formant par leur engrenage trois canaux dont l'intermédiaire est le conduit des sucs nutritifs.

d. Les palpes inférieurs ou antennules, petits appendices velus composés de trois articles dont le dernier est peu apparent dans beaucoup d'espèces.

e. Les antennes, organes du tact, qui ont leur base près du bord interne des yeux, sont deux cornes grêles & roides, composées d'un grand nombre d'articles & de formes très-variables.

f. Le corselet, partie du corps à laquelle adhèrent les six pattes & d'où partent les ailes. Il est placé entre la tête & l'abdomen, est toujours velu ou couvert d'écailles & se compose de trois segments, dont l'antérieur très-court en forme de collier.

g. L'abdomen, ovale allongé ou cylindrique composé de sept anneaux, est plus fendu à son extrémité chez le mâle que chez la femelle.

Les pattes se composent de trois parties : la cuisse qui tient au corselet, la jambe & les tarses ou pied. Ceux-ci ont cinq articles dont le dernier est terminé par un éperon ou crochet, simple ou fourchu. La jambe porte presque toujours un crochet simple à son extrémité.

h. h. i. i. Les ailes supérieures & inférieures, très-variables par leurs formes, leur position & leur dimension, sont des lames membraneuses, divisées dans le sens de leur longueur par des filets ou *nervures,* ce qui forme des *cellules.* Ces lames sont, comme je vous l'ai déjà dit, recouvertes d'une poussière farineuse qui s'enlève sous les doigts ; mais, vue au microscope, cette poussière est un assemblage de petites écailles implantées au moyen d'un pédicule, & disposées avec la même symétrie que les tuiles d'un toit. Une remarque importante que je vous signale, c'est que, chez les papillons à antennes en forme de massue (les Rhopalocères), les ailes sont toujours libres & peuvent se redresser l'une contre l'autre dans le repos, tandis que chez les *Hétérocères* il y a vers l'origine du dessous des ailes inférieures un crin roide qui passe dans une coulisse adaptée à la partie correspondante des supérieures & les retient assujetties.

j. j. Bases des ailes.

k. Angle externe ou apical.

l. Angle interne ou anal.

j. k. Bord antérieur.

j. l. Bord interne, ou abdominal.

n. n. n. n. Cellule discoïdale ou centrale.

« Il faut vous dire aussi que les papillons, comme tous les insectes, respirent par de petites ouvertures appelées *trachées,* au nombre de neuf de chaque côté de leur abdomen.

— Ce sont les *stigmates* des chenilles & des chrysalides?

— Parfaitement! c'est même là que, selon quelques savants, les insectes ont la perception de l'ouïe; mais, selon d'autres, le siége de l'audition se trouverait placé dans les antennes & le sens de l'odorat dans les palpes.

« Nous suivrons la marche la plus naturelle possible en passant en revue l'*ordre* des lépidoptèrcs, que je diviserai, si vous voulez bien le permettre, en Papillonides, Phalénides, Sphingides, Bombycides, Noctuélites, Pyralites, Platyomides & Microlépidoptères. Je ne prétends pas vous apprendre & vous nommer toutes les espèces, ce serait une aride nomenclature; mais je peux, tout en vous faisant passer ma collection sous les yeux, vous faire remarquer les sujets les plus intéressants par leurs mœurs ou leurs beautés.

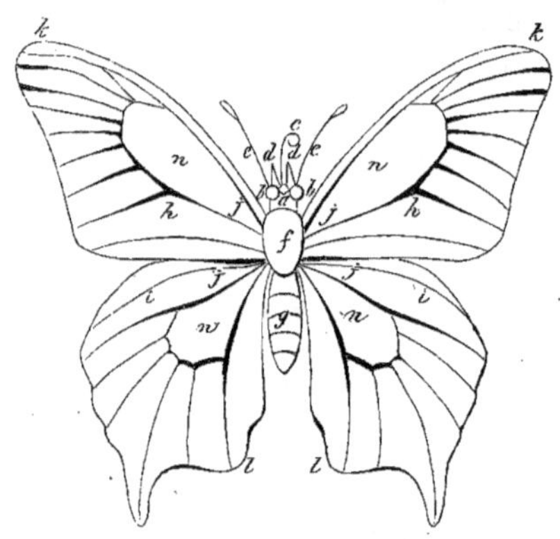

Papilio Podalyrius.

VI.

RHOPALOCÈRES.

DIURNES.

« La première LÉGION des RHOPALOCÈRES se divise en trois sections :

« Les *Succincts* :

« C'est-à-dire ceux dont la chrysalide est attachée par la queue & par un lien transversal formant ceinture.

« Les *Suspendus* :

« Chrysalide suspendue seulement par la queue.

« Les *Enroulés* :

« Chrysalide renfermée dans une coque.

13

« La première *section des succeints* se divise en *tribus :*

« Papillonides, Piérides, Euménides, Lycénides, Erycinides & Péridromides.

« Commençons méthodiquement par la *tribu* des Papillonides, dit notre professeur. Toutes les chenilles des Papillonides sont de forme cylindrique, lisses ou garnies de pointes charnues & portent sur le cou un tentacule rétractile en forme d'Y. Les caractères qui sont propres à tous les *insectes parfaits* de cette tribu sont : le bord abdominal des ailes inférieures concave, la cellule discoïdale fermée, les crochets des tarses simples.

— Qu'entendez-vous par *cellule discoïdale ?*

— L'aile d'un lépidoptère est une membrane divisée en plusieurs parties par des filets cornés plus ou moins saillants appelés *nervures*. Ces nervures, charpente de l'aile, s'étendent en se ramifiant de la base au sommet.

« La première en commençant par le bord externe ou antérieur de l'aile & qui part de la base, s'appelle *nervure costale*. Celle qui la suit & se confond souvent avec elle, *sous-costale*.

« La troisième qui part avec la sous-costale du même point, & qui divise le milieu de l'aile, *nervure médiane*.

« Celle-ci fournit trois ou quatre rameaux qui se prolongent jusqu'à l'extrémité de l'aile. Elle envoie souvent un rameau récurrent sur son côté antérieur qui vient s'unir à un autre rameau également récurrent fourni par le côté postérieur de la *nervure sous-costale*. Il existe alors entre ces deux nervures un grand espace fermé, triangulaire, appelé *cellule discoïdale*. Quand les nervures *sous-costale* & *médiane* ne sont pas reliées par cette nervure, la *cellule discoïdale* est dite *ouverte*. Si le contraire a lieu, la cellule *discoïdale* est fermée.

« Chez les Nymphalides, les Morphides, les Libythides & quelques genres des Lycénides, la cellule discoïdale est ouverte. Mais c'est toujours d'après les nervures de l'*aile inférieure* qu'il faut se baser.

— Ma foi! j'ai compris, dit Pigeot. Voyons les papillons.

— Soit! répondit M. Desparelles en ouvrant ses boîtes, le premier genre *Ornithoptera* ne comprend que des espèces exotiques propres aux îles Philippines, aux Moluques & aux îles de la Sonde. Ce sont, comme vous pouvez voir, des papillons aux ailes robustes, & remarquables par leur taille & la beauté de leurs couleurs.

L'*Ornithoptera Priamus* aux ailes supérieures d'un noir velouté avec une bande d'un vert soyeux, brillant, qui se répète sur les ailes inférieures est, quoique connu depuis longtemps, toujours assez rare dans les collections.

Passons au genre *Papilio*, genre extrêmement nombreux en espèces & répandu sur tout le globe.

— Ce sont les grands *porte-queues*? dit Pigeot.

— Ou *chevaliers grecs*, comme les appelait Linnée, répondit M. Desparelles. Ces noms-là ne sont pas plus à mépriser que ceux d'aujourd'hui. C'est pourquoi les noms de *Podalvre*, *Machaon*, guerriers de l'antiquité, leur ont été donnés. Ces beaux papillons planent majestueusement comme des oiseaux de proie, dès les premiers soleils du printemps, dans les jardins, sur les lisières de forêts exposées au midi. Mais que nos espèces européennes paraissent ternes & petites en comparaison de celles qui habitent les Indes & l'Amérique! Tenez, dit-il en prenant une autre boîte, regardez ce papillon *Pâris*, de Manille, saupoudré d'atomes verts sur un fond de velours, avec ces deux taches métalliques bleu d'outremer ou vert émeraude, selon les reflets de la lumière, & *Émalthion*, des Philippines, vêtu de velours noir & de satin rouge! *Pompilius* de Java, *Philenor* des États-Unis, *Protesilas*, le *Flambé* du Pérou. Quant à la grandeur & à l'étrangeté des formes, nous marchons de surprise en surprise quand nous jetons les yeux sur les exotiques. »

Pigeot & moi nous fîmes des cris d'admiration en apercevant la boîte que M. Desparelles tenait & qu'il replaça aussitôt dans une armoire.

« Mes amis, dit-il en souriant, si vous y mettez le nez, vous ne voudrez plus regarder les pauvres petits enfants de notre patrie. Songez que ceux-là seuls sont intéressants au point de vue de la science, dont nous pouvons connaître & observer les mœurs & les habitudes. Les étrangers sont, pour la plupart, des richesses stériles. Je vous en montrerai pourtant quelques-uns pour vous faire saisir leurs liens de parenté avec les tribus européennes ; mais soyez sûrs que je vous amuserai davantage en vous disant comment vit le moindre insecte de nos climats qu'en vous faisant passer en revue ces cadavres revêtus d'or & de pourpre qui ne peuvent révéler que fort peu de chose des mystères de leur vie. Revenons donc à nos Lépidoptères indigènes & ne vous plaignez pas trop en regardant ces ravissantes *Thaïs* aux ailes jaunes tachetées de rouge, ornées de lignes noires & aux ailes inférieures festonnées.

« Cette *Doritis Apollina* des îles de la Grèce & l'*Euricus Cressida* de l'Australie qui offrent tout à la fois les caractères des *Thaïs* & des *Papilio* avec ceux des *Parnassius*, sont des liens intimes entre les genres.

« Le même fait se présente pour les *Leptocircus*, qui, par leurs ailes transparentes, rappellent les sphinx gazés, & qui, par leurs queues recourbées, d'une dimension exagérée, ont plus de rapport avec les Erycinides.

— Bah ! dit Pigeot, qu'il soit ce qu'il voudra, c'est un insecte ravissant.

— Voici, reprit M. Desparelles, les *Parnassiens*, aux ailes presque dénudées d'écailles en dessous, dont les femelles ont l'abdomen muni d'une poche cornée, & qui sont les habitants des montagnes alpines de l'Europe & de l'Asie.

« La manière dont leurs chenilles se chrysalident en s'enfermant dans un léger réseau de soie, les rapprocherait des Hespérides, si les caractères de l'insecte parfait & de la larve ne maintenaient ce genre dans la tribu des Papillonides.

« Nous entrons dans la tribu des Piérides par le genre *Leuconéa*, dont *Cratægi* (le gazé), l'Apollon de nos plaines, est le type européen ; & par les exotiques *Euterpe* & *Leptalis*. Ce dernier genre assez anormal pourrait bien, lorsque les chenilles & leur mode de métamorphose

seront bien connus, constituer une *tribu* particulière à placer entre les
Danaïdes & les Héliconides.

   « C'est ici le cas de vous faire observer que certains genres d'une
tribu participent de certains autres, d'une autre tribu & même d'une
autre famille.

   « Le genre *Leptalis*, par exemple, qui est de la tribu des Piérides,

Parnassius Apollo.

ressemble à un *Héliconien* par la couleur & l'étroitesse des ailes. Le
genre *Euterpe,* du même pays & de la même tribu que le groupe des
Papilio américains, noirs à taches rouges, se confond avec eux. En
Afrique & dans l'Inde, il se rattache aux Danaïdes de ces contrées.
Quelle place assigner dans une classification à des lépidoptères qui,
comme ces *Euterpes*, sont tout à la fois Piéride, Coliade, Héliconien,
Papillon & Danaïde?

   « Toutes les chenilles des Piérides sont légèrement pubescentes, &
un peu atténuées aux extrémités. L'insecte parfait a le bord abdominal
des ailes inférieures sans concavité. La cellule discoïdale est fermée &
les crochets des tarses unidentés ou bifides.

   « Vous reconnaissez ce petit papillon blanc, c'est la *Leucophasia
Sinapis*, nommée si improprement Piéride de la moutarde, vu que sa

chenille ne vit que sur les légumineuses herbacées des bois. C'est une espèce fort commune qui a pourtant constitué un genre à elle seule.

— Et pourquoi, si elle est seule, a-t-elle obtenu l'honneur de constituer un genre? Qu'est-ce donc qu'un genre?

— Dans l'étude de la nature, on distingue les classifications *naturelles*, dites *méthodes*, fondées sur le plus grand nombre de caractères communs, & les classifications *artificielles*, dites *systèmes*, fondées sur la considération d'un seul organe. Dans cette manière de procéder, les êtres les plus différents par leur essence peuvent se trouver réunis dans le même groupe; comme le seraient l'homme, le singe, l'oiseau, par le caractère commun de *bipèdes;* comme le seraient l'éléphant & le papillon, par la raison qu'ils ont tous deux une trompe. Mais quel que soit le mode de classification adopté, il faut bien désigner les divers groupes, selon leur plus ou moins d'étendue. Je vous ai déjà parlé des *embranchements, classes, ordres, familles, tribus*. Dans la *tribu*, le *genre* exprime une collection d'êtres qui présentent des ressemblances importantes & parfois un seul être qui, par certains caractères, tranche trop violemment avec ses frères pour ne pas former un *genre* à lui tout seul, jusqu'au jour où on lui découvrira des analogues.

« Mais revenons à nos Piérides & regardez les genres *Piéris* & *Anthocharis* aux ailes d'un blanc laiteux, zébrées en dessous de vert-pomme & de nacre comme *Belia*, ou parsemées d'atomes verdâtres comme *Daplidice*. Ce sont les papillons des premiers beaux jours du printemps, & la nature leur a donné un peu de la tendre verdure de ses plantes nouvelles. Regardez *Cardamines*, si bien surnommée l'*Aurore*, un rayon de soleil levant est resté sur le bout de ses ailes. Les exotiques *Ione* & *Danaé* semblent avoir touché, dans leur vol, l'une le carmin d'une aube embrasée, l'autre l'azur foncé de son ciel sénégalien.

« *Harpalice* de l'Australie, blanchâtre en dessus, mais bigarrée de couleurs éclatantes en dessous, ainsi que ses congénères : *Calypso* de la côte d'Angola; *Teutonia* de l'île de Timor, *Nigrina* de l'Australie & *Aganippe* de l'île des Kangourous

« Le genre *Rhodocera* n'a chez nous que deux représentants, *Rhamni* (le citron) & *Cléopatra* du midi de la France. La brésilienne *Clorinde*, aux ailes vert d'eau frangées de jaune & ornées de deux grandes taches métalliques, est un des sujets les plus grands & des plus tranchés de ce groupe.

« Les *Coliades*, ou, pour parler plus simplement, les soufrés, les soucis, qui semblent s'être vêtus des couleurs du soleil d'août, voltigent avec rapidité sur les blés dorés. *Palæno* & *Phicomone* ne volent que sur les montagnes d'au moins quinze cents mètres d'élévation, tandis que *Philodice* & *Cæsonia* habitent, en compagnie de la *Pieris Protodyce*, les grandes prairies du centre de l'Amérique du Nord.

« Les Lépidoptères du genre *Terias* sont presque tous de fort petite taille ; ce sont les pygmées de la tribu des Piérides, car il ne faut pas croire que tous les papillons exotiques soient plus grands que les nôtres. Les *Callydrias*, à la robe d'un jaune plus ou moins vif, offrent souvent, sous leurs ailes inférieures, un ou deux points argentés. Ils habitent les régions intertropicales, & leurs chenilles vivent sur les légumineuses arborescentes, surtout sur les cassia. Celles de la *Terias Nicippe*, aux ailes jaune d'or bordées de noir, & de la *Nathalis iole*, si délicate avec sa robe jaune pâle & ses traits obliques d'un gris foncé, se nourrissent de plantes basses croissant sur les rives du Mississipi.

« Entre la tribu des Piérides & celle des Lycénides, il nous manque en Europe plusieurs *genres* qui servent de chaînon entre elles. C'est la tribu des sombres Euménides.

« Leurs chenilles & leurs chrysalides sont encore inconnues. L'insecte parfait a les palpes droits, un peu écartés, dépassant la tête, le dernier article plus court que le second & un peu infléchi ; ailes robustes, cellule discoïdale des ailes inférieures fermée.

« La toilette d'*Eumena Atala*, de Cuba, d'un noir de suie avec son abdomen orange & ses ailes inférieures saupoudrées d'atomes de cuivre vert émeraude, est d'une richesse sévère.

« Les Lycénides aux ailes bleu d'azur & les *Polyommates* aux reflets cuivreux sont des papillons auxquels il ne manque qu'une plus grande taille pour faire tort aux plus beaux exotiques. Leurs chenilles, ayant la forme de cloportes, marchent, mangent & croissent lentement; mais, après leur métamorphose, alors qu'elles ont quitté leurs tristes vestitures pour se parer d'azur ou de bronze, elles se dédommagent bien de leur première inertie par la rapidité de leur vol & leur inquiétude farouche devant tout objet suspect. Ce sont des insectes épris de soleil & qui pourtant cherchent les endroits marécageux. Souvent la même espèce se trouve sur plusieurs points du globe : telle est la *Lycæna Bœtica,* qui habite l'Europe, l'Afrique & l'archipel Indien. Sa chenille vit sur les haricots, dont elle mange les gousses, aussi bien que dans les siliques du baguenaudier. A l'époque de la floraison de l'arbuste, les femelles, qui ont hiverné dans quelque trou de muraille, vont déposer un œuf au fond de chaque fleur. Les pétales tombent, le fruit se forme, mais il recèle une ennemie qui, à l'abri de l'intempérie & des ichneumons, croît, mange & grossit en même temps que la gousse. La quantité de graines contenues dans une silique suffit ordinairement pour nourrir la chenille jusqu'à l'âge où elle change de peau pour la dernière fois. Alors elle devient plus gourmande, fait un trou aux parois de sa demeure & va percer une nouvelle gousse où elle s'introduit; mais elle a bien soin de boucher le passage qu'elle a fait par un tampon de soie. Au moment de se chrysalider, elle se refait une issue & descend se métamorphoser dans la mousse.

« Dans le genre *Polyommatus*, aux ailes bronzées, la femelle est plus grande que le mâle, plus claire, sans reflets violets. Dans le genre *Lycæna*, les mâles ont les ailes bleues ou violettes, tandis que les femelles les ont noires, parfois saupoudrées de bleu. Du reste, certaines espèces font le désespoir des classificateurs, par les anomalies qu'elles présentent. Certaines d'entre elles se croisent avec d'autres. Les femelles sont quelquefois de la couleur des mâles, les mâles d'une espèce ressemblent aux femelles de l'espèce suivante. C'est un véritable casse-tête pour les commençants, & j'ai vu plus d'un expert très-embarrassé

« Caractères de la tribu :

« Chenilles en forme de cloportes. Chrysalide courte, obtuse aux deux bouts. *Insecte parfait :* Bord abdominal embrassant un peu l'abdomen. Cellule discoïdale fermée en apparence par une nervure interrompue. Crochet des tarses très-petits.

« Dans la tribu des Érycinides, les mâles n'ont que quatre pattes propres à la marche, tandis que les femelles en ont six.

« Caractères de la tribu :

« Chenilles très-courtes, pubescentes ou velues, comme celles des Lycénides. Chrysalides courtes & ramassées. *Insecte parfait :* Bord abdominal des ailes inférieures un peu saillant. Cellule discoïdale tantôt ouverte, tantôt fermée selon les *genres.* Crochets des tarses très-petits, à peine saillants.

« La tribu des Érycinides n'est représentée dans nos climats que par un seul genre & une seule espèce, le *Nemeobius Lucina ;* on l'avait d'abord rangé parmi les *Argynnis,* mais un jour on reconnut qu'il n'en faisait pas partie. « C'est une Lycénide, dit l'un. — Non, dit l'autre, c'est une Mélitée. Survint un troisième classificateur qui prétendit que c'était une espèce constituant une tribu à elle toute seule & l'appela *Hamearis* (du grec démembrer); mais ce dernier n'était pas plus dans le vrai que les autres. Au delà des mers, il y avait une tribu, celle des Érycinides à laquelle on ne songeait pas, & qui réclama ce sujet comme un des siens; on s'empressa de le remettre à sa place. »

Je regardai ce petit individu au type unique en Europe avec un intérêt qui flatta l'entomologiste, car pour m'en récompenser il ouvrit les boîtes réservées & me montra les congénères exotiques de *Lucina.* C'était *Cupido* de la Guyane, une merveille chamarrée d'argent sur une robe blanche, noir, souci & lilas, & ornée de six queues, on pourrait dire douze, puisque toutes les nervures principales de ses ailes inférieures se terminaient en pointes déliées plus ou moins longues; *Jafra* de Java entièrement noire avec les ailes inférieures dentées de blanc, & se terminant de chaque côté par deux prolongements semblables aux légères plumes qui ornent la queue de certains oiseaux du même pays.

« Nous n'avons rien, reprit notre professeur, dans la tribu des Péridromides, aux chenilles singulièrement hérissées de cornes. *Euplea-Eunice* de Manille, est un type remarquable par la rondeur de ses quatre ailes puissantes & nettes, par sa forme & par sa riche couleur violette. Ne dirait-on pas d'une grande fleur de pensée dont on aurait retiré le pétale inférieur ?

« Nous voici arrivés à la seconde section, celle des *Suspendus*, comprenant les Danaïdes, Héliconides, Nymphalides, Morphydes, Satyrides, Brassolides, Biblides & Libythides.

« Leurs papillons ne paraissent avoir que quatre pattes; les deux premières étant très-courtes, comme atrophiées, dépourvues d'ongles & ne pouvant servir à la locomotion.

« Dans la tribu des Danaïdes, les chenilles sont glabres, cylindriques, munies d'un à cinq prolongements simples, charnus & flexibles. Chrysalides assez courtes, cylindroïdes, ornées de taches métalliques. Dans l'insecte parfait, les palpes sont séparés par un assez grand intervalle. Le corselet & la poitrine ponctués. Les ailes larges, à nervures noires; cellule discoïdale toujours fermée.

« Toutes les Danaïdes sont étrangères à l'Europe, bien que la *Danaïs* Chrysippe ait été prise, dit-on, aux environs de Naples, par un beau jour de l'an 1806; mais comme on ne l'a jamais revue depuis, le fait est fort douteux. Il faut beaucoup se méfier de ces découvertes entomologiques qui n'ont en général pour but que de faire parler de l'heureux chasseur.

« Nous ne possédons rien non plus parmi les Héliconides, insectes aux ailes étroites, allongées & transparentes.

« Caractères de la tribu :

« Chenilles cylindriques, épineuses dans toute leur longueur. *Insecte parfait :* Antennes très-rapprochées; palpes courts, écartés, séparés par un intervalle, & peu ascendants. Abdomen grêle & très-allongé.

Bord abdominal des ailes inférieures embrassant à peine le dessous de l'abdomen; cellule discoïdale fermée.

— C'est ici le cas, dit Pigeot, de nous montrer les exotiques.

— Il le faut bien! répondit l'entomologiste *européen* en soupirant, & il nous montra l'immense Danaïde *Agelia* native d'Amboine, *Narcea*, des Antilles.

— Ce ne sont plus des fleurs, ce sont des oiseaux, dis-je à M. Desparelles. Leur vol doit bien différer de celui de l'*Euplea* que nous venons de voir.

— Et voilà un des chagrins de l'entomologiste réduit à contempler des formes inertes, reprit-il. Ma raison me dit que cette vaste envergure doit planer sur les passiflores comme les hirondelles sur les toits ; tandis qu'*Eunice* doit bondir avec force. Les *Céthosies* présentent cette envergure dans des conditions encore plus singulières; *Julia*, entre autres, qui a les ailes arquées comme celles des oiseaux aquatiques & qui vit à la Guyane & au Brésil, m'étonnerait bien si elle n'avait pas dans ses domaines de larges cours d'eau ou des déserts d'une certaine étendue à parcourir. Mais il faudrait avoir vu! La vraie jouissance du naturaliste n'est pas de collectionner, mais d'assister aux mystères, aux grâces, aux mouvements, aux splendeurs de la vie.

« Par les genres exotiques *Acræa*, *Cethosia* & les *Agraulis* aux ailes couvertes de paillettes d'argent, nous passons dans la tribu des NYMPHALIDES, nombreuse en genres & en espèces.

« Caractères de la tribu :

« Chenilles cylindriques, épineuses sur tout le corps (*Argynnis*, *Vanessa*), ou atténuées à l'extrémité postérieure & seulement épineuses sur la tête (*Nymphalis*, *Apatura*, etc.); chrysalides de formes variables. *Insecte parfait :* Palpes très-rapprochés, ascendants, écailleux. Bord abdominal des ailes inférieures formant gouttière pour recevoir l'abdomen. Cellule discoïdale, presque toujours ouverte. Crochets des tarses bifides.

« Vous reconnaissez les Nacrés (les *Argynnis*) & leurs sœurs cadettes les Mélitées privées de taches de nacre; les *Vanesses*, habitantes des jardins, & dont les espèces sont si connues de tout le monde, comme le Paon de jour (*Io*), le Vulcain (*Atalanta*), la Petite Tortue (*Urticæ*), etc. Jetez les yeux sur leurs congénères exotiques, panachées de rose, de bleu, de lilas & de pourpre, et remarquez le rapport intime qui existe entre elles & nos espèces européennes. Cette éblouissante *Cloantha* est, au cap de Bonne-Espérance, l'équivalent de

Limenitis Sibylla.

la Petite Tortue. *Sophronia* est le Vulcain du Brésil; *Orthosia* & *Orythia* ne sont que des Paons de jour Javanais. Quelques espèces sont même répandues sur tout le globe, *Cardui*, entre autres, & *Antiopa*, qui se retrouve au Canada.

« Dans le genre *Limenitis, Camilla* & *Sibylla*, appelés les petits Sylvains, comme habitants des forêts, sont de charmants lépidoptères européens, vêtus de velours noir, rayés ou ponctués de taches blanches. Le dessous des ailes présente un marquetage de rouge brique, blanc, bleuâtre & noir doux, qui rappelle les tons de l'orne-mentation étrusque.

« Le genre *Nymphalis* proprement dit ne renferme qu'une seule espèce dans nos climats, *Populi,* dont la chenille est assez commune dans les forêts où abondent les trembles; mais comme il faut l'aller chercher au bout des plus hautes branches & risquer de se casser le cou pour se la procurer, cette circonstance la rend coûteuse & rare dans les collections.

« Ce genre nous conduit insensiblement à celui des Apaturides *Ilia* & *Iris,* qui, à l'état de chenilles, vivent sur les saules marceaux. A propos de ces espèces, je vous ferai remarquer qu'il arrive parfois qu'elles disparaissent de la localité où elles vivaient habituellement, & cela pendant plusieurs années. Quand vous en verrez, faites-en vite provision, car il pourra bien se passer dix ou quinze ans avant qu'il en reparaisse un seul individu dans la contrée. Ces beaux papillons au vol rapide, aux reflets chatoyants, préfèrent au nectar des fleurs les substances en décomposition, la fiente des bestiaux & les petits cada-vres de rats ou de souris. Il est à remarquer que les insectes les plus brillants par les couleurs métalliques sont justement ceux qui vivent de matières contenant des sels d'ammoniaque. »

— Ce sont les *Mars,* dit Pigeot, je les reconnais.

— Puisque vous êtes si savant, je vais vous montrer les Nympha-lides exotiques :

« *Sangaris,* entièrement vêtue de vermillon; *Lasinassa,* noire avec des cocardes tricolores; les *Catagramma Clymène* & *Astala,* aux ailes inférieures si étrangement rayées & tachetées ; les *Callithea Sophia* & *Leprieuri,* d'un vert foncé taché de pointes de carmin, habi-tantes des rives de l'Amazone. Mais malgré la beauté incontestable des espèces étrangères qui ont des queues ou des festons bien accusés & quelques-uns des gouttes d'or & de métal en dessous des ailes, celles de nos climats peuvent ici soutenir la comparaison : exemple le *Charaxes Jasius,* espèce qui ne quitte pas le bassin de la Méditerranée, & dont la chenille lisse & verte est ornée de quatre cornes sur la tête, présente le même nombre d'appendices à ses ailes inférieures. Les Turcs l'appellent le Pacha à quatre queues; mais c'est en dessous qu'il faut le voir.

— Je me rends, dit Pigeot, à qui M. Desparelles présenta le papillon retourné. C'est aussi beau que tous les Chinois & tous les Américains du monde.

— Je devrais m'en tenir là pour l'honneur du vieux pays, comme disent les Canadiens en parlant de la France : car je vais vous mettre sous les yeux des papillons qui l'emportent en grandeur & en beauté sur tous les autres. Cette tribu d'exotiques, dont nous n'avons pas un seul échantillon en Europe, ce sont les Morphides, ressemblant par leurs taches ocellées à des *Satyres* & par leurs reflets bleu d'azur à des *Lycénides* gigantesques. »

Comme nous nous exclamions devant ces géants tout vêtus de bleu à reflets d'argent & de violet tendre, avec des *yeux* immenses, M. Desparelles eut encore besoin de nous modérer.

— Encore un coup, dit-il, les exotiques sont un objet de luxe & d'amusement; mais quant à la science, ils nous créent de pénibles incertitudes, par la raison qu'il en reste encore trop à connaître.

— Les chenilles de ces pierres précieuses, dit Pigeot, doivent être, pour le moins, en or ou en argent.

— Pas le moins du monde, elles n'ont pas d'habits plus riches que celles de nos Mars ou de nos Argus. Prenons celle du *Morpho Menelas* pour exemple. Elle est jaunâtre avec des lignes longitudinales & les pattes roses; sa tête est brune, & sur chaque anneau de son corps sont implantées quatre épines noires & aiguës. La chrysalide est courte, cylindroïde & légèrement carénée sur le dos. Quant à l'insecte parfait, vous le voyez, il a les mêmes caractères que tous ceux de sa tribu : palpes rapprochés, ascendants, écailleux; leur face interne, étroite & comprimée, antennes grêles & linéaires. Bord abdominal des ailes inférieures formant une gouttière très-prononcée. Le corps est peu robuste par rapport à ses immenses ailes. La cellule discoïdale, toujours ouverte. A l'état de larves, ces *Morpho* vivent parfois en société sur les plus hautes branches, mais, devenus papillons, ils volent dans les éclaircies des forêts vierges de la Guyane ou du Brésil, sans jamais s'élever beaucoup. Ils sont très-friands des fruits tombés à terre, & l'odeur du vin, du miel ou des liqueurs fermentées les attire en grand nombre.

— Quelles merveilles on doit trouver dans ces pays-là en faisant la miellée !

— Ce moyen serait encore meilleur pour les papillons du genre *Pavonia,* car, bien que classés parmi les Diurnes, ils sont Crépusculaires. Pendant le jour ils restent endormis contre le tronc des arbres, au milieu des fourrés les plus sombres, pour ne prendre leur vol que le soir.

« Passons à la tribu nombreuse des Satyrides dont le vol irrégulier, peu soutenu, saccadé, ne leur permet pas de fournir de longues courses, ce qui les rend faciles à prendre. Cependant quelques espèces des bois ont la vue si perçante, qu'il est difficile de les approcher à portée du filet. Toutes les chenilles des Satyrides se nourrissent de graminées. Ce sont par conséquent des habitantes des prairies & des bois herbus. Elles sont courtes, renflées au milieu & ont deux pointes formant une petite fourche à l'extrémité de leur corps, de couleur généralement verdâtre ou terreuse. Tête tantôt arrondie, tantôt bifide ou échancrée, ou même, dans certains genres exotiques, surmontée de deux épines. Chrysalides obtuses, & se suspendant les unes par la queue, les autres se cachant sous la mousse sans aucun lien, ou même s'enfouissant sous terre. Comme la plupart des larves, celles-ci ne mangent que la nuit.

« *Insecte parfait* : Palpes rapprochés, hérissés de poils, petits ; corps médiocre, ailes peu robustes. Bord abdominal des ailes inférieures formant une gouttière peu prononcée & laissant l'abdomen à découvert lorsque les ailes sont relevées à l'état de repos. Cellule discoïdale fermée. *Galathea* (le Demi-Deuil) aux ailes blanches finement marquetées de noir, & *Amphitrite,* sujet calabrais, sont les plus beaux représentants du genre *Arge.* Dans le genre *Erebia* (vul-

gairement appelé Satyres nègres) *Alecto* est sans contredit le plus noir
de tous, & je ne le regarde jamais sans une certaine émotion, en me
rappelant les risques que j'ai courus pour le prendre.

— Contez-nous ça, dit Pigeot.

— C'était dans les Alpes, à la limite des neiges du mont Rose, car
il faut vous dire que les Érèbes n'habitent que les plus hautes mon-

Arge Galathea.

tagnes. Après dix minutes de poursuite & d'ascension sur je ne sais
combien de glaçons & de rochers sans qu'il me fût possible de l'approcher, je le vis se poser enfin au revers d'une roche qui surplombait un
précipice de sept à huit cents mètres. Il avait fort bien choisi sa place
pour m'échapper; mais j'avais les nerfs excités par la course, par l'air
vif qui règne dans ces hautes régions, & j'étais véritablement furieux de
voir un insecte se moquer de moi. « J'ai beau être né dans la plaine,
j'ai le jarret d'un montagnard, & je t'attraperai ! » lui criai-je comme s'il
pouvait me comprendre.

« J'avisai, à deux mètres au-dessous de moi, une grande pierre
assez unie, espèce de plate-forme qui me permettrait de le saisir au vol,
en sautant de haut en bas. Me fiant à mon coup d'œil & à mon adresse,
je m'élance, le Satyre s'enlève, & d'un bon coup de filet le voilà mon

prisonnier. Mais je ne l'ai pas plutôt piqué dans ma boîte de chasse, que je sens le sol osciller & je vois la roche qui me porte s'affaisser lentement vers l'abîme en détachant une petite avalanche qui m'indiquait assez la marche peu récréative que nous allions suivre la pierre & moi. Je me jette en arrière afin d'offrir par mon contre-poids moins de chance à la bascule, &, cramponné à cette maudite roche, me voilà glissant sur le flanc de la montagne, assez lentement d'abord pour me permettre de la quitter. Malheureusement, à droite & à gauche, il n'y avait rien sur cette pente roide & glacée qui pût m'offrir un refuge, &, de seconde en seconde, je sentais augmenter la rapidité de la glissade.

« Je restai fort peu d'instants, à coup sûr, dans cette situation désespérée; mais quand je me la rappelle, je ne comprends rien à la quantité d'observations lucides mêlées de rêves étranges qui se succédèrent dans mon cerveau. J'eus d'abord une sorte de vertige dans lequel la pente horrible de la montagne était devenue une immense vague sur laquelle je glissais dans une barque en micaschiste. Puis il me sembla que je descendais dans une mine de sel. La corde est cassée certainement, me disais-je, car je vais beaucoup trop vite; mais le soleil qui tombait d'aplomb sur la pierre me rappela un peu à la réalité. Je regardai avec hébétement un petit saxifrage poussé là dans une fente de mon rocher. Je me rappelle avoir même cherché son nom & l'avoir reconnu pour le *Passifolia*. Il se détachait en silhouette sur le fond bleuâtre de l'abîme, & sa petite ombre portée s'allongeait ou se raccourcissait selon les oscillations de notre sol commun. Une autre ombre vaporeuse se dessinait à côté; c'était celle de la poche de gaze de mon filet à papillons enflé par le courant d'air. Un vautour passa près de moi & me tira de mon absorption. Je compris le double danger que je courais : car ces messieurs-là cherchent à étourdir d'un coup d'aile les gens en péril pour les faire tomber dans les précipices & s'y régaler de leur chair. Je levai la tête & reconnus que le rocher, le saxifrage avec son ombre portée, mon filet & moi, nous avions déjà descendu une centaine de pieds. La glissade, qui avait d'abord doublé de vitesse, commençait à quadrupler. Je ne sais pourquoi ce stupide proverbe : « Pierre qui roule n'amasse pas

de mousse » me revenait sans cesse à l'esprit comme le refrain obligé
de cette course vagabonde. Le vautour repassa une seconde fois & effleura
de son aile mon chapeau qui bondit devant moi & bientôt ne fut plus
qu'un point noir emporté par le vent. Je fus même saisi d'un rire fou
en voyant l'oiseau fondre à tire-d'aile sur cette faible proie qu'il saisit
au vol & emporta sur quelque cime pour s'en repaître à son aise.

« Je repris tout à fait mes sens au moment où j'allais atteindre la
pointe rocheuse qui surplombait le précipice & de là être lancé dans
l'espace. Instinctivement & sans plus faire aucune espèce de réflexion,
je quitte mon bloc de micaschiste sans m'inquiéter de ce qu'il deviendra,
— je n'avais pas eu le temps de le prendre en grande amitié, — & je
bondis au hasard en me cramponnant à quelques racines mises à nu par
le frottement du rocher, lequel, débarrassé de mon poids, donna de la
tête en avant, fit deux tours sur lui-même & disparut. Je l'entendis

s'écraser à une grande profondeur avec un bruit semblable à celui de la foudre répercuté par les échos de la montagne. Pour ma part, j'avais fort affaire pour sortir de là. J'étais sur une pente si glissante, qu'à moins d'avoir des ailes je ne pouvais atteindre le plateau que j'avais quitté, & je commençais à croire qu'il me faudrait bientôt rejoindre mon micaschiste ou mon couvre-chef, lorsque je fus frappé de quelque chose de semblable à un serpent qui se déroulait devant moi. C'était une corde au bout de laquelle un nègre, du noir le plus pur, gesticulait avec énergie en me criant de n'avoir pas peur. Ce sauveur, c'était Æthiops, dont je fis ainsi la connaissance. Tiré par lui en haut du précipice, j'étais en lambeaux, mais j'avais mon *Alecto,* — lequel offre précisément un échantillon très-rare avec des yeux, — & j'embrassai le nègre, à qui jamais peau blanche n'avait fait tant d'honneur. Le brave garçon me prit dès lors en telle affection, qu'il quitta ses maîtres américains pour s'attacher à moi.

— Voilà, dit Pigeot, une aventure plus agréable à raconter qu'à recommencer. Elle me fait prendre les micaschistes en horreur & les nègres en amitié. C'est le nom d'*Alecto* qui avait mis les Parques à vos trousses.

— Je ne peux pas m'en plaindre, puisqu'au lieu de trancher le fil de mes jours, elles ont permis à Æthiops de me tendre la corde. Mais revenons à la collection.

« Le genre *Chionobas,* sauf *Aello,* des Alpes du Tyrol, ne renferme que des espèces des régions polaires : *Norna* est Scandinave.

« Le genre *Satyrus* proprement dit a été subdivisé en *Éricicoles* ou habitants des bruyères; *Rupicoles,* fréquentant les rochers & les collines arides; *Herbicoles,* communs dans les bois où croissent les herbes; *Vicicoles,* se trouvant principalement le long des murs des habitations; *Ramicoles,* dans les bois, voltigeant parmi les branches; *Dumicoles,* vivant dans les broussailles & les buissons.

« Dans les exotiques le genre *Hætera* est remarquable par ses ailes supérieures, complétement transparentes, & le prolongement des inférieures. L'*Hætera Piera* du Brésil, avec ses ailes de gaze, pourrait facilement être confondue avec les Héliconiens, sans ses quatre yeux noirs pupillés de blanc aux ailes inférieures.

« Voici encore une immense lacune dans notre classification européenne; nous ne possédons rien pour représenter la tribu des Brassolides, papillons exotiques aux ailes robustes, grandes & larges, & à cellules discoïdales toujours fermées.

« Leurs chenilles sont épaisses, pubescentes, ramassées sur elles-mêmes, terminées par deux pointes anales, souvent ornées d'épines sur la tête; chrysalides grosses & peu anguleuses.

« Nous ne sommes pas plus riches en fait de Biblides. Leurs chenilles sont épineuses & fourchues à l'extrémité anale. L'insecte parfait a les palpes écartés, longs, dépassant la tête, & le dernier article infléchi en avant. Leurs antennes sont linéaires sans massue; ailes dentées.

« La tribu des Libythides ne comprend qu'une seule espèce dans nos climats méridionaux, la *Libythea Celtis* (l'Échancré), aux ailes d'un brun chatoyant tachées de jaune d'or. Sa chenille, vivant sur le micoucoulier, fait exception à la règle commune des larves diurnes en se suspendant par un fil à la manière des phalènes; mais c'est déjà un acheminement vers celle-ci. Elle est comme toutes les larves de cette tribu : légèrement pubescente, sans épines, chagrinée, allongée & cylindrique. La chrysalide est courte, peu anguleuse. Dans l'insecte parfait, les palpes sont très-longs, s'avançant comme un bec. Les antennes grossissant insensiblement de la base au sommet. Ailes anguleuses assez robustes, cellule discoïdale des inférieures ouverte.

« Passons à la troisième section, celle des *Enroulés*, ne comprenant qu'une seule tribu, les Hespérides, dont les chenilles cylindriques, sans épines, ayant les premiers anneaux amincis & la tête saillante, se renferment pour vivre & se métamorphoser entre les feuilles qu'elles plient & retiennent par de petits crampons de soie. Leurs chrysalides sont allongées & à peine anguleuses. A l'état parfait, les Hespérides ont la tête large, les antennes écartées à leur base & terminées par un crochet en hameçon. Leur corps est plus solide que celui des autres Rhopalocères. Leurs ailes retenues par un frein comme chez tous les Hétérocères ne se joignent pas perpendiculairement au repos. Certains genres de cette tribu participent tellement d'autres tribus parmi la LÉGION des HÉTÉROCÈRES, les CASTNIAIRES entre autres, que la séparation chez les exotiques est souvent difficile à établir.

« Cette tribu des HESPÉRIDES, dont nous n'avons que peu de représentants en Europe, comparativement au grand nombre d'espèces répandues sur tout le globe, renferme en outre les espèces les plus difficiles à distinguer les unes des autres, surtout dans le genre *Syrichtus*. L'une de nos plus curieuses & la plus jolie est le |*Steropes Aracynthus* (le Miroir). »

Fidonia Plumistaria.

VII.

HÉTÉROCÈRES.

URANIDES & PHALÉNITES.

« Dans la LÉGION des Hétérocères, il n'y a pas de raison pour
que nous ne passions pas en revue dès à présent les familles des
Uranides & des Phalénites, si proches parentes de celle que nous
venons de voir par l'ensemble de l'insecte parfait & souvent par le
mode de métamorphose. Les *Hédyles* sont presque des *Héliconiens*, &
les *Éphyres* se chrysalident comme les *Thaïs*, sans former de coques
& en s'entourant le corps d'un lien de soie. D'un autre côté, les Phalénites rentrent dans la famille des *Bombyx* par les *Amphydasis* & les
Œnochromides, tandis que par les *Haxides* elles se rattachent aux *Agarista* qui font partie des Crépusculaires (les Sphinx).

« Les Uranides ne sont-elles pas d'ailleurs le plus sûr lien entre
les Diurnes & les Phalènes? Nous n'avons pas, en Europe, un seul
représentant de ce magnifique groupe. Voici un spécimen venant de
Madagascar : l'*Urania Rhipheus,* qui a fait naître parmi nos savants

modernes les opinions les plus contraires sur la place qu'elle doit occuper dans les classifications. »

Je m'écriai, en voyant sa forme, ses queues & la rayure de ses ailes de velours noir saupoudré d'or vert, que c'était un Podalyre.

« La question est vite tranchée ! reprit M. Desparelles en souriant; sans ses antennes semblables à des fils minces & déliés vous auriez raison.

— Qu'importe une antenne plus ou moins globuleuse ?

— Il importe cependant un peu. Vous ne prendrez jamais la musaraigne pour un rongeur, bien qu'elle en ait tous les caractères extérieurs. Ouvrez-lui la bouche & regardez si ses dents de carnivore ont le moindre rapport avec celles des rats, des souris, des lapins & autres rongeurs. En botanique, vous feriez une grosse bévue de classer le *Coris Monspeliensis,* qui est une primulacée, dans les labiées, parce qu'il a les feuilles, la fleur, tout l'aspect & le port d'un thym. Il en est de même ici à l'égard de notre Uranie, *Podalyre* par les tentacules charnus qui ornent la tête de sa chenille épineuse comme celle des Vanesses, par la sangle qui maintient sa chrysalide ornée de taches d'or & par le facies de l'insecte parfait, mais Phalène par sa chenille arpenteuse & ses antennes en fil.

« L'*Urania Rhipheus,* l'unique espèce de son genre, est certainement le plus beau de tous les lépidoptères connus. Sa chenille vit sur le *Mangifera Indica,* plante de la famille des Térébinthacées. Elle est noire avec des bandes irrégulières formées de points blancs, verts & jaunes. Les tentacules de sa tête sont d'un rouge vineux.

« La famille des Uranides se divise, jusqu'à ce qu'elle soit mieux connue, en quatre tribus : *Cydimonides, Uranides, Nyctalémonides & Sématurides.*

« La chenille des Cydimons est charnue, épaisse & munie de seize pattes. Elle est parsemée de quelques poils & son cou est recouvert d'une plaque cornée. Elle vit sur les Omphalées, & se tient cachée pendant le jour sous une toile transparente, afin d'éviter les ardeurs d'un soleil tropical. Elle se métamorphose dans une coque ovoïde en soie assez lâche pour laisser voir sa chrysalide de forme obtuse. L'insecte parfait vole en plein jour & se tient de préférence à la cime des arbres Ses mœurs sont celles des Mars de nos climats. Quant à la parure de ces lépidoptères, regardez les *Cydimon Leilus* & *Brasiliensis* qui volent par centaines dans les forêts de la Guyane & du Brésil, & vous verrez que ce sont toujours des bandes d'un vert où d'un bleu métallique sur une robe de velours noir frangée de blanc.

« Ces couleurs brillantes ne se présentent plus sur les ailes des Sé-maturides, hormis dans le genre *Coronis,* qui est encore orné de taches ou de bandes brillantes ; c'est le gris, le brun, le jaune d'ocre qui domine. Exemple : *Sematura Empedocles.* C'est le point de suture entre les *Uranies* & les *Urapteryx,* ces jolies Phalènes aux ailes jaunes, zébrées & ornées d'appendices caudals.

PHALÉNITES.

« Les Phalénites sont faciles à reconnaître par les caractères généraux : à l'état parfait : palpes assez courts ; antennes généralement roides comme une soie, souvent pectinées, c'est-à-dire en forme de peigne, ou plumeuses dans les mâles ; corselet velu ; abdomen généralement long & grêle ; trompe fine & déliée. Au repos : ailes tantôt relevées perpendiculairement & appliquées l'une contre l'autre comme chez les diurnes, tantôt étendues horizontalement. Les quatre ailes généralement de même couleur & ornées des mêmes lignes ou dessins, comme celles des Rhopalocères. Vol diurne, crépusculaire ou nocturne, selon les genres. Les chenilles sont presque toutes privées des trois premières pattes membraneuses ; mais en revanche les ventrales & les anales sont fortement développées, car elles jouent le plus grand rôle dans la pré-hension. Elles s'en servent même exclusivement pour se maintenir sur les végétaux, le corps dressé, la tête haute, ce qui leur donne l'aspect d'une petite branche ou d'une tige & leur a valu le nom d'*arpenteuses en bâton.*

— Pourquoi appelez-vous ces chenilles arpenteuses? demanda Pigeot.

— Eu égard à leur manière de marcher en arquant le corps. Au lieu d'avancer par de courtes ondulations, comme les autres chenilles, elles font de grandes enjambées qui leur donnent l'air d'arpenter le terrain. Privées de leurs pattes intermédiaires, elles doivent nécessairement en agir ainsi. Dans certaines espèces qui ont le corps très-long, la chenille forme même une boucle plus ou moins arrondie dans le

mouvement qu'elle opère pour ramener ses quatre pattes postérieures près des six premières écailleuses. C'est ce mode de locomotion qui a valu à cette famille le nom d'*arpenteuses* ou *géomètres*.

« Dès que vous touchez la branche sur laquelle elles se tiennent accrochées par leurs pattes de derrière, elles se laissent tomber, mais sans descendre pourtant jusqu'à terre. Elles ont eu le soin de ne point faire un pas sans avoir préalablement tendu un fil de soie. Cette soie, collée près de l'endroit où elles se trouvent, se rejoint par l'autre bout à leurs filières. C'est au moyen de cette corde de sûreté qu'elles descendent des plus hauts arbres jusque près de terre & qu'elles peuvent y

16

remonter. Elles la saisissent & la pelotonnent entre leurs pattes écailleuses, &, arrivées à l'endroit d'où elles sont tombées, elles se débarrassent de leurs rouleaux en les coupant & recommencent à filer une nouvelle corde de sûreté. Elles vivent isolées ou par groupes de trois à quatre, & leurs modes de transformation sont des plus variés. Les unes se renferment dans un filet de soie, les autres s'enterrent dans une coque fragile ou se chrysalident comme les Diurnes.

« C'est au mois de mai qu'on en trouve le plus, surtout en frappant sur les arbres. Il ne faut alors en mépriser aucune, car beaucoup d'espèces se ressemblent trop à première vue pour qu'on puisse choisir à coup sûr. L'insecte parfait se montre en toute saison, sauf les *Hybernies,* espèces tardives & des pays froids, aux ailes transparentes ou décolorées comme les feuilles sèches d'automne & dont les femelles sont dépourvues d'ailes. Quelques genres ne volent que le jour, & leur nombre connu s'élève à près de deux mille espèces. L'Europe n'en compte que six cents tout au plus.

« Cette nombreuse famille se divise en vingt-six tribus que je vous ferai passer rapidement en revue.

« Les URAPTÉRIDES qui, bien qu'habitant toutes les parties du globe, sont à peine connues, à l'exception de notre *Sambucaria* européenne. Je vous ai déjà parlé de sa chenille qui vit en octobre & passe l'hiver sur les sureaux, les chênes & les prunelliers, & qui se chrysalide dans un petit hamac de soie qu'elle suspend à quelque brindille. L'Haïtienne *Urapterix complicata,* en robe d'or dentelée de lilas, de blanc & de rose, vous laisse à penser ce que doivent être les exotiques.

« Les ENNOMIDES, la seule tribu parmi les Phalènes où se produise l'exception des chenilles ayant plus de dix pattes ; mais ce sont des moignons qui ne leur servent à rien. Elles n'en restent pas moins arpenteuses & vivent sur les arbres ; à l'état parfait, les *Ennomos* ont les ailes bien développées, anguleuses & échancrées. Leurs chrysalides jaunâtres ou vert pâle sont contenues dans de légers réseaux de soie filés entre les feuilles. Au moindre attouchement, elles font des mouvements oscilla-

toires qui n'en finissent plus. Cette tribu est plutôt propre à l'Europe &
à l'Amérique septentrionale.

« Dans le genre *Drépanodes,* qu'il ne faut pas confondre nominalement
avec la tribu des Drépanulides, de la famille des Bombycides, bien qu'il
y ait entre eux plus d'un point de ressemblance, *Spiculata Moxaria &
Procurvaria,* sujets brésiliens, rappellent tout à fait nos *Platyptherix*
européens, par la couleur fauve & le dessin de leurs robes, & surtout
par leurs ailes aiguës & recourbées au sommet.

« Les Enochromides, tribu peu nombreuse mais dont les belles &
grandes espèces exotiques rappellent par leur aspect robuste les Bombyx, habitent l'Océanie & sont, malgré leurs fraîches nuances, à peu
près inconnues des amateurs. Regardez *Gastrophora Henricaria,* sujet
australien, avec ses ailes supérieures couleur feuille morte & les inférieures orangées avec une bande noire. Retournez-la maintenant afin de
voir le dessous d'un fauve vif marqué d'un grand œil velouté à pupille
bleue.

« Les Amphydasides, par l'absence de trompe & de palpes, leur corps
laineux, leurs pattes courtes & leur tête cachée sous le prothorax, ressemblent encore plus à des Bombyx que les Enochromides. En voyant
la *Chondrosoma Fiducaria* de Hongrie & les *Nyssia Zonaria & Pomonaria,*
on pourrait s'y méprendre si leurs premiers états de larve & de chrysalide ne les constituaient géomètres.

« Les Boarmides habitent tout le globe, mais elles sont plus communes dans les pays tempérés. Elles volent le soir & dorment le jour,
les ailes étendues, sur les troncs d'arbres avec lesquels elles se con-
fondent par leurs tons grisâtres de la couleur des lichens.

« Les Géométrides, généralement vertes, sont représentées en
Europe par des espèces remarquables par leur taille & leurs ailes
dentées. Les *Geometra Papilionaria, Smaragdaria, Viridaria, Vernaria,*
sont de charmants échantillons de nos contrées. Pour les exotiques
je vous citerai : *Dyspheris Egregiaria* du Brésil, aux ailes d'un blanc pur
marbrées de vert-pomme ; *Phorodesma Buprestaria,* de la Tasmanie, & sa
compatriote *Chlorodes Mirandaria,* d'un vert d'herbe très-vif avec la

frange mêlée de blanc & de canelle; *Agathia Lycænaria* de l'Inde, vert jaunâtre avec des dessins ferrugineux. *Thrimetopia Ætheraria* d'Abyssinie, bleu de ciel avec des nervures blanches.

« Les Mécocérides, de l'Amérique, & les Palyades, aux antennes plumeuses, démesurément longues, aux ailes vert-pomme, ornées sur les inférieures de taches vitrées, au corps mince, aux pattes fines comme celles des araignées (l'*Ametris Netricaria,* du Brésil), sont toutes exotiques.

« Les Éphyrides sont remarquables par la forme de leurs chrysalides qui, vertes ou testacées marquées de petites lignes élevées & tronquées carrément à la partie antérieure, rappellent celles des Thaïs. Cette ressemblance est bien plus grande encore puisqu'elles s'attachent par la queue sans être enveloppées d'aucun réseau de soie, & s'entourent le corps d'un lien qui les soutient comme tous les *succeints* diurnes. Leurs chenilles vivent à découvert sur les chênes, les saules, les érables, & dans le repos tiennent la partie antérieure de leur corps courbée en S. L'insecte parfait vit dans les bois & dort appliqué, durant le jour, sous les feuilles.

« Les Acidalides, par leur nombre & la difficulté de distinguer les espèces entre elles, sont négligées par beaucoup d'entomologistes, & bien qu'elles pullulent autour de nous, leurs premiers états ont été à peine observés &, même en Europe, elles sont loin d'être connues. Pourtant *Amataria, Auroraria, Strigilaria, Aversaria,* par leurs jolies toilettes, ont trouvé grâce devant le mépris des amateurs & ont eu le privilége d'être décrites & figurées par les anciens auteurs. *Asellodes Laternaria,* du Brésil, avec ses grands trous qui semblent découpés à l'emporte-pièce & recouverts d'une vitre, au milieu de ses ailes d'un rose vineux si étrangement échancrées, est le type d'un genre tout à fait anormal dans cette tribu. Il en est de même pour la *Plutodes Cyclaria* de Sarawack, aux ailes métalliques, jaune clair avec de larges taches de carmin, cerclées de filets noirs, que nous laisserons ici jusqu'à plus ample connaissance de ses congénères & surtout de sa larve.

« Les Micronides, dont toutes les espèces sont étrangères à l'Europe, forment une tribu des plus intéressantes parmi les Phalénides, par la longueur relative des palpes, la nervulation des ailes & leur coupe le plus souvent anguleuse & munie de longues queues comme celle des *Uraptherix*.

« Les Cabérides sont peu remarquables quant aux couleurs presque toujours blanches. Elles vivent dans les bois & dans les lieux frais & ombragés. Elles habitent toutes les parties du globe.

« Les Macarides se reconnaissent aisément à leurs ailes anguleuses quadrangulaires, qui sont souvent échancrées au-dessous de l'*apex* (l'extrême pointe de l'aile supérieure). Leurs chenilles ne ressemblent plus à une petite branche sèche; mais par leur ton vert & leur peau unie elles imitent le pétiole d'une feuille.

« Les Fidonides, répandues sur tout le globe, sont d'autant plus communes qu'elles volent le jour sur les bruyères arides, dans les clairières & les lieux herbus où leurs chenilles ont vécu. Type : *Fidonia Plumistaria*, si commune dans les garrigues du midi de la France.

« Les Hazides, des contrées équatoriales, ont été placées parmi les géomètres en attendant que leurs chenilles & leurs chrysalides fussent connues. Par leurs corps robustes, velus, leurs ailes épaisses, veloutées, par leurs couleurs vives & disposées comme celles des Chélonides, il faudrait les rapprocher des Lithosides qui ont plus d'un point de contact avec les Phalénides. L'*Hazis Bellonaria* de Bornéo en est un exemple frappant.

« Reportez-vous à mon *tableau synoptique* & remarquez la place que je leur assigne : elles se rattachent d'un côté aux *Lithosia* qui leur servent de lien avec les *Chelonia* & les *Liparis;* de l'autre elles sont elles-mêmes le trait d'union avec les *Agarista*, les *Hypocrosis* & les *Emplocia*.

« Les Zérénides, de taille relativement grande, surtout dans les espèces exotiques, sont remarquables par les fines taches qui parsèment leurs ailes de couleur laiteuse, ou par les taches noires sur fond gris ou jaune, imitant la peau des panthères & des léopards. De là les noms de *Felinaria*, de *Jaguararia, Leonaria, Unciaria, Tigrata, Pantaria, Leo-*

pardinata, qui leur ont été donnés. La Brésilienne *Pantherodes Pardalaria,* aux ailes d'un jaune vif parsemées de larges taches grises cerclées & oscellées de noir n'est-elle pas bien nommée?

« Notre *Abraxas Grossulariata,* dont la chenille est sur les groseilliers, avec ses gros points noirs & ses lignes fauves sur un fond blanc, est, quoique fort commune, un très-bel insecte. *Percnia Felinaria,* toute grise avec une multitude de points noirs, malgré sa mise un peu sévère, n'en est pas moins une grande & belle espèce. Sa patrie est l'Inde centrale.

« Les LIGIDES, remarquables par les pinceaux de poils qui ornent la tête des *Ligia,* les crêtes qui se dressent sur le corselet des *Chlenias,* & l'éclat métallique de leurs ailes, habitent le midi de l'Europe, l'Australie & le cap de Bonne-Espérance.

« Les HYBERNIDES ont été ainsi nommées parce que leur éclosion a lieu en hiver, & qu'elles volent en novembre, décembre & janvier, & quelques-unes le jour. Leurs chenilles vivent au printemps sur les arbres & les haies. Quelques espèces, la *Defoliaria* entre autres, sont bien connues des horticulteurs par les dégâts qu'elles commettent sur les pommiers, poiriers & pruniers. L'insecte parfait est de couleur terne & les femelles sont aptères, c'est-à-dire que toutes ont des ailes incomplètes ou réduites à de simples moignons, si bien, que ne pouvant pas voler, elles vivent toutes à terre ou au pied des arbres qui ont servi de nourriture à leurs larves.

« Les LARENTIDES se trouvent dans le même cas, & leurs chenilles sont encore plus nuisibles que celles des Hybernides. La *Cheimatobia Brumata* s'attaque surtout aux arbres fruitiers, & dévore les jeunes feuilles & les bourgeons dès les premières pousses du printemps. Elle s'attaque même aux fruits en s'introduisant dans le cœur à la manière d'un *Cossus.* Dans le genre *Eupithecia,* la *Rectangulata* est encore une mangeuse de pommes. La chenille éclôt en même temps que le bouton se forme, s'y introduit, & pour se préserver du froid ou de la pluie, s'abrite sous les pétales de la fleur qu'elle rabat & retient au moyen d'un réseau de soie. Bien tranquille sous sa tente, elle commence par manger pistil & étamines, puis l'ovaire lui-même, & au lieu d'une pomme, vous n'avez plus à récolter qu'une chrysalide. »

— Heureusement que ces ravageuses sont de très-petite taille !

— Les plus petits sont les plus nombreux & les plus nuisibles, & il n'y a pas de comparaison entre le mal que peut produire sur un arbre une nichée d'*Eupithecia* & une nichée de *Vanessa* par exemple.

— En voilà un qui est charmant avec ses ailes blanches, zébrées de vert-émeraude. C'est dommage que ses ailes inférieures soient toutes plissées & comme avortées.

— C'est la *Remodes Abortivata*, de Bornéo, & ce que vous prenez pour un avortement est un développement normal & constant dans ce genre. N'allez pas croire non plus que ces *Lobophora Lobulata*, *Viretata* & *Sabinata*, toutes européennes, soient munies de six ailes, parce que la quatrième nervure inférieure a pris cette direction & cet accroissement insolite. Ces cuillerons rudimentaires semblables aux appendices qui caractérisent les insectes diptères, ont fait donner le nom de « phalène à six ailes » à la *Sexalata* qui est précisément la seule du genre qui ne présente pas cette bizarrerie.

« Les Eubolides ont les ailes épaisses, veloutées, à franges longues, les supérieures à *apex* aigu & souvent recourbées en faucille. Leurs chenilles vivent sur les plantes basses. Leurs chrysalides sont molles, allongées, de couleur pâle, & quelques-unes ont la gaîne de la trompe dégagée & se prolongeant sur l'abdomen, comme certaines Noctuelles.

« Les Sionides, tribu peu nombreuse, & composée de genres parfois un peu disparates. Je vous ferai remarquer parmi les exotiques la *Callipia Parrhasiata* aux ailes rose vif bordées d'une large bande gris-noir & frangée de fauve. On la dit du Bengale.

« Les Hedylides sont toutes américaines, & rappellent par leurs forme & la couleur blanche de leurs ailes les Diurnes des genres *Héliconia* & *Piéris*.

« Les Érateinides ont encore plus de rapports avec les Diurnes. Les unes ressemblent à des *Érycinides*, les autres à des *Uranides*, &

certaines d'entre elles sont de véritables *Lithosides*. Mais pour décider la place qu'elles devraient tenir dans les classifications, il faudrait connaître leurs chenilles & leurs modes de transformation, car toute la tribu est exotique.

« Les Emplocides, tribu américaine ne renfermant qu'un genre n'est pas plus connue que la précédente, & sa place devrait être auprès des Hazides & des Lithosides.

« Voyez mon tableau synoptique.

« Les Hypochrosides, toutes étrangères, sont dans le même cas & servent de transition aux Drépanulides & aux Saturnides. »

Il nous fut accordé quelques minutes pour saisir d'ensemble tous ces liens de parenté & pour nous extasier sur toutes ces fines merveilles de l'écrin exotique.

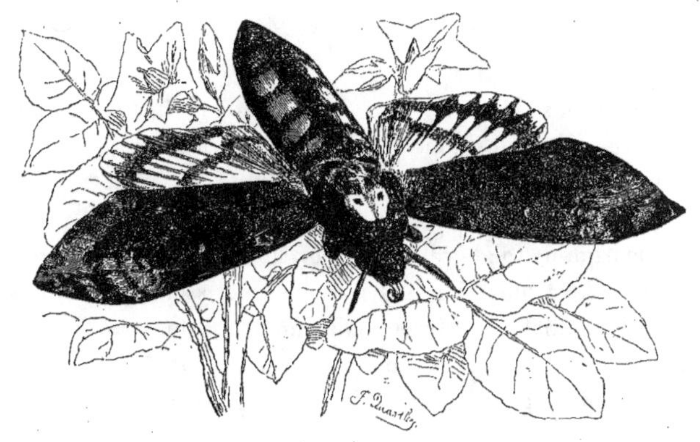

Acherontia Atropos.

VIII.

SPHINGIDES.

« Nous allons entrer dans les Sphingides ou Crépusculaires par les genres exotiques *Agarista, Castnia, Hecatesia, Ægocera,* genres participant des Diurnes, des Phalènes & des Zygènes tout à la fois.

« Je dois vous dire avant tout quels sont les caractères de cette famille comprenant les tribus des Zygénides, Sphingides, Sésiaires & Stygiaires.

« Antennes plus ou moins renflées au milieu ou près de l'extrémité, tantôt prismatiques, cylindriques ou dentées; corps robuste ne présentant jamais d'étranglement entre le corselet & l'abdomen. Les six pattes propres à la marche. Deux paires d'ergots aux jambes postérieures; ailes en toit horizontal, ne se relevant jamais comme celles des Rhopalocères ou des Phalénides; les ailes supérieures recouvrant les inférieures très-courtes & retenues par un frein chez les mâles seulement; trompe longue & bien développée.

« Vol nocturne, crépusculaire ou diurne, selon les genres.

« Toutes les chenilles ont seize pattes & se métamorphosent soit en terre, soit dans l'intérieur des tiges (les Sésies), soit dans une coque (les Zygènes); aucune ne se suspend ni ne se sangle pour se chrysalider.

« Remarquons d'abord dans la tribu des Zygénides, l'*Hecatesia Fenestrata* d'Australie. Par ses antennes hérissées, fusiformes comme celles des Nymphalides, c'est encore un Rhopalocère, & pourtant ses ailes tronquées à l'apex & couchées sur le corps, son corselet très-velu & son gros abdomen l'ont fait classer parmi les Crépusculaires. L'*Ægocera Venulia* du Bengale, aux antennes fusiformes, en cornes de bélier, aux ailes triangulaires, avec ses palpes en avant comme un bec & ce bouquet de poils fauves à l'extrémité de l'abdomen chez le mâle. Les *Thygris Fenestrina* & *Vitrina* s'accommodant toutes deux du climat de l'Europe & de celui des États-Unis. Ce sont de petites espèces; mais charmantes par leurs ailes brunes mélangées de rouge, dentelées de blanc & ornées de taches vitreuses.

« Les Zygénides, connues sous le nom de « Sphinx béliers, » sont en général d'un bleu ou d'un vert foncé, à bandes ou à taches rouges; mais il arrive parfois, dans certaines espèces, que le rouge est remplacé par du jaune, ce qui constitue des variétés rares comme la variété *Luteola* de l'espèce Onobrychis. Elles volent par un soleil ardent, rapidement & en ligne droite, mais elles ne tardent pas à se reposer sur les têtes des scabieuses, staticées, centaurées, plantes qui nourrissent leurs chenilles. Celles-ci sont courtes, épaisses, & bâtissent, pour se chrysalider, une coque allongée en forme de bateau, d'une matière sèche comme du parchemin & collée à la tige de quelque graminée.

« Dans le genre *Syntomis*, dont nous n'avons en Europe qu'une seule espèce *Syntomis Phegea*, la couleur rouge est remplacée par des taches blanches ou jaunes, & chez les exotiques les ailes deviennent parfois vitreuses comme celles des Sésies. Il y a même certaines espèces, telles que *Godarti* des Moluques, qui servent de jonction entre les Zygénides & les Sésiaires. Par leurs chenilles garnies de petits tubercules hérissés de poils, se roulant comme celles des Chélonides, vivant comme elles sur les plantes basses & se métamorphosant dans une coque ovoïde construite avec leurs dépouilles à la manière des Liparides, je considère encore les *Syntonis* comme un de ces genres intermédiaires participant d'une ou deux tribus voisines.

Voici les Sphingides qui l'emportent sur tous les autres lépidoptères par leurs formes, leurs tailles & leurs belles couleurs. Leurs chenilles, ornées de vives taches ocellées, ne sont pas moins élégantes. C'est la position dans laquelle elles restent des heures entières qui leur a fait donner le nom générique de Sphinx.

Remarquez dans le genre *Deilephila,* mot signifiant : — « qui aime le crépuscule, » — *Nerii* (du laurier-rose), qui l'emporte sur tous les autres par ses couleurs vertes veinées de rouge, de violet & de blanc comme une agate. On trouve parfois sa chenille dans nos contrées & jusque dans le nord de la France, mais c'est toujours accidentellement. Ce sont des femelles qui, emportées par des coups de vent du sud, sont venues déposer leur ponte sur les lauriers-roses en caisse.

« Lorsqu'on se promène, après de chaudes journées d'été, autour des pétunias, des verveines, des phlox, fleurs préférées par les Sphinx, on entend un bruissement d'ailes rapides qui, plus prompt que la pensée & plus fort que celui d'un petit oiseau, traverse les lueurs incertaines de la première ombre. C'est *Convolvuli* (du liseron) qui exhale une suave odeur de jasmin, ou le beau *Ligustri* (du troène) aux ailes rosées, qui passe d'une corbeille à une autre en décrivant dans son essor une courbe impétueuse. Observez alors sa manière d'essayer d'abord par la vue ou par l'odorat la plante qu'il va fouiller, la rapidité avec laquelle il déroule & plonge sa longue trompe dans le nectaire de la fleur choisie, & l'immobilité apparente où il demeure tout le temps qu'il met à en épuiser le suc. Cette immobilité est due à une exubérance de frémissement dans ses ailes puissantes, car il ne se pose jamais & vibre suspendu dans l'air devant la coupe embaumée qu'il incline parfois avec sa trompe comme pour la forcer à lui verser son ambroisie jusqu'à la dernière goutte. C'est dans ce moment d'ivresse que vous pouvez, au mouvement de la plante, deviner la présence de l'hôte & le saisir au filet & même avec la main, si, ne vous souciant pas d'endommager sa robe, vous voulez vous procurer des pondeuses. En le prenant ainsi, vous sentirez la notable chaleur que son corps dégage, fait singulier pour des animaux à sang froid, & l'éclat surprenant de ses yeux de feu. Ses griffes, sans être capables de vous blesser, s'attachent fortement à vos mains, moins fortement cependant que celles de l'*Acherontia Atropos,* personnage plus lourd, plus sombre, mastodonte ailé des Sphinx. C'est le seul Sphinx, dans nos climats, qui fasse entendre un petit cri semblable à celui d'une souris, & encore ce cri n'appartient-il qu'au mâle. Cette voix sort de deux petites ouvertures placées sous la poitrine, entre l'abdomen & le corselet, comme chez les cigales ; mais celles-ci possèdent de véritables tambours, tandis que l'*Atropos* n'a que de petits tambourins recouverts d'un bouquet de poils roux qui se redressent en rayonnant lorsque le cri se fait entendre. La chenille arrivée à toute sa taille fait entendre le même son, mais beaucoup plus faible, & souvent la chrysalide, au moment d'éclore, semble pousser de petits cris plaintifs. L'ignorance & la superstition n'ont pas laissé échapper l'occasion de voir dans cet inoffensif insecte un envoyé de Satan. Le dessin de son dos, qui représente, avec beaucoup de bonne volonté, une tête de mort sur fond noir, l'a fait regarder comme un porte-malheur : c'est, dit-on, un présage de mort prochaine pour les gens chez lesquels il entre, &, par son cri, il a plus d'une fois mis en fuite tous les habitants d'une maison. Au siècle dernier, des curés ont même prononcé contre lui la formule d'excommunication. J'ai vu, il n'y a pas longtemps, dans une petite ville des environs, la population s'attrouper autour d'un de ces pauvres lépidoptères égaré dans une rue. On tenait conseil, on se demandait, avec crainte, quel pouvait être cet animal affreux. « Il est venimeux, disait l'un. — Ça mord, disait l'autre. » Le maire fut appelé... Il nia le venin & la morsure, mais assura que c'était *sale,* & l'écrasa bravement.

— *Sancta simplicitas!* » dit Pigeot en levant les épaules.

J'observai que les Sphinx étrangers devaient être encore plus beaux que les nôtres.

« Il n'en est rien, répondit l'entomologiste d'un air de triomphe ; ils sont toujours élégants de forme, mais ni plus grands ni mieux vêtus. Je crois même qu'il n'en existe pas d'aussi beaux que notre Sphinx du laurier-rose.

— Ma foi ! dit Pigeot, vivent les Sphinx ! Ils ont des têtes comme des oiseaux, des cornes comme des bœufs, & ils sont propres comme des lapins.

— Le genre *Macroglossa* comprend en Europe plusieurs espèces, *Bom-*

byliformis & *Fusciformis* entre autres qui, par leurs ailes transparentes, relient les Sphinx aux Sésies. Dans les exotiques le genre *Cocytia* s'en rapproche encore plus.

« Par les *Ptérogons Œnotheræ*, communs dans le midi de la France, & *Gorgon* des bords du Volga, nous passons naturellement au genre *Smerinthus,* « les Sphinx bourdons. » Ceux-ci, bien que Sphinx par leurs premiers états, sont déjà à demi Bombyx par leur *facies* & leur trompe à l'état rudimentaire, car vous savez que les Bombyx n'en possèdent pas. Si vous prenez jamais beaucoup de chenilles de ce genre, ne les entassez pas dans la même boîte ; car il arrive parfois qu'en se battant elles se coupent la queue les unes aux autres, c'est-à-dire la corne qu'elles portent sur le onzième anneau.

« *Tremulæ*, sujet russe, & *Quercus*, du midi de la France, sont les plus recherchés par leur rareté ; mais *Ocellata*, avec ses ailes supérieures gris de perle finement ondées, & ses inférieures d'un rose vif, ornées d'un grand œil en velours bleu, l'emporte en beauté sur ses congénères, bien qu'il soit commun. »

M. Desparelles nous présenta une boîte de petits insectes, que nous prîmes, Pigeot & moi, eu égard à leurs ailes étroites & diaphanes & à leurs abdomens rayés de noir & de jaune, pour des abeilles & des guêpes, & comme il ne disait rien, nous lui fîmes remarquer complaisamment sa distraction.

« Je ne me trompe pas, dit-il, ce sont bien des papillons, & reconnaissez parmi eux la *Sésie apiformis,* que je vous ai déjà fait remarquer à la chasse.

« Il est vrai que ces frêles & délicates *Sésies*, par leur *facies* & les mœurs de leurs larves qui vivent dans l'intérieur des tiges, ont beaucoup de rapport avec certains hyménoptères ; ce qui leur a valu les noms de *Spéciformis, Bembeciformis, Cynipiformis, Tipuliformis,* etc., c'est-à-dire de la forme des Sphex, des Bembex, des Cynips & des Tipules ; mais encore une fois elles ont une trompe & pas de mâchoires. C'est par le soleil le plus ardent, en plein midi, qu'il faut les chercher sur les fleurs de lavande, les thyms, les têtes d'oignons, les écorces en décomposition, les bois pourris. Mais comme ces jolis lépidoptères sont toujours rares, il faut faire la chasse à leurs larves en grattant, coupant, rognant les vieux arbres comme un bûcheron.

« Nous passerons rapidement sur la tribu des *Stygiaires*, dont les insectes sont fort petits de taille & assez rares en France. Leurs chenilles, semblables à celles des Sésies, vivent également dans l'intérieur des tiges. Si nous voulions suivre la filiation absolue des larves *endophytes*, qui vivent cachées dans les végétaux dont elles mangent la moelle, nous devrions voir de suite tous les Cossus, Zeuzères, Hépiales, Nonagries & une grande partie des Microlépidoptères, ce qui nous entraînerait trop loin. Revenons donc un peu sur nos pas en reprenant la tribu des Lithosies qui nous conduira insensiblement, par les Chélonides, à retrouver nos Cossus, lesquels, en tant que papillons, ont le même aspect que les Bombyx. »

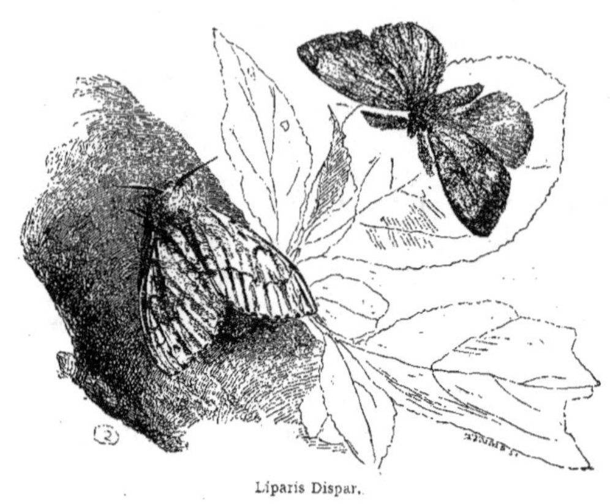

Liparis Dispar.

IX.

BOMBYCITES.

« Les Bombycites ou nocturnes ont les antennes ciliées, dentées ou plumeuses ; le corps ne présentant jamais d'étranglement entre le corselet & l'abdomen ; les quatre ailes d'égale consistance, toujours retenues, chez les mâles, par un frein qui les empêche de se relever perpendiculairement dans le repos. Trompe rudimentaire ou nulle, selon les tribus. Les chenilles ont de dix à seize pattes. Elles sont glabres ou velues, parfois ornées de tubercules ou de crêtes charnues, rarement épineuses. Leurs chrysalides se métamorphosent en général dans des coques & ne se suspendent pas comme celles des Diurnes & des Phalènes.

« Nous entrerons dans la famille des Nocturnes par les Lithosides, dont le nom signifiant en grec « qui s'attache aux pierres » vous indique que toutes leurs chenilles vivent sur les mousses & les lichens des rochers. Ce n'est pas une loi générale, car beaucoup se tiennent sur les arbres & les graminées. Cette tribu, bien que d'un aspect assez terne, n'en est pas moins très-intéressante en ce qu'elle est un des grands points de repère des classifications.

— Qu'entendez-vous par là ?

— Reportez-vous à mon tableau synoptique & vous verrez que tous les genres pourraient se résumer en quelques grandes divisions.

		SPHINX,		
	ZYGÈNES,	SMERINTHES,	SÉSIES,	
HESPÉRIES,	LITHOSIES,	SATURNIDES,	BOMBYX,	ZEUZÈRES,
PAPILLONS,	PHALÈNES,	PSYCHÉS,	NOCTUELLES,	NONAGRIDES.
	PYRALES,	TEIGNES,	TORDEUSES,	
		PTÉROPHORES.		

— Les Lithosies ne sont pas bien gaies, dit Pigeot.

— Elles sont presque toutes jaunes ou décolorées.

— Les *Lithosia Mesomella, Quadra, Luteola,* ne sont pas en effet très-recherchées dans leur mise ; mais le genre *Euchelia* nous offre des toilettes assez coquettes : *Jacobeæ* aux ailes noir & carmin ; *Pulchra* toute vêtue de blanc, pointillée de noir & de taches roses ; *Ligula* du Brésil, noire & orange. Ce serait le cas de vous parler ici des *Yponomeutes* du fusain & du cerisier qui, par leur ressemblance avec les *Emydia Cribrum, Candida* & *Cribella,* ont été longtemps placées à leur suite ; mais elles appartiennent à la famille des Tinéides par les mœurs de leurs chenilles.

« Si vous aimez les couleurs brillantes, celles de la tribu des CHÉLONIDES (écailles) vont vous dédommager. Je ne connais pas de chenilles qui marchent plus vite, surtout celles de *Purpurea,* cette belle écaille jaune d'or aux ailes inférieures pourpres, & celle de la blonde *Arctia Lubricipeda,* appelée jadis Pied-de-lièvre, sans doute à cause de son agilité. Regardez ces Callimorphes *Hera* & *Dominula,* ainsi que ces *Chelonia, Hébé, Fasciata, Casta, Matronula, Latreillii, Flavia* & même *Caja,* avec ses variétés à ailes jaunes, & dites-moi si elles ne sont pas aussi belles que cette Brésilienne *Melaxantha* & cette *Chelonia Nereis* des Indes. »

— Arlequins & arlequines! dit Pigeot.

— Mais non pas criards de tons comme les habits faits de pièces rapportées, reprit M. Desparelles. La nature, dans ses plus hardis caprices, est toujours harmonieuse. Elle seule possède le secret de ces fantaisies qui ne choquent pourtant jamais ni l'œil ni la pensée.

— Ce sont là de beaux papillons, sans doute! répondit Pigeot; mais je les trouve un peu trop crus de ton, bien que la nature ait passé par là, & un peu voyants pour des gens qui ne se montrent que la nuit.

— Non-seulement ils sont voyants, mais encore il en est parmi eux

Chelonia Pudica.

qui sont fort bruyants pour des lépidoptères, exemple l'Écaille-pudique (*Chelonia pudica*) qui, ainsi que plusieurs espèces de Lithosides du genre *Setina,* produit en volant un son assez perceptible pour l'attraper au juger.

« Toutes les chenilles de Chélonides se transforment en papillons dans de légers réseaux de soie, & elles sont si délicates que, lorsqu'en chassant vous en rencontrerez quelqu'une en train de filer sa coque ou même venant de se métamorphoser, ce que vous reconnaîtrez à la chrysalide encore blanche, il est inutile de l'emporter, elle n'éclôra pas ou elle éclôra mal par suite du moindre toucher. Faites une petite marque à l'endroit où vous la laissez & revenez la chercher quelques jours après quand elle aura noirci & se sera raffermie.

« C'est dans la tribu des LIPARIDES que se trouvent les chenilles les plus nuisibles. Le *Liparis dispar,* ainsi nommé de ce que le mâle est brun & la femelle blanche, broute à l'état de larve & ravage entièrement, certaines années, des forêts entières. Celles du *Liparis Chrysorrhea* ne sont pas moins dévastatrices. Parmi les BOMBYCIDES, la chenille du *Bombyx Neustria,* bien connue des jardiniers sous le nom de *Livrée,* à cause de son vêtement rayé de diverses couleurs qui, avec beaucoup de bonne volonté, ressemble à un habit galonné, vit en société nombreuse sur les arbres fruitiers qu'elle dépouille entièrement. Elle se chrysalide dans une coque soyeuse, molle & saupoudrée d'une poussière qui ressemble à de la fleur de soufre. Cette poussière n'est autre chose qu'une liqueur qui, en séchant, devient d'un beau jaune & vole en poussière au moindre choc.

Les chenilles de *Lanestris* sont également voraces ; mais comme elles ne s'attaquent qu'aux buissons, elles n'ont pas attiré sur elles la colère des horticulteurs. Une autre larve fort malfaisante, c'est le *Bombyx Processionnea,* qui vit en famille dans des poches de soie attachées contre le tronc des arbres ou suspendues aux branches, à trois ou quatre pieds de terre.

« Au coucher du soleil, les chenilles sortent de cette poche pour aller pâturer toute la nuit ; elles marchent en longues files, de là leur nom de *Processionnaires.* On voit d'abord sortir une chenille par l'ouverture placée à la partie supérieure du nid ; cette ouverture ne permet le passage qu'à une seule à la fois. Dès qu'elle est sortie, elle est suivie à la file par plusieurs autres. Cette première file arrivée à un mètre de distance fait une pause pour donner le temps de sortir à celles qui sont dans le nid. Elles se mettent en rangs, le bataillon se forme, la conductrice ouvre la marche, & toutes la suivent si près les unes des autres, que la tête de la seconde touche la croupe de la première. La file est partout sans interruption ; c'est un véritable cordon de chenilles sur une longueur d'un mètre, après quoi la file se double sur une distance à peu près semblable. Puis viennent des rangs de trois, auxquels succèdent des rangs de quatre, cinq, six, sept, parfois jusqu'à quinze de front. Après avoir dévoré toute la nuit, elles rentrent, le matin, en suivant le même ordre. Elles sont parfois si nombreuses, qu'on entend le bruit de leurs mâchoires qui entament les feuilles, & la chute de leurs déjections ressemble au bruit de la grêle.

« Il faut toucher leurs nids avec beaucoup de précaution, car

les poils restés dans ces toiles communes, après les changements de peau, sont cassants & entrent dans les chairs, comme des aiguilles. Ce sont des démangeaisons insupportables qui peuvent durer plusieurs jours & occasionner la fièvre. Un de mes amis, qui avait pris ces poches de Processionnaires en horreur, prétendait qu'il lui suffisait de les regarder pour avoir des boutons & des inflamations aux paupières.

« Parmi les exotiques, les chenilles des *Bombyx Diego* & *Radama* de Madagascar vivent en société, comme les Processionnaires, dans de grandes poches de soie qui ont parfois plusieurs pieds de long & qui garnissent toutes les branches des mimosas. Chaque chenille se file, dans l'intérieur de cette poche, un cocon de fine soie blanche. Les Malgaches récoltent ces cocons, les tissent & en font des étoffes qui ne le cèdent en rien aux soieries de la Chine.

« Le *Bombyx Psidii* du Mexique ressemble beaucoup, par sa taille & par le ton de ses ailes, à notre Bombyx *rubi*, mais ses mœurs sont celles des précédents. La chenille vit en société dans des poches d'un mètre de long sur les chênes & les goyaviers. Ces poches, d'une blancheur éclatante, sont percées dans le bas d'une ouverture par où tombent les déjections & les chenilles qui meurent avant leur transformation. Ces nids sont tout aussi désagréables à toucher que ceux de nos Processionnaires & la récolte des cocons, que les chenilles filent au centre, ne doit pas être aisée. On fabrique pourtant des mouchoirs avec cette soie mexicaine qui, déjà du temps de Montézuma, était un objet de commerce. L'étoffe est rude au toucher, comme certaines soies de l'Inde, qui sont également le produit d'insectes très-différents du ver à soie du mûrier.

« Dans le genre *Eriogaster*, les chenilles de *Lanestris* & *Everia* vivent également en société sous des toiles, mais qui ne sont pas disposées en poches. Elles se dispersent au moment de se chrysalider pour aller fabriquer au pied des arbres ou sous les pierres leurs cocons de forme ovoïde & d'un tissu très-solide. Les *Pœcilocampa Dumeti* & *Taraxaci* vivent solitaires sous les touffes de pissenlit & d'épervière-piloselle, puis s'enfoncent en terre pour se chrysalider.

« Les nocturnes de la tribu des Lasiocampides ou *Gastropaches*, c'est-à-dire gros-ventres, parce que les femelles de ces Bombycites ont l'abdomen épais, sont fort reconnaissables par les couleurs feuille-morte de leurs ailes sinuées ou dentées, repliées en toit lorsque l'insecte est immobile. Les inférieures dépassent alors de chaque côté les supérieures, si bien qu'à première vue on dirait d'un petit paquet de feuilles sèches : voyez plutôt la *Lasiocampa Quercifolia*. Leurs chenilles caractérisées par deux entailles de velours noir ou orange, placées sur le deuxième & le troisième anneau, & par leurs couleurs semblables aux écorces sur lesquelles elles s'appliquent durant le jour. Elles vivent solitaires sur les arbres & sont inoffensives. Leur transformation a lieu dans une coque ovale, molle & saupoudrée d'une farine blanchâtre à l'intérieur.

« Elles portent, en général, les noms des plantes qui les nourrissent

Pini (du pin), *Pruni* (du prunier), remarquable par sa couleur bouton d'or, ou celui des feuilles mortes que leurs papillons rappellent par le ton de leurs ailes. *Populifolia* (feuille de peuplier), *Betulifolia* (feuille de bouleau), *Ilici-folia* (feuille de chêne-yeuse), *Suberifolia* (feuille de chêne-liége), etc. Le genre *Megasoma* n'est représenté en Europe que par le *Megasoma Repandum* du midi de l'Espagne, mais fort commun en Algérie où je l'ai souvent trouvé, à l'état de larve, sur les buissons de lentisques par groupe de cinq ou six individus.

« Si je ne vous parle de ces papillons de nuit qu'à leur état de chenilles, c'est parce que leur vêtement sombre & peu varié manque d'intérêt, & parce que je me réservais de vous signaler un trait caractéristique des Bombycites, Lasiocampites, Saturnides & Endromides, c'est qu'aucun n'a de trompe & que par conséquent ne mange pas. Il semble que la nature ait voulu le punir par le jeûne de la gloutonnerie de sa chenille. Il ne sort de sa coque que pour s'accoupler & pondre.

« Mais si le sens du goût lui manque absolument, en revanche il jouit de celui de l'odorat à un point excessif, &, à ce propos, on a remarqué que ce sens était plus ou moins développé chez les papillons, selon que les antennes étaient plus ou moins pectinées, d'où il faudrait conclure que celles-ci ne sont pas seulement les organes du tact.

« Comment expliquer autrement ce qui se passe entre les mâles & les femelles de presque tous les Bombycites? Je vois souvent les mâles voler avec frénésie autour de mes fenêtres fermées, & donner de la tête dans les vitres, pour pénétrer auprès des femelles qui viennent d'éclore dans mes cages. J'ai vu arriver de douze kilomètres & plus des mâles d'*Aglia Tau* pour féconder des femelles captives. Parfois, je m'amuse à me faire suivre à travers la forêt par des nuées de *Liparis Antiqua, Bombyx Quercus, Castrensis, Monacha* & autres, en promenant des femelles encore vierges dans ma boîte de chasse ou piquées dans le fond de mon chapeau. Ce qui fait dire au naïf *Æthiops* que les papillons me font escorte pour me faire honneur.

« Parmi les Saturnides, la *Saturnia Pyri* (le Grand Paon de nuit est sans contredit le plus grand de nos lépidoptères d'Europe, ainsi que sa chenille, une des plus imposantes.

— N'est-ce pas celle qui a des perles bleues sur un fond vert?

— Précisément, répondit-il en nous ouvrant une boîte de nocturnes exotiques. Mais voyez combien nos géants sont petits en comparaison de ceux des Indes. Voici la *Saturnia Atlas,* au corps court, aux antennes plumeuses, aux ailes larges et falquées, qui ne mesurent pas moins de

vingt-quatre centimètres d'envergure sur dix-huit de hauteur, tandis que celles de notre Paon de nuit n'ont que quatorze centimètres au plus. La *Saturnia Aurata* du Brésil, qui, par ses quatre ailes ornées de vitres triangulaires & les tons rosés de sa robe olive & fauve rappelle l'*Atlas* en plus petit. *Io* des États-Unis, aux ailes supérieures tantôt brunes, tantôt jaune d'or, & aux inférieures bordées de rouge-brique, avec un grand œil bleu cerclé de noir & pupillé de blanc. J'ai eu l'occasion d'élever sa chenille qui ressemble beaucoup à celle de *Pyri*. Elle est de la même couleur; mais les perles, au lieu d'être bleues & surmontées de longs cheveux soyeux, sont vertes, beaucoup plus petites, plus nombreuses & garnies de poils courts & roides qui piquent & occasionnent des démangeaisons comme les feuilles d'ortie. Sa coque ressemble à celle du Petit Paon (*Saturnia Carpini*).

« J'ai là un sujet que j'aime particulièrement parce qu'il est éclos en France, chez un de mes amis, qui me l'a légué en mourant ; mais le plus important eût été de me laisser une notice descriptive de cette chrysalide et de son mode de vivre à l'état de chenille. Le brave homme n'avait certainement pas négligé de l'écrire ; mais, à mon grand désespoir, on ne l'a pas retrouvée. On peut donc dire que j'ai été déshérité ! Pourtant, cette *Saturnia Luna* est d'un grand prix pour moi. Elle est bien intacte, nullement rapiécée ni recollée comme la plupart des exotiques. Remarquez sa forme de lyre antique, que lui donnent ses longues queues arquées en dehors ; ses lunes ombrées comme par la main d'un artiste qui aurait voulu les faire paraître en relief sont aussi très-caractéristiques, & sa fraîche couleur qui tient également du vert & du jaune n'est pas privée d'une seule écaille.

« La *Saturnia Isabella* d'Espagne, espèce fort rare & fort remarquable par ses longues queues & le ton verdâtre de ses ailes nervées de fauve, peut seule lui être comparée. *Cœcigena,* de la Dalmatie, est encore un magnifique sujet européen.

« C'est ici le cas de mentionner le ver à soie *Bombyx Mori* (du mûrier) devenu aujourd'hui le type du genre *Sericaria.* Vous savez qu'il est originaire de la Chine.

— Connu! dit Pigeot. En pension j'en ai élevé des centaines dans mon pupitre.

— Mais savez-vous comment il est venu en Europe?

— Ah çà! ma foi non.

— Permettez-moi de remonter au vi^e siècle, au temps de l'empereur Justinien. Deux moines persans, ayant fait un long séjour en Chine, avaient été frappés des étoffes de soie alors inconnues en Europe. De retour à Constantinople, ils firent part de leur découverte à l'empereur qui eut l'idée de faire concurrence à l'Asie. Des dons & promesses de Justinien décidèrent ces moines à retourner en Chine ; mais comment faire pour transporter des chenilles d'une existence si courte? Et d'ailleurs, il n'était pas probable qu'un peuple jaloux comme le peuple chinois leur permît d'exporter une branche de commerce si importante. Ils jouèrent au plus fin, &, après avoir bien visité les magnaneries, ils dérobèrent plusieurs pontes qu'ils cachèrent dans un bâton creux & revinrent en Europe apportant en triomphe ces richesses futures. On fit éclore les œufs dans du fumier chaud, les jeunes vers furent nourris de feuilles de mûrier, on conserva les chrysalides pour l'année suivante, on planta des arbres, &, quelques années après, les Romains savaient élever les chenilles & travailler la soie aussi bien que les Chinois. L'industrie que fit naître cette précieuse chenille passa ensuite en Grèce & en Sicile à l'époque des premières croisades, puis à Naples & enfin dans le midi de la France au xive siècle. Mais cette industrie ne se développa que sous le ministère de Sully & par les soins d'Olivier de Serres.

« La *Sericaria Mori* n'est pas la seule qui fournisse de la soie propre à être tissée ; on élève aussi en Chine & on cherche à acclimater en ce moment en Europe plusieurs autres espèces : *Cynthia* (du vernis du Japon), *Arrindia* (du ricin), *Cecropia*, *Polyphemus*, qui s'arrange très-bien des feuilles du chêne pédonculé, *Selene*, *Montezuma*, du Mexique, *Mylitta*, d'un beau jaune blond, curieuse par ses ailes ornées de quatre grands yeux transparents, avec un fil au milieu de chacun, comme pour en assurer la solidité.

— On dirait que ses vitres ont été raccommodées ? observa Pigeot.

— Nullement ! ce filet gommeux, qui n'est pas même dans le sens des nervures, est trop régulier pour qu'il y ait supercherie.

« Les Endromides, dont nous ne possédons en Europe que deux genres & deux espèces : l'*Aglia Tau* & l'*Endromis Versicolora*, qui font exception à la règle des nocturnes, attendu qu'ils ne volent que le jour & encore en plein midi seulement dans les forêts de hêtres & de chênes.

« Dans son jeune âge, la chenille de l'*Aglia Tau* est armée sur la tête & la queue de longues cornes fourchues qui tombent à la dernière mue ; mais ces ornements bizarres ne sont rien en comparaison de ceux du *Cerocampa Regalis*, des États-Unis. La chenille porte derrière la tête une couronne de fortes épines, & cause une frayeur puérile au vulgaire qui lui a donné le nom de Diable cornu du platane. On prétend que ses

piqûres sont très-douloureuses ; mais elle est aussi inoffensive que les
autres chenilles.

« Les Siculides & les Drépanulides, tribus voisines des *Saturnia*,
& regardées longtemps comme des Phalènes par leurs rapports avec les
Drepaniodes américaïnes, sont des papillons toujours rares, vivant dans les
forêts humides.

— Ce sont des papillons chinois! dit Pigeot, du moins quant à la
forme de leurs ailes arquées.

— Admirables insectes parés de toutes les nuances des agates.
Voyez l'*Hepialode Follicula* & les *Siculodes Nervicula, Nubecula, Aurorula,
Reticula, Perlula* & *Tigridula,* toutes exotiques.

« Les Cocliopes n'ont qu'un seul genre chez nous, *Limacodes
Asellus* & *Testudo ;* & encore n'ont-ils rien de remarquable, si ce n'est leur
chenilles qui, au lieu de pattes, sont munies de moignons qui suintent une
humeur visqueuse, au moyen de laquelle elles se tiennent sur les feuilles,
à la manière des limaces. La vraie patrie de ces insectes est l'Amérique
septentrionale.

« Il y a peu de familles où les espèces aient été si mal déterminées
que dans celle des Psychides, parce qu'il ne suffit pas d'avoir l'insecte
parfait entre les mains ; il faut encore connaître ses premiers états, &
cela a d'autant plus d'importance que les femelles des Psychés sont
aptères, c'est-à-dire sans ailes ; c'est pourquoi vous voyez ici les
fourreaux rangés avec les papillons. Je vous ai déjà dit que leurs chenilles vivent & se transforment dans ces gaînes qu'elles tissent &
augmentent à mesure qu'elles grandissent & d'où elles ne sortent jamais
que la tête & les six pattes antérieures, traînant leur habitation derrière
elles. Ce sont des vêtements d'après lesquels on peut tirer d'excel-
lentes indications pour leur classement. Ces fourreaux, tapissés intérieurement d'une soie très-fine & très-moelleuse, sont bizarrement recouverts à l'extérieur, ceux-ci de barbes de graminées qui les font
prendre au premier coup d'œil pour un épi sec ; ceux-là de petits
fragments de feuilles couchés les uns sur les autres comme les
tuiles d'un toit ; d'autres sont fabriqués de morceaux de tiges de bruyère

ou de brins de paille, ce qui leur donne l'aspect de petits hérissons.

— Voilà une singulière mode! dit Pigeot en riant. Me voyez-vous d'ici, allant dans le monde avec un habit de feuilles sèches ou de paille de froment?

— Cette mode est très-bien portée parmi les larves de beaucoup d'autres tribus, telles que les *Adèles,* ces petites merveilles sur lesquelles la nature a jeté la poussière de ses métaux les plus précieux. La plupart des teignes ne s'habillent pas autrement. Il en est même qui se font des fourreaux couverts de petites coquilles vivantes, lesquelles, entre nous soit dit, se trouvent assez mal à l'aise collées de la sorte les unes aux autres, mais nous parlerons de cette famille en temps & lieu. Quant aux Psychés, elles se contentent de mousses & de brindilles pour construire leur maison. Au moment de se chrysalider, elles collent à l'arbre ou à la pierre l'ouverture par où elles passaient la tête, se retournent, débarrassent le fond de leurs chambres & y pratiquent une petite porte qu'elles n'auront qu'à pousser quand le moment de l'éclosion sera venu. C'est ainsi qu'agit le mâle ; mais la femelle, dépourvue de moyens de locomotion aérienne, reste dans son logement, &, après avoir attiré le mâle & reçu ses caresses sur le pas de sa porte, c'est le cas de le dire, elle rentre chez elle & fait sa ponte dans son fourreau, après quoi elle meurt. L'œuf ainsi préservé du froid éclôt au printemps, & la jeune chenille quitte la maison qui l'a vue naître en emportant derrière elle la coque de l'œuf d'où elle est sortie & qui est la première pierre d'assise de sa future demeure.

« En tant que papillons, ces Psychides par leur absence de trompe, leurs antennes plumeuses, ressemblent assez à des Bombycites, je l'avoue, mais leurs mœurs, dont je viens de vous faire part, les en éloignent considérablement. C'est encore une de ces tribus qui sert de chaînon entre des familles très-différentes. Celle-ci est le lien entre les *Bombycites* & les *Tinéides*. J'aurais dû les reporter en tête de ces dernières; mais j'ai suivi la routine des classificateurs jusqu'à plus ample information. Je veux vous parler tout de suite d'un genre très-intéressant qui se rattache trop aux Psychides pour l'en séparer; celui des *Solenobia* dont les chenilles fabriquent des fourreaux comme les *Psychides* & vivent de lichens. La chrysalide sort du fourreau avant l'éclosion du papillon, fait déjà assez singulier; mais ceci n'est rien en comparaison de ce qui se passe pour certaines femelles élevées en cage, & privées de mâles.

« Vous savez qu'il n'est pas nécessaire pour les Bombyx, les Liparides & les Chélonides & beaucoup d'autres Lépidoptères, qu'il y ait eu accouplement pour que la femelle se débarrasse de ses œufs; mais ces œufs sont toujours *clairs*, c'est-à-dire qu'il n'en sort jamais de chenilles. Les Solénobites femelles qui sont aptères, se débarrassent également de leurs œufs, mais ce que rapporte M. J. Stainton, un spécialiste distingué en fait de Tinéites, est vraiment merveilleux. Il dit que les œufs éclosent, que les petites chenilles vivent, se chrysalident & donnent des papillons; mais tous ces papillons sont aptères & femelles.

« La chose paraît merveilleuse, mais en entomologie il se présente tant de faits qui stupéfient! Le cas de ces *Solenobia* femelles serait analogue à celui des femelles de pucerons chez lesquelles la fécondation se transmet jusqu'à neuf générations.

« Mais revenons aux tribus constituant véritablement la famille des Bombycites.

« Je vous ai déjà parlé des chenilles des Dicranurides fort curieuses par les deux tubes cornés dont elles sont munies à l'extrémité de leur corps. Elles en font sortir à volonté deux petites lanières rouges répandant une odeur vineuse & leur servant à éloigner leurs ennemis. Ces queues remplacent les pattes anales qui font défaut, mais à mon avis ce sont les pattes anales elles-mêmes, car chez l'*Uropus Ulmi*, qui possède aussi des queues, elles sont terminées par une couronne de petits crochets comme celles des pattes membraneuses. Dans certaines circonstances, elle se cramponne avec ces organes préhensiles. C'est ce qui me fait dire que ces prolongements charnus ne sont que les pattes anales, qui ont pris une extension anomale & sont devenues chez les *Dicranura* des armes défensives.

« Au repos, ces chenilles relèvent leur croupion d'un air menaçant en rentrant la tête sous le premier anneau comme sous un capuchon. Elles fabriquent des coques très-dures, composées des rognures d'écorce qu'elles ont rongées & qu'elles cimentent avec de la gomme qui, chez elles, remplace la soie.

« Mentionnons *Harpya Fagi*, dont la chenille diffère essentiellement des autres espèces en ce qu'elle a les deux premières pattes écailleuses atrophiées & les quatre autres très-longues & articulées comme celles des araignées. A première vue, elle ressemble à une Mante prêcheresse.

« Les Notodontides, tribu riche en genres & en espèces, sont toutes habitantes des bois & des forêts. Les pays froids en sont même plus amplement fournis que les contrées tempérées. Toutes leurs chenilles sont glabres, et quelques-unes, comme celles du genre *Notodonta*, ont le dos surmonté d'une bosse charnue & l'extrémité du corps relevée en pyramide. Le plus grand nombre se chrysalident en terre. Les genres *Ptilodontis, Lophoptherix* & *Ptilophora* portent sur le corselet une huppe de poils. Toutes les espèces offrent une dent ou une crête velue au milieu du bord interne de l'aile supérieure. L'une des plus remarquables est la *Ptilophora Plumigera* ornée de véritables plumes pour antennes chez le mâle & aux ailes d'un fauve vif à demi transparentes & garnies d'une longue frange. Les *Peridea Argentina* & *Bicolora* ont aussi des toilettes fort coquettes. Parmi les genres exotiques, certains participent des Chélonides, d'autres passent aux Zeuzères, mais le lien avec les Noctuélites est encore plus sensible chez les *Pygérides* de l'Amérique du Nord. Nous n'avons pour représentant de cette tribu que la *Pygeera Bucephala* du Nord & la *Bucephaloïdes* dans le midi de la France. Leurs chenilles sont longues, molles, demi-velues & rayées en long, avec la tête grosse. Elles vivent réunies par groupe dans le jeune âge & se chrysalident en terre sans former de coques. L'insecte parfait, quand il a replié autour de son corps ses ailes de tons gris clair, ornées d'une grande lunule fauve à la pointe, ressemble assez à un bout de branche sèche coupée. Les *Clostera* affectent la même pose, & rappellent les feuilles mortes roulées.

« Nous voici arrivés dans une tribu des plus intéressantes par les mœurs de leurs chenilles. Ce sont les ZEUZÉRIDES, comprenant les *Cossus, Crino, Endagria, Hépiales.* Les *Nonagrides,* classées parmi les *Noctuélites,* ont de si grands rapports avec les Zeuzères que je devrais les placer à leur suite; mais laissons ce point de jonction entre deux familles afin de les relier tout à l'heure quand nous passerons en revue les *Noctuélites.*

« Les *Cossus* sont de terribles mangeurs d'arbres. Ils rongent & perforent si bien l'intérieur des tiges des saules en creusant leurs galeries qu'au moindre coup de vent l'arbre, n'étant plus maintenu que par son écorce, casse & tombe en faisant sauter quelquefois en l'air par le contre-coup de sa chute les parasites qui lui ont rongé le cœur. Mais les larves de Cossus, longues de quinze centimètres, armées de fortes mâchoires & munies d'une plaque cornée sur la nuque, absolument comme un colletin de fer, ne se rebutent pas pour si peu : elles regagnent au plus vite un autre arbre pour s'y métamorphoser dans des coques faites de sciure de bois. Leurs chrysalides sont armées d'un double rang d'épines, dans le genre de celles des Sésies, afin de pouvoir grimper, comme je vous l'ai fait remarquer, jusqu'à l'orifice qui doit donner passage au papillon. Du reste, si vous êtes curieux de connaître à fond l'anatomie, les mœurs & coutumes du *Cossus Ligniperda* (gâte-bois) vous trouverez toute sa monographie dans le beau & patient ouvrage de Lyonet.

« L'abdomen des femelles est armé d'une sorte de tarière pour incruster leurs œufs dans les écorces. Ce caractère est propre à tous les papillons dont les chenilles sont endophytes.

« Les *Crinos* exotiques, dont je ne connais pas les mœurs à l'état de chenille, me font l'effet d'être des intermédiaires entre les Zeuzérides & les Bombycites. Comparez le *Mégasoma Repandum* du midi de l'Espagne & le *Crino Beskei* du Brésil pour vous en assurer. Les *Cryptophasa* de l'Australie vivent également dans l'intérieur des arbres où elles creusent des galeries, mais c'est seulement dans le but de s'y retirer durant le jour. Elles en sortent le soir pour aller dévorer le feuillage des arbres.

« Les *Zeuzères* vivent comme les *Cossus;* on n'en connaît que deux espèces en Europe: la première, *Æsculi* (du marronniér), la plus répandue & la plus jolie, — de là son ancien nom de coquette, — vit dans l'intérieur des branches du frêne & du pommier; la seconde, *Arundinis* (du roseau), que l'on trouve dans les marais du nord de l'Allemagne, est remarquable par la longueur démesurée de l'abdomen, surtout chez la femelle.

« Vous connaissez le genre *Hépialus,* au moins de réputation par l'hépiale du houblon (*Humuli*) qui ronge les racines de cette plante & cause de si grands ravages dans les houblonnières. Elle s'attaque aussi à la bryone, mais c'est là un petit dommage. Du reste toutes les larves de ce genre vivent de racines.

« Le vol des *Hépiales* est assez singulier. Leurs ailes inférieures sont aussi longues & aussi larges que les supérieures. Un peu après le coucher du soleil, ces papillons s'élèvent verticalement à un pied de terre & volent en ligne droite avec rapidité. Après avoir parcouru un espace de cinq à six mètres, ils se posent ou plutôt se laissent tomber dans les herbes. Beaucoup d'entre eux ne prennent pas la peine de dégager entièrement leur abdomen de leur chrysalide & volent en emportant ce singulier ornement. Quelques-uns sont fort joliment vêtus : *Velleda* & *Carnus,* qui ressemblent à des agates blondes et roses.

« Nous terminerons la tribu des mangeurs de racines & de moelle par ces petits *Euplocamus* aux antennes plumeuses & à la trompe nulle, à la chenille rase, livide, avec un écusson corné sur la nuque & vivant, à la manière des Cossus, dans le bois pourri ou les agarics. Classé parmi les teignes, ce genre a de si grands rapports avec les Zeuzères à l'état de larve, & les Bombyx à l'état de papillon, que je n'hésite pas à le placer ici, si vous le permettez.

— Je le permets, dit Pigeot en riant. C'est d'ailleurs un assez joli insecte, qu'il soit *Tineo-Cossus* ou *Cosso-Bombyx.*

— Très-bien! s'écria M. Desparelles, je vois avec plaisir que vous avez profité de mon bavardage. Mais en voilà assez pour aujourd'hui, car je ne veux pas vous donner une indigestion de *Cossus.* Allons dîner! »

Lasiocampa Quercifolia.

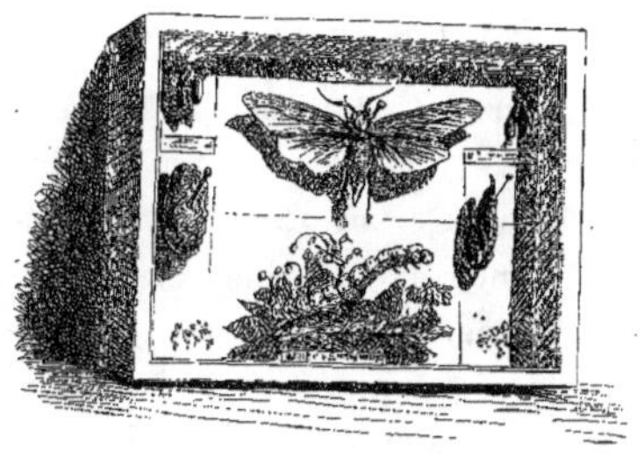

X.

NOCTUÉLITES.

Le lendemain, après déjeuner, nous suivîmes M. Desparelles dans la salle des collections. Nous étions déjà installés, le cigare à la bouche, prêts à écouter encore & toujours les leçons de notre complaisant professeur, avec les exemples sous les yeux, quand Æthiops entra subitement une lettre à la main :

« *Pressée,* » dit-il, & l'ayant remise à son maître, il se tint à distance respectueuse.

Nous laissâmes M. Desparelles à sa lecture, & nous nous mîmes à regarder le long de la muraille de petits cadres où quelques papillons précieux étaient piqués ; mais chaque cadre ne contenait qu'une espèce dans toutes les phases de son existence. L'œuf, la chenille soufflée ou empaillée à plusieurs âges, la coque, la chrysalide, le papillon, tout y était, jusqu'aux *laissées* de la chenille & jusqu'aux ennemis particuliers de l'espèce collectionnée.

M. Desparelles nous rappela.

« Voyez, dit-il en riant & en nous montrant la lettre ouverte, c'est un envoi d'œufs de la *Plusia Mia,* qui sont éclos en route. Bonne espèce qui sera intéressante à élever. Les petites chenilles paraissent avoir bonne envie de vivre. Gare! gare! les voilà qui se sauvent en arpentant le terrain. »

Æthiops était accouru & criait, je ne sais pourquoi : « Jôli! jôli! » car il n'y avait rien de merveilleux dans ces petits êtres fins comme des cheveux qui s'échappaient du papier. M. Desparelles l'envoya chercher des orties, des graminées, & oubliant son cours & ses élèves, il passa dans la ménagerie où nous le suivîmes, nettoya une case, y mit de la terre de bruyère mélangée de sable, fixa le long des parois de la boîte des fragments de grosse éponge bien desséchée qui ressemblaient à des pierres poreuses, mit en pot les plantes qu'Æthiops venait d'apporter, & après avoir déposé sur un lit de mousse la lettre & les petites chenilles sans les toucher, il écrivit à la pointe sur une ardoise accrochée à la boîte : » *Plusia Mia,* Alp. du Piémont. Envoi Depuiset, éclos, 5 juin 1865, » & nous remena au *columbarium* des papillons.

« Je vous demande pardon, dit-il, mais ce petit monde avait faim & ne devait pas attendre. Permettez que j'inscrive cet envoi & ces naissances sur mon livre de notes. Cette magnifique espèce, aux ailes tachées d'argent, n'est plus rare maintenant dans les collections, mais le premier individu qui fut attrapé au vol & en mauvais état par le chasseur Anderregg, fut vendu par lui cinquante francs. Il faut rendre justice à sa délicatesse; car ayant plus tard élevé sa chenille & obtenu des papillons, il remplaça celui qu'il avait vendu par un des plus beaux sujets.

— Cinquante francs, ça! dit Pigeot en regardant la Noctuelle que M. Desparelles lui montrait dans un cadre. Je n'aurais jamais cru que les papillons d'Europe valussent si cher.

— Mais ce sont les plus chers, parce qu'il y a plus d'amateurs que pour les exotiques, & c'est au moyen de cette branche de commerce que j'ai pu me procurer beaucoup de ces papillons magnifiques habitants de terres lointaines & ne coûtant pas à proportion aussi cher que certaines petites espèces fort peu jolies dont je fais provision, quand je peux, afin de les échanger.

— Et vous en renvoie-t-on autant que vous en expédiez?

— Plus ou moins, c'est selon. Les lépidoptères valent de cinq sous à cinq cents francs.

— Diantre ! s'écria Pigeot, vous devez faire de bonnes journées si vous en attrapez seulement une douzaine par jour à ce dernier prix.

— La rareté fait la cherté. Mais reprenons notre revue entomologique.

« Nous sommes arrivés à cette nombreuse famille des Noctuélites, du latin *Noctua*. Nous traduisons ce mot par *Noctuelle* ; les Anglais l'appellent *Moth* & les Allemands *Eule*. Tous ces mots ne désignent pas autre chose que le hibou (*noctua*). Le rapprochement entre l'oiseau & l'insecte est assez juste. Les mœurs nocturnes, les couleurs sombres, la fourrure épaisse, les gros yeux brillant dans l'obscurité, sont des rapports qui ont frappé tous les naturalistes. Les chenilles des Noctuélites affectent les formes les plus variées & ont les mœurs les plus différentes. Les unes sont molles & décolorées, ressemblent à des vers & passent leur vie cachées dans les tiges ou dans les racines qu'elles dévorent. Les autres se nourrissent de lichens ou vivent dans les capsules des fruits de certaines plantes dont les graines leur servent de nourriture, comme les *Dianthæcia*. Tantôt elles rappellent par leurs formes les chenilles des Sphinx. Il en est de velues, de rases, de lisses, de granulées, de cornues. Certaines marchent à la manière des Arpenteuses (les *Catocalides*). D'autres ne marchent pour ainsi dire pas du tout. Quelques-unes se filent des coques, mais la plupart se chrysalident en terre dans des cavités en forme d'œuf & n'emploient qu'une matière gommeuse pour retenir la terre autour d'elles.

« Elles s'y changent ordinairement en chrysalide au bout de quatre à cinq jours, & cependant j'en ai trouvé, en cassant ces petits ouvrages de maçonnerie qui dataient de six & huit mois, de parfaitement vivantes restées à réfléchir roulées sur elles-mêmes. Je crus d'abord que c'était une manière de passer l'hiver, & je leur offris de la nourriture, mais aucune n'y voulut toucher. Quelques jours après chacune était rentrée en terre & s'y reconstruisait une coque d'où, un mois après, comme pour dérouter toute théorie, elle sortait insecte parfait.

« Les Noctuelles sont répandues sur tous les points du globe & les pays froids en fournissent tout autant d'espèces que les régions tropicales. On en connaît près de deux mille espèces ; mais l'Europe n'en possède pas plus de sept cents.

« Leurs papillons sont généralement peu brillants ; cependant quelques espèces, comme *Batis, Aurago, Opalina, Myrtilli,* portent des habits de fête comme celles qui vivent au soleil.

« La grande famille des Noctuélites se relie d'un côté aux Dicranoures par les *Hémicères* exotiques & aux Liparides par les *Bombycoïdes;* d'un autre côté aux Phalènes par les *Ophiusa,* dont les chenilles sont demi-arpenteuses. D'autre part, le rapport est encore plus grand avec certaines Pyralites par les *Palindides* & avec les Platyomides ou *Tordeuses* par les *Cosmides.*

— Mais alors, si elles ressemblent tant à tous les autres, pourquoi en avoir fait une famille à part ?

— Les Noctuelles n'ont ni les antennes terminées en crochet comme les Diurnes & les Phalènes ni l'abdomen garni de bourre soyeuse comme les femelles des Bombyx. Leur corps est robuste, velu, & le thorax est souvent orné d'une crête de poils. Elles ont les ailes larges, bien garnies d'écailles & ne se relevant pas à l'état de repos. L'aile inférieure est toujours cachée sous la supérieure & ne partage jamais ni la couleur ni le dessin de celle-ci. Munies d'une trompe bien visible, forte & roulée en spirale, les Noctuelles sont plus perfectionnées que les Bombyx & Psychés. La plupart ne vivent que la nuit. C'est au coucher du soleil qu'elles sortent de leurs retraites, décroisent lentement leurs ailes, les relèvent horizontalement en leur imprimant un petit tremblement, puis s'élancent brusquement pour aller prendre leur repas sur quelque fleur. Elles s'y posent un instant, plongent leur trompe dans le calice, & reprenant leur vol saccadé, vont s'abattre sur une autre plante ; mais à mesure que la nuit vient, elles se calment, leurs pattes seules leur servent alors de moyen de locomotion. Ce sont les papillons les plus gourmands que je connaisse. Vous en avez eu la preuve par la miellée d'avant-hier soir, & tout ce qui est sucré les allèche.

— Elles sont donc comme les ours, qui, à ce qu'on prétend, adorent le miel?

— Le fait est certain. Si Æthiops était ici, vous le verriez mourir de rire au souvenir d'une certaine chasse que je veux vous raconter. J'avais été m'installer avec lui dans un chalet de la Valteline pour chasser les papillons pendant la belle saison, & tous les soirs je faisais une ample récolte de Noctuelles au moyen de la miellée.

« Æthiops me fit observer, un jour, que le grand vase qui contenait ce friand appât diminuait plus que de raison. Un soir même il trouva le pot vide & renversé. Pensant que c'était une espièglerie de quelque gamin des environs, nous mîmes le pot au miel sous clef dans un hangar fermé; mais, quelques jours après, le fond de planches du hangar était enlevé & le contenu du pot avait disparu.

« Æthiops, indigné, résolut d'attraper le voleur. Il disposa au trou fait dans les planches un système de bascule qui permettait d'entrer, mais non de sortir, mit un nouvel appât & se tint en embuscade, un fouet à la main, pour fustiger d'importance le petit voleur. Je l'avais suivi à distance afin d'empêcher la correction d'être trop sévère, & j'attendais, assis dans le verger, l'issue de l'aventure, lorsqu'au bout d'un quart d'heure j'entendis un cri formidable poussé par Æthiops. Craignant qu'il n'eût affaire à quelque voleur sérieux, je courus vers lui. La nuit était sombre & je crus distinguer à côté de moi un gros homme qui marchait lentement & venait de mon côté. « Ah! brigand! m'écriai-je en lui courant sus; arrête ou je te brûle la cervelle. » Mais mon voleur de miel se mit à quatre pattes, & poussant un étrange grognement, rebroussa chemin. Æthiops était accouru. « Ours! ours! me disait-il à voix basse; un jeune pris dans hangar, eux boire miellée, maman & son petit. »

« Je voulais aller avertir deux de nos voisins, robustes montagnards, afin de donner la chasse à nos ours; mais Æthiops s'y opposa formellement. Il se fâcha même, disant qu'il ne voulait pas partager le profit. Il tenait à prendre la vieille ourse comme il avait l'ourson. Il avait une telle confiance en lui-même que je le laissai faire. Nous entrâmes dou-

cement dans le hangar, une lanterne sourde à la main, & nous aper-
çûmes l'ourson, gros comme un caniche, blotti dans un coin, la tête
fourrée sous des paillassons. « Toi peur! toi lâche! moi plus fort que
toi! » lui disait le nègre qui s'était jeté sur lui & lui avait lié les pattes.
Après l'avoir attaché à un pieu afin que l'ourse ne l'emportât pas en
revenant, il releva la trappe & nous rentrâmes au logis afin de laisser à
la mère le temps de venir chercher sa progéniture captive. Æthiops, ne
pouvant rester à attendre patiemment, alla se mettre à l'affût. Vers onze
heures, il vint m'appeler. La trappe était retombée & l'animal était
pris. Æthiops éclatait de rire, il se tordait, il criait : « Ourse, bête
comme pot au miel, gourmande comme Noctuelle ; faut la piquer dans la
collection. » J'interrompis cette hilarité triomphante en observant à
mon preneur d'ours qu'à en juger par le bruit qui se faisait dans l'intérieur l'animal aurait bientôt brisé quelque planche & pris la fuite.

Æthiops redevint sérieux. « Si faisait jour, moi tuer elle par un trou
avec fusil ; mais fait nuit & pas fusil. Moi tuer tout de même, faire
comme pour tigre. Vous pas peur? — Non. — En ce cas nous bien
rire. »

« Je le vis alors fabriquer un lasso & passer dans la ceinture de son
pantalon un maillet de fer. Il me chargea de tenir la lanterne au-dessus
de sa tête, derrière lui, & d'ouvrir la porte. J'eus beau vouloir l'empêcher de risquer sa vie : « Nous perdre du temps ; ouvrez! » me dit-il avec
énergie. J'obéis en observant ses recommandations. L'ourse se leva tout

debout en voyant la lumière; mais au même instant Æthiops, avec l'adresse d'un sauvage, lui entourait de son lasso la tête & les pattes, &, poussant dans je ne sais quel langage un strident cri de guerre, il partit comme une flèche en entraînant la bête renversée qui cherchait à se relever & poussait des grognements étouffés par la strangulation. Cette course furieuse dura bien dix minutes à travers le jardin. Je vis Æthiops frapper deux fois de son marteau l'animal furieux; un troisième coup résonna comme s'il eût frappé sur une pierre. L'ourse avait les os du crâne brisés & gisait sans vie aux pieds du nègre qui respirait comme un soufflet de forge. Il était sans voix, harassé de fatigue & couvert de sang. La bête furieuse lui avait, dans un suprême effort de défense, labouré la poitrine avec ses griffes; mais il avait dans la physionomie la beauté farouche d'un guerrier indien qui vient de terrasser son ennemi.

— Et qu'avez-vous fait de cette ourse? demanda Pigeot.

— Ma foi! nous l'avons mangée. Æthiops en a fait tanner la peau & me l'a donnée. Voilà tout le profit qu'il a tiré de sa courageuse action.

— Et l'ourson?

— Nous l'avons élevé & apprivoisé comme un chien. Il doit être à la cuisine, & je m'étonne que vous ne l'ayez pas vu; mais il est d'âge raisonnable à présent.

— La mère assommée, le fils captif! dit Pigeot d'un ton comiquement lamentable. Voilà donc où la passion du miel peut conduire! Et cet exemple ne corrigera pas les papillons?

— Les Noctuelles, reprit l'entomologiste, sont incorrigibles dans leur friandise. Elles recherchent les fruits entamés par les oiseaux, les arbres qui suintent, les branches chargées de pucerons dont le corps distille une liqueur fort recherchée des fourmis. A l'automne, les fruits de la ronce réunis en paquets & pendus aux arbres sont de très-bons appâts. Le lendemain vous trouvez de rares & belles espèces, lesquelles, ivres du banquet de la nuit, dorment au beau milieu du festin. Au commencement de l'hiver, en frappant d'un coup sec le tronc des arbres, on peut s'en procurer aussi quelques espèces assez jolies, entre autres les *Xanthia Xerampelina, Cerago,* etc., qui, au moindre choc, replient leurs pattes, se laissent tomber & font les mortes, comme si elles espéraient, grâce à leur couleur de feuilles d'automne & à l'absence de tout mouvement, échapper à l'œil exercé du chasseur. »

Après une pause : « Commençons par la tribu des Noctuo-Bomby-cides, dit M. Desparelles en nous faisant passer sous les yeux ses cadres où chaque espèce était rangée par quatre ou six individus, mâle & femelle.

« Cette tribu se rapproche par ses premiers états des *Notodontides* & des *Pygérides*, au point que dans certaines espèces de l'Amérique du nord on ne sait trop où établir la séparation. Les chenilles sont toutes glabres, souvent luisantes, & vivent sur les arbres. Quelques espèces réunissent les feuilles en paquets & s'y construisent des retraites qu'elles ne quittent que pour aller se chrysalider en terre. Les papillons ont le thorax laineux, les ailes très-veloutées, les pattes courtes comme celle des Bombyx & les antennes prismatiques. Ils volent peu et restent accrochés contre le tronc des arbres qui ont nourri leurs larves.

« Les Bryophilides vivent de lichens & ne mangent que la nuit. Ce sont de petits papillons à corps grêle, aux ailes variées de brun, de blan-châtre & de vert, imitant les lichens sur lesquels leurs chenilles ont vécu & sur lesquels ils restent appliqués durant le jour.

« Les Bombycoïdes, dont le nom indique assez la parenté avec les Bombyx, ont pourtant beaucoup plus de rapport par leurs premiers états avec les Liparides. Quelques espèces sont remarquables par la beauté de leurs chenilles : l'*Acronycta Alni* en velours noir avec des poils ressem-blant à des antennes de papillon diurne, implantés sur tout le corps; *Acéris*, vêtue d'une fourrure d'or avec des pinceaux orangés & roses qui se ter-minent en pointes fines & semblent retenus sur son dos par une rangée de boutons de nacre blanche; *Diphtera Orion*, jaune paille avec un manteau noir orné de lunules, de boutons & d'aigrettes fauves; *Ludifica* en lilas rayé d'or & bordée de blanc.

« Les Leucanides, tribu qu'il faut diviser en deux sections : la première ou *Leucanides* proprement dites vivent à l'état de chenilles sur les graminées. Elles sont de couleur pâle & finement rayées, & se chrysalident en terre. La seconde section comprend les Nonagrides, qui ont une tout autre organisation puisqu'elles vivent & se chrysalident dans l'intérieur des tiges des cypéracées, des typhacées & des graminées au bord des eaux. Je vous ai déjà dit que, par leur mode d'existence & leur conformation, elles devraient être classées immédiatement après les Zeuzères; mais les maîtres de la science ont pris en plus grande considération le port des ailes & les caractères du papillon que ceux de la larve, & les ont maintenues dans la tribu des Leucanides. Laissons-les là jusqu'au jour où des espèces exotiques intermédiaires viendront me donner raison. Elles habitent les contrées humides de l'Europe & de l'Amérique, & voltigent au crépuscule autour des mares & des étangs où abondent les roseaux.

« Les Glottulides, presque toutes exotiques, sont encore assez peu connues. Elles se rapprochent des Bombyx par leur trompe courte & leur corselet velu. Tout ce qu'on sait de leurs chenilles, c'est qu'elles vivent dans les oignons des plantes bulbeuses.

« Dans les Apamides, répandues sur tout le globe, le genre *Gortyna* se rapproche des Nonagrides par la manière de vivre de ses chenilles qui se nourrissent de la moelle des plantes. Mais autant les couleurs des papillons des Nonagrides sont ternes ou sombres, autant celles des Gortynides sont brillantes & chaudes de ton. Voyez plutôt *Flavago*, d'un jaune d'or avec deux larges bandes brun pourpré & ses nervures d'un roux vif sur les ailes supérieures, & les inférieures jaunes bordées de noir.

« Les chenilles de la tribu suivante, les Caradrinides, sont courtes, roides, paresseuses & croissent lentement. Leurs papillons sont peu brillants, généralement de petite taille & de couleur grise ou jaunâtre. Elles sont presque toutes europénnes & n'ont rien de bien attrayant ni comme papillons ni comme mœurs à observer.

« Les Noctuides sont plus brillantes & leurs ailes inférieures, souvent jaunes ou orangées bordées d'une large bande de velours noir, tranchent vivement avec les supérieures gris perle ou fauves, comme chez les *Triphæna Pronuba, Fimbria, Interjecta, Janthina*. Mais si elles sont belles

elles sont, à l'état de larves, fort malfaisantes dans nos potagers. Celles du genre *Agrotis* ne sont pas moins nuisibles; elles s'enterrent durant le jour, au pied des plantes ou dans les racines dont elles font souvent leur principale nourriture, & ne sortent que la tête, pour dévorer sournoisement, du fond de leur trou, les feuilles par le pied; mais ce qui atténue un peu leurs dégâts, c'est qu'elles ne s'attaquent qu'aux plantes basses et aux graminées inutiles.

« A l'état parfait, elles tiennent leurs ailes très-repliées au repos, ce qui leur donne une forme allongée. Elles volent rapidement le soir & souvent en plein jour. Les *Agrotis Exclamationis* & *Segetum* sont si communes, qu'à la miellée j'en trouve quinze ou vingt pour une de toute autre espèce. Au moment des éclosions, elles envahissent nos maisons, & vous en trouverez en tout temps qui dorment cachées dans les recoins obscurs, derrière les meubles ou dans les interstices des fenêtres.

« Les Orthosides sont peut-être encore plus répandues; mais elles ne sont pas aussi nuisibles, excepté la *Trachea Piniperda* qui vit par groupes sur le pin sylvestre. Les *Xanthia,* aux ailes supérieures d'un beau jaune safran ou citron, avec des dessins ferrugineux, & aux inférieures d'un blanc de lait, renferment des espèces, *Citrago, Sulphurago, Cerago, Aurago, Silago,* vivant à l'état de larves, d'abord dans les chatons des arbres, puis, quand la floraison est passée, descendant à terre se nourrir de plantes basses. »

Je me hasardai à dire qu'il y avait là de quoi perdre la tête, tant ces papillons me paraissaient semblables. Je ne comprenais pas qu'on en eût pu faire tant de genres & tant d'espèces.

« Quand vous y aurez mis le nez, me répondit-il, vous y prendrez goût, & même vous voudrez faire de certains individus de la même espèce comme l'*Orthosia Pistacina* ou la *Xanthia Gilvago,* des espèces différentes. Tout le contraire se présente dans les *Cerastis,* où il faut une grande attention pour distinguer *Vaccinii* de *Spadicea.*

« Les Cosmides, tribu nouvellement créée par M. Guénée, aux dépens des Orthosides & des Noctuo-Bombycides, tribu encore peu nombreuse, mais très-naturelle. Leurs chenilles vivent renfermées dans les feuilles qu'elles lient ensemble à la manière des tordeuses. L'*Euperia Fulvago* & la *Cosmia Affinis* sont les types de la tribu.

« Les Hadénides, nombreuses en genres & en espèces, comprennent les *Dianthœcia*, dont les larves vivent dans les capsules des caryophyllées & mangent les graines. Le meilleur moyen de les chasser, c'est d'emporter chez soi des bouquets de *dianthus, lychnis, silene, saponaria,* plantes qu'elles affectionnent & de les garder jusqu'à ce que les œufs ou les jeunes larves que recèlent les fleurs & les boutons éclosent ou se développent. L'insecte parfait est orné de couleurs vivement tranchées & de dessins délicats. Les femelles sont munies d'un long oviducte pour introduire leurs œufs dans les ovaires des plantes. Les plus remarquables sont les *Dianthœcia Comta, Albimacula, Conspersa, Carpophaga, Capsincola ;* dans le genre *Phlogophora : Empyrea* & *Iodea.* Parmi les *Aplecta,* genre des pays froids, dont les chenilles vivent sur les arbres, l'*Herbida* & sa variété *Jaspidea, Splendens* & tant d'autres.

« La tribu des *Xylinides* a plus d'un rapport avec les Sphingides, d'abord par la forme de leurs chrysalides qui ont la gaîne de la trompe très-saillante, & se prolongeant comme une épine le long de l'abdomen ; ensuite par la forme élancée des ailes, surtout dans les *Cucullies.* Les espèces de ce genre demandent beaucoup de soin & de minutie pour être définies entre elles. Regardez *Umbratica, Chamomillœ, Lactucœ :* ne vous paraissent-elles pas semblables avec leurs robes grises ? c'est un point, une légère ligne, un trait imperceptible aux yeux du vulgaire, qui dévoilent la race de chacune ; car, à l'état de chenille, elles sont bien différentes.

« Plusieurs espèces, à fond ou à taches métalliques, méritent une mention particulière pour la richesse & l'éclat de leurs toilettes : *Cucullia Artemisiœ,* couverte de larges plaques d'argent sur une robe gris verdâtre ; *Argentina,* jaune d'ocre avec une bande d'argent ; *Splendida,* dont les ailes sont deux lames de métal bleuâtre : toutes trois de la Russie méridionale. Le genre *Cleophana,* dont les papillons sont armés sur le front d'une espèce de petite corne (*Dejeanii, Yvanii, Penicillata*), est encore à prendre en considération.

« Les Héliothides sont presque toutes faciles à reconnaître à leurs ailes largement tachées de noir sur un fond clair. Leurs jambes sont munies d'ergots comme chez les *Agrotis*. Beaucoup d'entre elles volent en plein jour.

« La *Chariclea Delphinii* est une des plus belles, avec ses ailes supérieures roses, marbrées de lilas, & les inférieures d'un blanc pur, veinées & bordées de noir. Sa chenille, qui se trouve sur le pied-d'alouette, n'est pas moins riche de tons. Elle est bleue ou rose & rayée de jaune citron, de blanc, de noir, avec des points noirs. La *Chariclea Laudeti* est d'un blanc de lait, avec des bandes dentelées roses & grises; *Anarta Mvrtilli*, d'un rouge carmin, avec les ailes jaune d'or, bordées de noir; sa chenille, d'un beau vert velouté, vit sur la bruyère.

« Les Hémérosides & les Acontides sont toutes de petite taille & la plus commune d'entre elles est certes l'*Agrophila Sulphurea*, aux ailes citron rayées de noir. On la trouve par milliers volant au soleil, dans tous les champs où croissent les *convolvulus arvensis* & *sepium*, nourriture de sa chenille.

« Les Érastrides & les Anthophilides sont encore plus petits que les précédents. Leurs chenilles sont à demi arpenteuses. Elles habitent toutes les contrées du globe & beaucoup d'entre elles ont été confondues avec les Géomètres ou les Tordeuses. Quelques-unes sont remarquables par leurs parures : *Margarita, Purpurina, Argentula,* véritables pierres précieuses.

« Nous allons entrer dans une série de Noctuélites dont les chenilles sont toutes demi-arpenteuses & dont les insectes parfaits offrent de grandes différences avec les tribus que nous venons de voir; d'abord :

« Les Phalénoïdes, qui sont de plus grande taille & rappellent, par leurs mœurs, celles des Phalènes. Leur vol est vif & saccadé, & le soleil leur est indispensable pour s'ébattre dans les bois à la fin de l'hiver autour des bouleaux dépourvus de feuilles. Dès que le soleil se cache, elles rentrent dans leur torpeur. Leurs chenilles vivent sur les arbres d'où, au moindre ébranlement, elles se laissent tomber en se suspendant par un fil, comme le font les Géomètres. Leur conformation, à l'état parfait, semble avortée, par le manque d'éperons aux pattes, leur trompe très-courte & les palpes existant à peine. Les antennes & les ailes sont pourtant bien développées.

« Cette tribu, toute européenne jusqu'à présent, ne comprend qu'un genre : *Brephos,* & trois espèces : *Parthenias, Nola & Puella.*

« Les Palindides & les Dyopsides ne renferment que des espèces exotiques qui pourraient être prises pour des Phalènes ou des Pyrales si les caractères qui constituent la noctuelle ne prévalaient. La *Palindia Dominicata* du Brésil est remarquable par les deux petites queues qui terminent ses ailes inférieures.

« Les Ériopides sont représentées en Europe par l'*Eriopus Pteridis.* Ce sont d'élégantes noctuelles aux ailes échancrées, aux pattes velues & au corselet orné d'une double crête.

« Les Eurhipides, presque toutes exotiques, rappellent beaucoup les précédents types européens : l'*Eurhipia Adulatrix.*

« Parmi les Placodes, je vous recommande *Amethystina,* aux ailes rose & brun mordoré.

« Passons aux Plusides : *Aurifera, Chrysites, Orichalcea, Emula, Concha* & tant d'autres, ornées de belles paillettes d'or vert sur des habits de velours violet, *Mya,* aux taches d'argent, dont vous venez de voir arriver les chenilles par la poste. Cette riche tribu est répandue sur tous les points du globe ; mais nous sommes loin de connaître tout ce qui existe. Leurs chenilles, dépourvues de trois paires de pattes ventrales, sont donc arpenteuses ; elles sont généralement verdâtres & vivent en plein jour sur une infinité de plantes. Elles se renferment, pour se chrysalider, dans des coques de soie lâche sans aucun mélange de terre.

« Les Calpides ne sont représentées, chez nous, que par la *Calpe Thalictri,* aux ailes aiguës & dentées, grande & belle espèce des Pyrénées & des Carpathes.

« Les Hémicérides sont également exotiques & ressemblent aux précédentes, quant à la forme des papillons ; mais leurs chenilles n'ont aucun rapport avec elles, car celles des Hémicérides ressemblent à des Dicranurides par les bosses qui surmontent leur dos, leur croupe & l'espèce de manteau gris lilas qui descend en grosses gouttes blanches sur les sixième & neuvième anneaux, comme chez notre *Dicranura Erminea ;* mais chez elles les pattes anales ne sont point transformées en queue fourchue. A mon avis, cette tribu doit être retirée des noctuélites & servir de point de jonction avec les Dicranoures : voyez sur mon tableau synoptique la place que je lui assigne.

« Les Hybléides & les Gonoptérides manquent en Europe, une seule espèce exceptée : *Gonoptera Libatrix,* belle noctuelle aux ailes anguleuses & dentées, d'un ton ferrugineux, rehaussé de rouge & marquées d'un point blanc. Sa chenille effilée, d'un beau vert velouté un peu transparent, vit & se chrysalide dans les feuilles des saules réunies en paquets.

« Les chenilles des Amphipyrides sont vertes & portent sur leur croupe une éminence charnue, pyramidale : exemple, l'*Amphipyra Pyramidea,* si commune sur les chênes, les saules & les ormes. Leurs papillons ont les ailes allongées & généralement de la couleur des écorces sur lesquelles ils dorment durant le jour.

« La *Mania Maura,* aux ailes noires, nervées de gris, par son port & sa taille respectable, est le trait d'union de cette tribu avec celle des Catocalides.

« J'en dirai autant du *Sphinterops Spectrum,* de gris tout habillé, faisant partie de la tribu suivante : celle des Toxocampides.

« Les Polydesmides, papillons de taille moyenne, tous exotiques, ainsi que les Homoptérides & les Hypogrammides ; tribus dont les chenilles ressemblent beaucoup aux Catocalides.

« Dans la tribu des Catéphides, l'Europe ne possède que la *Catephia Alchymista,* aux ailes de velours noir, & les *Anophia Leucomelas* & *Ramburii.*

« Les Bolinides sont toutes américaines, excepté *Bolina Cailino.* Nous sommes complétement dépourvus d'espèces de la tribu des Hypocalides.

« Voici les Catocalides, tribu dans laquelle existe le plus d'affinité entre les espèces européennes & exotiques. Leurs chenilles sont bombécs en dessus, aplaties en dessous où chaque anneau est marqué d'un large point noir. Elles sont tellement pareilles de ton & de dessins aux écorces moussues, sur lesquelles elles se plaquent, qu'elles sont très-difficiles à voir ; — ce qui, par parenthèse, leur a fait donner le nom de Lichénées. — Elles s'y cramponnent si bien, que l'on risque souvent, en voulant les prendre, de leur arracher les pattes.

— Il faut donc les laisser ? demanda Pigeot.

— Non, mais couper la branche, enlever l'écorce ou mieux encore leur présenter un point de support & leur chatouiller les flancs, afin de les forcer à prendre le chemin de la·ménagerie. Elles se transforment dans des réseaux de soie filés entre les feuilles ou dans les mousses, & leurs chrysalides sont couvertes d'une épaisse poussière bleuâtre ou rosée. Dans l'insecte parfait, les ailes supérieures sont invariablement d'un gris nuancé de blanc & de noirâtre ; les ailes inférieures, de tons vifs, très-variés, sont toujours festonnées, frangées de blanc & ornées d'une large bande noire. Voyez la splendide & moelleuse *Fraxini,* qui habite l'Europe & l'Amérique du Nord, c'est le bleu qu'elle a choisi pour couleur; *Optata,* avec ses ailes roses ; *Pellex,* aux ailes saumon ; *Promissa* s'est vêtue de rouge ; *Nupta,* de vermillon ; *Epione,* des États-Unis, de velours noir ; *Paranympha,* de jaune ; l'Espagnole *Languida,* de fauve.

« La tribu des Ophidérides est encore plus belle. Ici la taille, la fraîcheur des couleurs, l'élégance, tout est réuni. Malheureusement, l'Europe est la seule partie du monde qui en soit déshéritée. Les deux sexes sont très-différents par le dessin & la couleur des ailes, bien que l'abdomen & les antennes soient semblables. Les ailes supérieures sont·échancrées au milieu·du bord externe, les inférieures sont, comme chez les Catocalides, de couleurs vives & tranchées, & bordées de noir. Dans le genre *Ophideres,* c'est le jaune ou l'orange qui domine; chez les *Miniodes,* le rose vif ; dans la *Potamophora Manlia* de l'Inde, c'est le bleu d'azur. Cette différence de coloration entre l'aile supérieure & l'inférieure cesse avec cette tribu.

« La taille gigantesque des Érébides, dont l'envergure dépasse celle de beaucoup d'oiseaux, suffit seule pour les reconnaître. Il n'y a guère d'envoi provenant de l'Amérique ou des Indes qui n'en contienne, & le moindre amateur en possède toujours quelqu'une dans ses cadres.

— Je reconnais celle-là, s'écria Pigeot, on l'appelle *Strix*.

— C'est, en effet, sous ce nom que Linnée l'a décrite, en la qualifiant de : « *Maxima omnium noctuarum notarum.* »

— Pardon, reprit Pigeot ; mais je ne sais pas le latin.

— C'est-à-dire « la plus grande des noctuelles connues, » répondit M. Desparelles en souriant. Ce nom de *Strix* est aussi bon que celui de *Thysania Agrippina,* sous lequel elle est cataloguée aujourd'hui. L'exemplaire que vous avez sous les yeux mesure 260 millimètres d'envergure & je doute qu'il y en ait de plus grands. La *Saturnia Atlas,* elle-même, n'atteint pas cette dimension. Je vous laisse à penser quelle chenille elle doit avoir.

— Si ces papillons-là viennent voltiger autour des lumières, ils doivent les éteindre d'un coup d'aile.

— C'est certain ; d'autant plus qu'ayant les mêmes habitudes que nos Catocalides, elles cherchent les endroits obscurs, pour s'y retirer durant le jour ; on les trouve appliquées contre les troncs d'arbre, les palissades & jusque dans les habitations. Leur vol est court & saccadé.

« Les Ommatophorides habitent l'Inde, l'Afrique & l'Océanie. Ce sont encore des noctuelles de belle taille, faciles à reconnaître par le grand œil placé au milieu de l'aile supérieure & par la bande généralement plus claire que le fond, qui se prolonge sur l'aile inférieure, comme dans les *Nyctipao, Crepuscularis & Leucotænia,* de Java.

« Les *Hypopyrides* sont de jolies noctuelles exotiques qui, ainsi que l'indique le nom donné à la tribu, sont reconnaissables par la couleur rouge, jaune-orange ou fauve du dessous de leurs ailes.

« La tribu des Bendides, toute exotique.

« Les Ophiusides, nombreuse tribu dont notre *Ophiusa Algira* est le type. Cette espèce méridionale n'est pas très-rare dans ce pays-ci. On prétend que sa chenille vit sur le grenadier ; mais dans notre Berry, trop froid pour qu'elle y puisse croître, elle s'accommode fort bien des genêts. Parmi les exotiques, la *Calesia Comosa* est très-bizarre par l'ornement qui existe au-dessus de la cellule de l'aile supérieure. C'est une masse de poils semblables à une mèche de cheveux gris, sortant d'une dépression de l'aile & se redressant en l'air; cette dépression est elle-même tapissée d'un paquet de bourre couleur de rouille. Les quatre ailes sont d'un ton cendré & sans aucun dessin. Les palpes, la tête, les premières pattes & le dessus de l'abdomen sont rouge écarlate.

« Les EUCLIDIDES sont toutes exotiques, excepté l'*Euclidia Mi*, qui a quelque rapport avec les Hespérides par son vêtement & ses mœurs. Ses congénères *Glyphica* & *Triquetra* aiment, comme elles, à butiner en plein soleil sur les graminées dans les endroits arides.

« Les POAPHILIDES, représentées chez nous par cette petite *Œnea*, en robe verte frangée de pourpre, partagent les habitudes des précédentes.

« Les REMIGIDES sont curieuses par les touffes de poils qui garnissent leurs pattes jusqu'au bout, comme les plumes recouvrent celles des pigeons pattus.

« La dernière tribu est celle des PSEUDO-DELTOÏDES, qui comprend les *Follicides,* [les *Amphigonides* & les *Thermésides,* toutes étrangères à l'Europe. Les genres & les espèces se dégradent insensiblement jusqu'à la famille des Deltoïdes.

« Les PSEUDO-DELTOÏDES sont des lépidoptères à antennes ciliées, à palpes proéminente, à corps mince & lisse, aux pattes longues, aux ailes larges, uniformes de tons, mais marquées en dessous de dessins distincts. Ces caractères se rapprochent beaucoup de ceux qui constituent la famille des Pyralites, que nous allons passer en revue, si vous le permettez.

— Je le permets d'autant plus, dit Pigeot, que toutes ces noctuelles ne me paraissent plus intéressantes depuis que j'ai vu les charmantes Catocala. Mais pourquoi de si petites espèces sont-elles placées à côté de ces Érèbes aux vastes ailes?

— La taille ne fait rien à la parenté. La constitution du nain est ici aussi parfaite que celle du géant. D'ailleurs n'entrons-nous pas dans la série de ce qu'on est convenu d'appeler les *Microlépidoptères*, légion divisée en plusieurs familles & aux espèces de plus en plus nombreuses, vu qu'on en découvre tous les jours de nouvelles.

XI.

MICROLÉPIDOPTÈRES.

DELTOÏDES

 « Chenilles à incisions profondes, à six pattes écailleuses & deux anales constantes ; jamais renfermées dans des fourreaux ni entre les feuilles. Vivant solitaires sur les arbres ou les plantes basses. Chrysalides coniques, terminées par des crochets ou épines, & contenues dans des coques filées entre les feuilles ou dans la terre.

« Insecte parfait : antennes longues, ciliées ou pectinées chez les mâles. Palpes dépassant la tête, parfois recourbées en forme de sabre Trompe bien développée. Corps grêle. Pattes longues, souvent ornées de bouquets de poils, les intermédiaires munies d'une paire & les postérieures de deux paires d'ergots, longs & robustes. Ailes larges, rarement dentées, jamais relevées dans le repos, ni enroulées autour du corps, marquées de lignes & de taches comme chez les Noctuelles, les inférieures ayant rarement les couleurs & les dessins des supérieures.

« Les premiers genres, chez les Deltoïdes, ont une grande affinité avec les dernières Noctuélites & la ligne de démarcation est même difficile à saisir. Ce sont des insectes de taille généralement moyenne &

de couleurs ternes. Ils éclosent à la fin du printemps & habitent les bois & les endroits ombragés. Ils s'appliquent, durant le jour, sous les feuilles, non pas les ailes étendues comme les Phalènes, ni croisées comme les Noctuelles, mais repliées le long du corps, ce qui leur donne la forme d'un triangle & leur a valu le nom de *Deltoïdes* par analogie avec la lettre grecque Δ. Elles sont répandues sur tout le globe, en Amérique surtout. Mais ce sont les pays de plaine, les contrées humides & ombragées qui fournissent le plus d'espèces. La tribu des PLATYDIDES de l'Amérique & des Indes comprend des espèces qui sont à la fois des Noctuélites & des Phalénides. Il en est de même des HYPÉNIDES.

— Je reconnais celle-ci, s'écria Pigeot, pour l'avoir vue voler maintes fois autour de ma lampe.

— C'est l'*Hypena Proboscidalis*, très-commune.

PYRALITES.

« Leurs chenilles sont épaisses, fortement atténuées aux extrémités, lisses & luisantes, & munies de seize pattes. Elles vivent toujours renfermées, les unes dans les substances animales, les autres sous la mousse ; mais la plupart entre les feuilles, qu'elles lient avec de la soie. Elles se chrysalident où elles ont vécu dans des coques.

« Les larves de cette famille ont la faculté de marcher à reculons, comme les écrevisses. Vous pourrez vous en assurer en touchant la tête d'une chenille de Pyrale. Vous la verrez fuir sans se retourner, & cela avec une vitesse & des frétillements incroyables. C'est dans les feuilles roulées en cornet, au milieu des bourgeons, dans l'intérieur des tiges, dans les capsules des plantes que vous trouverez une grande partie des espèces.

« Leurs papillons ont les antennes généralement longues, minces, filiformes. Leurs palpes labiales ressemblent le plus souvent à un bec.

L'abdomen est long, luisant, conique dans les mâles, & jamais garni de bourre chez les femelles. Pattes grêles, lisses. Ailes luisantes, souvent irisées ou transparentes, jamais relevées dans le repos, ni roulées autour du corps. Les supérieures toujours plus longues que les inférieures. Celles-ci souvent ornées des mêmes dessins que les supérieures. Cette famille est une de celles qui ont été le plus bouleversées par les classificateurs. Les uns l'ont débaptisée, les autres l'ont divisée pour reporter certaines tribus dans d'autres familles, ou y ont apporté des genres qui n'avaient aucun rapport avec elle.

« Les Pyralites, à l'état parfait, volent, les unes en plein soleil, les autres la nuit. Toutes viennent le soir aux lumières, comme les Phalènes & les trois quarts des Nocturnes. Elles habitent toutes les parties du monde; mais l'Inde & l'Amérique sont leurs patries de prédilection.

« Passons en revue leurs diverses tribus & permettez-moi de vous faire remarquer que dans le genre *Odontia* les chenilles vivent dans l'intérieur des tiges & vont se filer entre les feuilles des coques cotonneuses, fendues par l'un des bouts pour donner passage aux papillons. Les femelles sont pourvues, comme celles des Cossus & des Zeuzères, d'une tarière à l'abdomen pour introduire leurs œufs dans la plante qui doit nourrir leurs chenilles. L'insecte parfait, après sa mort & son dessèchement, tourne aussi au gras, caractère des lépidoptères dont les larves sont endophytes.

« Dans le genre *Pyralis*, vous devez connaître le type le plus commun, la *Farinalis*; dont les premiers états n'ont pourtant pas encore été observés. On a supposé longtemps qu'elle vivait dans la farine, parce que Brahm, un naturaliste du siècle dernier, a prétendu l'avoir trouvée dans de la poudre à poudrer sa perruque. Je ne sais où vit la larve; mais quant à la chrysalide, je vois souvent leurs petites coques revêtues de poussière dans les interstices des pavés de ma cuisine quand Æthiops oublie de balayer. L'*Aglossa Pinguinalis*, également commune, vit à l'état de larve au milieu de nos habitations, & elle se nourrit de lard, de graisse, & de toutes les substances animales qui se trouvent à sa portée. Elle est luisante &, afin de pouvoir respirer au milieu d'un pot d'axonge sans y être asphyxiée, ses anneaux sont disposés de telle sorte que les stigmates sont abrités par des plis latéraux qui empêchent les corps gras de boucher ses organes respiratoires. Je ne sais plus quel auteur ancien a rapporté que ces larves ne se bornaient pas à dévorer nos provisions, mais aussi qu'elles pénétraient dans nos intestins & y occasionnaient des ravages effrayants, ni plus ni moins que les Elminthes. Si le fait est vrai, les accidents qu'on a pu observer provenaient de l'ingestion de substances alimentaires où ces chenilles avaient élu domicile, car elles n'auraient pu vivre privées d'air & au milieu des sucs gastriques.

— C'est égal! dit Pigeot, à l'avenir j'examinerai mon lard avec attention avant de le manger.

— Les Cléodobites sont moins dangereuses, elles ne vivent que dans les endroits à la fois sablonneux & herbus. Ce sont en général des insectes méridionaux. L'Italie, l'Espagne & la côte d'Afrique sont leur véritable pays.

« Les Hercynides, toutes de petite taille, ont l'aspect des Noctuélites. Elles volent en plein soleil & certaines n'habitent que les montagnes.

« Les Ennychides, aux ailes supérieures marbrées de jaune, d'orange, sur un fond de pourpre, que le noir velouté des ailes inférieures fait encore ressortir, sont de forts jolis petits insectes qui ne volent que le jour, par le soleil le plus ardent au milieu des bois.

« Remarquez dans les Asopides exotiques les *Agathodes* couleur d'agate; les *Leucinodes* aux ailes échancrées & d'un blanc nacré; les *Spoladea*, ornées, à l'extrémité de l'abdomen, de longs poils soyeux ressemblant à un pinceau ébouriffé; dans la tribu des Sténiades, les *Tinéodes* aux longues antennes & aux palpes démésurées.

« Mais parmi toutes ces tribus, la plus curieuse est celle des Hydrocampides, dont les chenilles vivent dans l'eau. Dans le genre *Hydrocampa,* la larve vit sur le nymphéa. Elle se compose un fourreau de deux morceaux de deux feuilles assujetties par quelques fils, avec une seule ouverture pour passer la tête. Quand elle a pris sa nourriture, elle retire sa tête & ses pattes; les deux feuilles, par leur ressort naturel, se recollent l'une à l'autre & forment ainsi une boîte où l'eau ne peut pénétrer. Celle des *Cataclysta*, se nourrissant de feuilles trop petites pour lui permettre de façonner cette espèce de nacelle, file un tube de soie imperméable. Celle des *Paraponyx* est pourvue de branchies qui lui permettent de décomposer l'air contenu dans l'eau. Elle est douée en même temps de stigmates pour respirer à l'air libre, quand elle vient à la surface, ce qui en fait une véritable amphibie.

« Ce genre *Paraponyx* est très-important pour quiconque ose hasarder un aperçu historique de la création primitive sur notre globe... mais je crains de vous paraître coiffé de quelque hypothèse.

— Non, non, les hypothèses logiques sont de l'histoire, & lorsqu'elles ne sont qu'ingénieuses, elles sont encore intéressantes.

— Eh bien, cette petite digression ne sera pas ici tout à fait hors de propos, & je me la permettrai, puisqu'elle ne vous déplaît pas.

« L'ordre des Lépidoptères marque, selon moi, une progression sur les autres ordres d'insectes & semble célébrer par sa beauté la première floraison terrestre. Pour que cet être à triple mode d'existence se produisît, il a fallu autre chose qu'une végétation limoneuse & imparfaite, autre chose que des algues : il a fallu des plantes complètes, organisées elles-mêmes en vue d'un triple mode d'existence, la germination, la floraison & la fructification.

« Mais les fleurs & les papillons, ces produits du luxe de la terre, qui ne pouvaient se manifester les uns sans les autres, n'ont pu éclore simultanément à l'état parfait. Pour eux comme pour tous les autres types de la création, il a fallu la série nécessaire d'essais successifs des forces naturelles. Ainsi, de même que le coquillage succède au polypier & semble constater un premier acte de liberté dans l'être organisé, plus tard, beaucoup plus tard, quand le sol commence à produire un roseau, une vraie plante fluviatile amphibie, la larve commence à chercher l'air & la lumière, & ce qui n'était probablement qu'une sorte de reptile, vivant & mourant dans la fange, va devenir une larve munie de pattes, également amphibie, un parasite providentiel destiné à équilibrer un jour l'action des semences vitales en se nourrissant du pollen des fleurs. Cet être va modifier ses organes & devenir, non pas tout de suite un papillon à trompe & à ailes complètes, mais un être qui en approche, être perdu aujourd'hui ou réfugié sous quelque latitude inexplorée & dont le *Paraponyx* actuel est certainement le fils ou le petit-fils. Je n'en puis douter en voyant cette larve qui respire sous l'eau au moyen d'un appareil spécial, qui se chrysalide sous l'eau en vertu d'une industrie particulière, consistant à construire une double coque de soie entre les feuilles submergées; qui à l'état de nymphe est encore d'une nature molle & comme gélatineuse; qui enfin, à l'état de papillon, est encore pourvue d'une sorte d'*amphibisme,* puisque l'insecte parfait est forcé de traverser l'eau pour arriver à l'air libre. Continuons l'examen. Ce papillon n'a qu'un rudiment de trompe, il ne paraît donc pas destiné aux jouissances de réfection variée qui caractérisent les lépidoptères plus perfectionnés : son vol est mou, paresseux, sa locomotion restreinte ; les écailles de ses ailes sont aussi d'une nature particulière : elles sont tellement liées au tissu fibreux qu'on ne peut les enlever sans altérer profondément ce tissu. Enfin ils sont nocturnes, comme s'ils n'avaient pas connu en naissant la pleine clarté du soleil encore interceptée par les vapeurs de l'atmosphère. Voilà donc un être très-bien organisé, à coup sûr, mais signalant encore une de ces époques d'effort suprême où la nature est obligée de donner à ses créations un mode d'existence qui nous semble anormal aujourd'hui.

« Rangeons donc ces *Hydrocampa,* ces *Paraponyx* surtout, au début de l'histoire des Papillons, & voyons si, en continuant nos hypothèses, nous ne pourrions pas établir une sorte de chronologie dans l'apparition des autres familles.

« La seconde période se serait manifestée par l'apparition des *Psychides* & de toutes les espèces que j'appellerai *Tinéo-Psychides,* dont les larves vivent & se transforment dans des fourreaux, comme si la loi qui, dès le principe, présida à la conservation de la vie dans les mollusques enveloppés d'une coquille, avait encore sa raison d'être quand ces chenilles commencèrent à ramper sur un sol ingrat. Celles-ci, vivant de lichens & de mousses, plantes encore primitives dans l'échelle botanique, n'ont pas de trompe ; preuve qu'elles ne furent pas créées au sein des splendeurs de la floraison.

« Après les *Tinéo-Psychides*, je placerais l'apparition de toutes les larves qui rongent l'intérieur des tiges (les *Æcophores, Carpocopsides, Zeuzères, Stygiaires*). Quand je regarde ces robustes *Cossus* aux formes massives, aux ailes fortes & nerveuses couvertes d'écailles serrées, & que je pense qu'ils ne sont destinés à vivre que quelques jours seulement, puisqu'ils sont privés des moyens de se nourrir, il me semble voir les contemporains des premières forêts du vieux monde. Il y eut, on le sait, une époque d'effervescence dans les tissus ligneux, & cette époque, qu'on aurait dû baptiser *l'âge du bois,* dut engendrer des larves dont la plus longue existence était consacrée à une activité rongeuse. Je vous ai dit que les chenilles des Cossus vivaient trois ans avant de bâtir leurs coques. Vous avez vu leurs fortes mâchoires, leur tissu épais, leur bouclier sur la nuque. Leur véritable vie est douc à l'état de larve, & l'on s'étonne, après une telle intensité de nutrition, de les voir naître papillons imparfaits : mais je dis, moi, que sous ces grands arbres où elles prirent naissance, il y eut sans doute des localités considérables où les fleurs ne purent trouver l'air & la lumière nécessaires à la vie. Ils ne naquirent donc que pour s'accoupler, pondre & mourir. Disons, pour continuer notre échelle généalogique, que les *Sésies*, vivant, en tant que larves, comme les Cossus, tandis que, à l'état d'insecte parfait, elles sont très-complètes, pourvues d'une belle trompe & se nourrissant du pollen des fleurs, marquent un pas de plus dans la création pour arriver aux *Sphinx.* Quant aux *Noctuelles,* dérivant des *Bombyx,* mais généralement mieux organisées, elles sont des conséquences, des intermédiaires formés peut-être à une époque géologique où le soleil ne pouvait encore percer complétement les brouillards terrestres qui ne gênaient en rien la végétation d'alors. Mais quant aux *Phalènes* & aux *Papillons diurnes,* ils sont, à coup sûr, les plus nouveaux sur le globe. Il leur a fallu du soleil, des plantes parachevées, des fleurs, des parfums, en un mot tout le banquet, toute la fête de la nature.

« L'empreinte d'une espèce fossile trouvée dans les marnes argileuses des terrains tertiaires d'Aix nous en offre une preuve. C'est le *Cyllo sepulta,* genre de la tribu des *Satyres,* lesquels vivent, à l'état de larve, sur les graminées, &, à l'état d'insecte parfait, se nourrissent de différents sucs des plantes. Cette espèce que l'on a retrouvée en Europe à l'état fossile, a encore ses congénères dans l'Australie & l'Afrique. »

Après ces réflexions générales, M. Desparelles nous fit reprendre l'examen de la collection.

« Les Spiloménides, toutes américaines, se recommandent par leur élégance & leurs ailes blanches & luisantes à zébrures noires ou brunes, se prolongeant sur les quatre ailes comme chez les Uranies.

« Les Margarodes se font remarquer par leurs espèces de plus grande taille & par le bouquet de poils roides en aigrettes qui terminent l'abdomen des mâles & qui tranchent par leur couleur noire avec les tons clairs de l'insecte. Excepté la *Margarodes Unionalis,* toutes sont exotiques.

« Les Botydes, à l'état de larve, passent leur vie, les unes enfermées dans les feuilles qu'elles roulent en cornets, les autres dans l'intérieur des tiges. L'Europe & l'Amérique en sont amplement fournies. Les papillons volent la nuit par familles autour des plantes qui ont nourri leurs larves.

« Les Scoparides ont les plus grands rapports avec la famille des Crambides. Leurs chenilles vivent comme celles-ci dans des galeries de soie qu'elles parcourent avec agilité soit pour aller manger au dehors, soit lorsqu'elles s'y réfugient pour fuir leurs ennemis. A l'état parfait, leurs ailes n'ont pas la transparance irisée de celles des autres Pyralites, & au repos elles les replient sur les inférieures & les croisent comme le font les Crambides.

CRAMBIDES.

« Quand nous avons passé en revue la tribu des *Lithosides*, je vous ai parlé de la ressemblance qui existait entre elles & les *Yponomeutes*, par la structure & le port des ailes. Leurs premiers états ne sont même pas toujours si différents qu'on ait dû les éloigner autant les unes des autres. D'un autre côté, il est vrai que certains *Crambus* diffèrent fort peu des *Pyralites* à l'état parfait.

« La tribu des Yponomeutides, qui comprend une trentaine de genres, est facile à reconnaître par ses ailes supérieures longues & étroites, les inférieures plissées en éventail sous les premières & les unes & les autres se roulant autour du corps dans le repos. Les antennes simples & linéaires dans les deux sexes. Les palpes dépassant peu la tête, la trompe bien développée. Leurs chenilles ont seize pattes, sont glabres, avec de petits points verruqueux. Elles sont atténuées à chaque extrémité & vivent solitaires ou en société sous une toile qu'elles filent en commun & se chrysalident dans de petits cocons de soie, de forme allongée.

« Parmi les Yponomeutes, l'une des plus remarquables est la *Pyraustella,* aux ailes supérieures d'un bleu métallique avec les points noirs, qui caractérisent la tribu ; les inférieures sont noires, les pattes & l'abdomen orange & noirâtres.

« Les Crambides sont de la taille & ont le port des précédents, mais ce qui les en distingue aisément, ce sont d'abord leurs antennes plumeuses chez les mâles de quelques espèces (*Crambus Palpellus*) & leurs quatre palpes visibles, formant un bec comme chez les Pyralites, puis les taches ou les bandes d'argent & de nacre dont les ailes supérieures sont ornées chez la plupart des espèces (*Crambus, Pinetellus, Conchellus*). Leurs chenilles ressemblent à celles des Yponomeutes & se chrysalident de même dans des petites coques de soie. Les larves du genre *Schenobius* vivent à l'état de larve dans les roseaux. *Gigantellus* & *Forficellus* rappellent complétement les Nonagrides, par leurs mœurs & par leurs facies.

« Le genre *Phycis* se compose d'espèces aux couleurs ternes & sans reflets métalliques. Les Phycides se servent très-peu de leurs ailes, elles se tiennent cachées dans les herbes & échappent à leurs ennemis, non en s'envolant, mais en glissant à travers les mousses avec la vivacité des poissons ; de là leur nom grec de Phycis (espèce de poisson). Dans le genre *Galleria*, les papillons présentent de grandes dissemblances entre les·deux sexes, non-seulement par les dessins & la couleur des ailes, mais encore par la forme des palpes. Elles sont très-développées

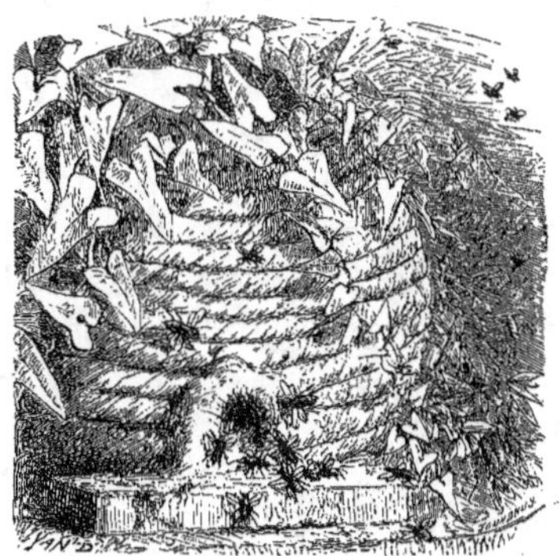

chez les femelles & très-courtes chez les mâles. Aussi a-t-on fait souvent des espèces différentes d'un même couple. Voyez les mâles & les femelles de la *Galleria Cerella* (de la cire). Les chenilles de ce genre sont bien connues des cultivateurs d'abeilles par leurs dégâts au milieu des ruches. Elles y vivent, non aux dépens du miel, mais de la cire ; elles se logent dans les gâteaux dont les cellules sont vides, & s'y fabriquent, au sortir de l'œuf, des tuyaux ou galeries tapissées de soie qui ne sont d'abord pas plus gros qu'un fil, mais qui, à mesure que la larve grossit, s'élargissent & atteignent jusqu'à trente centimètres de long. Ils sont recouverts au dehors de grains de cire & de déjections tellement serrées que la chenille ne saurait trouver un meilleur local pour se chrysalider. Une ruche dans laquelle on laisse pulluler la *Cerella* en renferme jusqu'à trois cents. Je vous laisse à penser ce que valent le miel & la cire que l'on retire de là.

PLATYOMIDES.

« La famille des PLATYOMIDES ou tordeuses (*Tortrix,* de Linnée), comprend ces petits lépidoptères que vous reconnaîtrez d'emblée par la forme de leurs ailes supérieures dont le caractère le plus saillant est d'avoir la côte arquée à la base, ce qui les a fait appeler par Réaumur : « Papillons aux larges épaules. » De là le nom de Platyomides qui leur convient mieux que celui de Tordeuses ou Rouleuses de feuilles ; puisqu'un certain nombre d'entre elles vivent à découvert sur les plantes (les *Halias*), ou dans les fruits (les *Carpocapsa*); quelques-unes se creusent des galeries sous les écorces, d'autres se nourrissent de plantes basses & se métamorphosent sous une toile commune, comme les Yponomeutes.

« Les principaux caractères, à l'état parfait, peuvent se résumer ainsi : antennes généralement filiformes chez les deux sexes ; trompe membraneuse, courte ou nulle ; palpes velues & avancées ; corselet parfois crêté ; ailes robustes, larges, arquées à leur origine, coupées carrément celles-ci cachant les inférieures, formant un toit incliné au repos, & toujours d'un autre ton, comme chez les Noctuelles ; pattes courtes ; vol vif, mais de peu de durée & nocturne chez le plus grand nombre.

« Chenilles munies de seize pattes à peu d'exceptions près, corps ras ou garni de petits poils isolés, implantés sur des points verruqueux. Chrysalides rarement contenues dans des coques, le plus souvent en terre.

« Cette famille, bien qu'on n'en connaisse que trois cents espèces en Europe, est nombreuse en exotiques ; mais, malgré les brillantes couleurs, la richesse & l'harmonie de leurs vêtements, leur exiguïté les fait un peu trop mépriser des chasseurs & des collectionneurs. On les trouve surtout dans les bois, les vergers, les jardins, les charmilles & les haies, depuis le printemps jusqu'à l'automne.

« Les Xylopodides vivent, à l'état de larve, cachées sous des toiles à la surface des feuilles d'orties, & se chrysalident dans des coques fabriquées de débris de mousse ou de feuilles sèches. Leurs papillons ont la trompe épaisse, le corps gros & court, & leurs ailes larges, fortement arquées à la côte, n'offrent que des couleurs sombres.

« Les Haliades sont très-remarquables d'abord par la taille de leurs papillons, aux ailes d'un beau vert avec deux lignes blanches ou veinées de rose, tels que les *Halias Quercana, Prasinana* & *Vernana.*

— Mais ce sont des Noctuelles, dis-je.

— Si vous le voulez absolument, répondit le savant, je le veux bien aussi; seulement leurs chenilles ne ressemblent en rien à celles des Noctuélites. Il faut avouer qu'elles ne ressemblent pas davantage à celles des Tordeuses. Je ne puis les comparer qu'à celles des Notodontes, & un peu aussi à celles des Polyommates, mais la manière de se métamorphoser aurait plus de rapport avec les Zygènes.

« Leur manière de procéder pour tisser leur coque est digne d'attention. La chenille, ayant choisi la feuille qui doit supporter sa demeure, commence par se tapisser un plancher de soie, puis elle élève vis-à-vis l'une de l'autre deux parois cintrées qui se joignent par les deux bouts, & ressemblent alors aux deux valves d'une coquille entr'ouverte dans laquelle elle se trouve renfermée. Puis elle se construit un toit aigu, qui vient former angle vif avec les deux plats-bords; mais comme elle a la partie antérieure du corps très-renflée, elle bouche en dernier lieu l'endroit qui lui servira de porte pour sortir papillon; si bien que, le travail terminé, cette coque ressemble à une nacelle renversée; d'un côté la proue, de l'autre la poupe, en haut la carène représentée par les trois nervures saillantes qui vont d'un bout à l'autre. Cette petite barque est d'un beau jaune citron, & la chrysalide qu'elle renferme, verte avec une bande noire sur le dos.

« La tribu des Tortricides, qui, par ses genres nombreux & ses espèces encore plus nombreuses, a donné son nom à la famille, renferme toutes ces larves : « rouleuses de feuilles » qui, au moindre ébranlement causé à la plante qu'elles habitent, s'échappent à reculons de leurs tuyaux & restent suspendues par un fil. La manière dont elles s'y prennent pour ramener les feuilles sur elles-mêmes, n'est pas un travail aisé pour de si petits êtres ; ce n'est qu'à force de câbles de soie & de patience qu'elles en viennent à bout. Mais il faut les voir travailler pour se rendre compte de l'instinct des plus petits êtres ; tout ce que je pourrais vous dire serait insuffisant pour vous faire comprendre leurs procédés. Les occasions de les observer ne sont pas rares, les arbres sont couverts de feuilles roulées en cornets, & chaque rouleau n'est habité que par une seule chenille, qui trouve là sa nourriture & un abri pour se chrysalider. Les insectes parfaits qui en sortent, sont parfois magnifiquement vêtus : voyez les *Tortrix Festivana, Oporana, Ferrugæna, Cupressana, Permutana.*

« Vous avez entendu parler de la *Tortrix Pilleriana* (de la vigne) qui, certaines années, faisait de grands ravages dans les vignobles ; mais depuis que l'oïdium est apparu, on ne parle plus d'elle.

— Ce cryptogame l'a-t-il chassée ?

— C'est possible ; mais, à mon avis, tant qu'à choisir un mal, je préférais les chenilles. La *Solandriana,* qui vit en famille, quoique chaque individu ait son logement séparé, dans les feuilles des framboisiers réunies en paquet, & la *Bergmanniana* dévastant les rosiers, sont bien connues des jardiniers.

« Les Penthínides, les Pædiscides & les Sciaphilides vivent encore entre les feuilles qu'elles retiennent en paquets & y subissent toutes leurs métamorphoses ; l'insecte parfait ne s'éloigne pas des lieux qui l'ont vu naître.

« Parmi les Chéphasides & les Coccydes, la *Resinana* se tient à l'état de larve dans les bourgeons des pins & y produit ces tumeurs où la résine s'amasse & fait pousser l'arbre de travers quand il ne reste pas rabougri. *Turionaria* & *Hercyniana*, s'attaquent aux sapins.

« Les Carpocapsides sont très-remarquables par les couleurs métalliques dont leurs ailes sont ornées : *Arcuana, Pupillana, Splendana.* Vous avez souvent trouvé la chenille de *Pomonana ,* qui vit à l'état de larve dans l'intérieur des pommes & des poires, dont elle mange les pepins. Cette chenille ayant attaqué le centre du fruit, la séve ne fait plus son office, le pédoncule se dessèche, &, par son propre poids, la pomme ou la poire tombe. C'est alors que la chenille abandonne la retraite qui lui a servi de nourriture & d'abri pour aller, à peu de distance, s'ensevelir sous la mousse.

« Mais quelle surprenante prévoyance préside au soin que prend chaque femelle de ne déposer qu'un œuf dans un ovaire ! Cet instinct admirable n'est pas seulement le privilége des papillons, c'est celui de tous les insectes. Un fruit *verreux* contient rarement deux larves à la fois, soit de mouche, de coléoptère ou de papillon. On croirait que les pondeuses savent que telle ou telle graine est déjà pourvue de son parasite. Peut-être cette mère attentive craint-elle, avec raison, que ces enfants ne vivent pas en bonne intelligence. Je dis, avec raison, car j'ai vu des combats terribles entre de jeunes chenilles nouvellement écloses dans mes boîtes. La nature laisse de l'espace à ses enfants & le papillon femelle qui va pondre sur un épi de blé, n'y dépose qu'un nombre inférieur à celui des grains de l'épi ; mais moi, simple mortel, je n'avais pas laissé la marge si grande à mes pondeuses, lesquelles, trompées par l'apparence, avaient fait trois fois plus d'enfants qu'il n'était nécessaire pour dévorer leur patrimoine. Aussi, dès leur naissance, ce furent, pour s'assurer de la possession d'un grain d'orge, des contestations qui valaient bien les nôtres en matière de propriété ou de territoire.

« Parmi les Grapholithides, l'*Augustana* se nourrit d'abord des jeunes pousses & des feuilles, & pénètre ensuite dans la tige dont elle mange la moelle. *Strobilana,* qui dévore les pommes de pin, est bien connue par ses mœurs & ses dégâts.

« Les Xanthosétides sont reconnaissables à leurs ailes jaune soufre avec un trait ferrugineux en forme de crampon.

« Les Argyrolépides se font remarquer par l'éclat de leurs couleurs & par les points métalliques de leurs ailes supérieures. La plupart sont méridionales & beaucoup d'entre elles ne volent que par un soleil ardent (*Decimana*).

TINÉITES.

« Les papillons de ce groupe, bien que de toute petite taille, réclament aussi bien votre attention que les *Morpho,* géants exotiques, couverts de paillettes d'or ou de cuivre. Ces petits êtres, aux couleurs les plus éclatantes, tous vêtus de pierres précieuses, sont aux papillons ce que les Colibris sont aux oiseaux.

« Les TINÉITES ou Teignes, si vous l'aimez mieux, ont les antennes simples ou filiformes dans les femelles, celles des mâles sont ciliées ou plus ou moins pectinées. Les palpes sont généralement bien développées ; trompe rudimentaire ou nulle ; tête souvent velue ; abdomen court ; pattes comparativement moins longues que celles des Pyralites ; ailes moins larges que chez les Tordeuses & rarement inclinées en toit ; vol diurne ou nocturne.

« Leurs chenilles ont seize pattes, mais les membraneuses sont presque atrophiées dans les espèces qui vivent dans des fourreaux. Beaucoup d'entre elles vivent dans l'intérieur des tiges & toutes portent un écusson corné sur le dessus du premier anneau.

« La première tribu, celle des DIURNÉITES, par leurs ailes arquées, forment le passage aux Tordeuses.

« Celle des TINÉIDES, proprement dites, a les ailes minces, allongées, à angle apical arrondi, les inférieures largement frangées ; la tête velue, trompe nulle ou rudimentaire. Une partie d'entre elles vivent à l'état de larve dans des fourreaux, tantôt portatifs, tantôt fixes. D'autres vivent à découvert sous une toile commune. En général leurs papillons volent le soir.

« La chenille d'*Ochracella* vit dans les nids de fourmis, celle de *Fulvella* dans les nids d'oiseaux.

« Les ADÉLIDES, aux ailes plus ou moins lancéolées, brillantes de reflets métalliques, sont remarquables par la longueur démesurée de leurs antennes. Leurs larves se construisent de petits fourreaux oblongs & aplatis & vivent, au printemps, sur les plantes basses & les papillons volent en plein soleil, par petites troupes. Leur vol saccadé de haut en bas ressemble à celui des Tipules, insectes d'un tout autre *ordre*.

« Les Ypsolophides ont les antennes moins longues que les précédents, mais leur ressemblent beaucoup par les ailes supérieures, également recourbées en faucille, & les inférieures très-frangées. Trompe courte ou nulle. Leurs chenilles tissent pour s'abriter des toiles qui ressemblent à celles des araignées & se chrysalident dans de légères coques de soie en forme de nacelle.

« Les Dépressarides rappellent un peu les Tordeuses par leurs ailes élargies à la base. Les chenilles du genre *Caulobius* vivent dans l'intérieur des plantes aquatiques, & celles du genre *Depressaria* s'attaquent aux tiges, aux feuilles & aux fleurs.

« Dans les Anacampsides, la *Gelechia Rufescens* vit, à l'état de larve, dans les feuilles des graminées qu'elle réunit en forme de gaîne ; cette larve est blanche striée de noir & douée d'une agilité surprenante. La *Gelechia Malinella* s'introduit dans les fleurs du genêt à balais & ne mange que les étamines ; les pétales ne sont pas assez sucrés pour cette gourmande. C'est dans cette tribu que se trouve la *Parasia Cerealella*, désignée vulgairement sous le nom d'alucite des grains. Tout le monde connaît les dégâts qu'elle commet dans les greniers à blé.

« Le papillon dépose ses œufs sur les épis de blé, d'orge ou de seigle avant qu'ils ne soient mûrs. Six à sept jours après la ponte, la chenille éclôt, perfore le grain, s'y introduit & y vit en mangeant toute la substance farineuse sans toucher au parenchyme. Elle s'y chrysalide & en sort papillon à l'époque où les grains sont battus & emmagasinés. La chenille est rase, toute blanche, avec la tête brune.

« Une autre espèce s'attaque encore aux céréales : la *Granella* (Teigne des grains) ; mais elle est moins pernicieuse que la précédente. Elle ne se loge pas dans l'intérieur du grain, mais en réunit plusieurs ensemble par des fils, & s'y construit un tuyau de soie blanche dont elle sort seulement la tête pour ronger les grains à sa portée. C'est dans les greniers mêmes que la chenille se multiplie, qu'elle éclôt, vit & se transforme en papillon.

« Le meilleur moyen de détruire ces chenilles est de remuer à la pelle les tas de blé. Chassées de leurs demeures, les larves périssent, meurtries & écrasées par les chocs qu'elles reçoivent.

« Les Œcophorides, dont les larves ne mangent pas les grains, mais seulement le bois pourri.

« Les Gracillarides, à l'état de chenilles, vivent entre le parenchyme des feuilles & se chrysalident à l'extrémité de la feuille roulée sur elle-même. Dans le papillon, l'extrémité des ailes supérieures est ornée d'une petite queue, & la base des antennes munie d'un cuilleron dont j'ignore l'usage.

« Les Coléophorides, aux antennes bicolores, vivent dans des fourreaux portatifs qui ressemblent à de petites gousses de légumineuses. Ces tubes sont noirs, recourbés en crochets à la partie postérieure & fabriqués avec le parenchyme des feuilles ; on les trouve fréquemment collés contre les tiges des plantes basses.

« Les Achmides, qui, à l'état de larve, sont absolument privées de pattes, vivent dans l'épaisseur des feuilles & dans les nervures ; au moment de se chrysalider, elles s'enveloppent d'un fragment de foliole & se laissent tomber sur la terre.

« Les Argyrestides se recommandent par leurs palpes tombantes, mais elles sont plus connues par leurs méfaits.

« Deux espèces, l'*Argyresthia Olecella* & *Olivella*, vivent, la première aux dépens des pousses et bourgeons de l'olivier, l'autre aux dépens de l'olive même, car elle vit dans l'intérieur du noyau ; elle en sort en août pour aller subir sa métamorphose, soit au pied, soit le long du tronc de l'arbre dans quelque interstice des écorces. Comme, pour sortir de cette dure prison, il lui faut une issue, elle élargit le seul orifice naturel du noyau, à l'endroit où le fruit s'attache au pédoncule. Les olives dont la chenille est sortie tombent aussitôt.

« Les Élachistides, les plus petites des Tinéides, mais les plus richement vêtues.

« Les Lithocollétides, aux ailes arrondies & ocellées, à la tête hérissée de poils.

— Quelle prodigieuse quantité de petits êtres! s'écria Pigeot. Et tout cela a des noms?

— Certainement : tout est nommé sinon bien classé. Leur manière de vivre & de se transformer varie beaucoup. Leurs larves vivent de tout, dans tout & sur tout : fleurs, feuille, tiges, bois pourri, champignons, lichens, grains, noyaux d'olive, lainage, crins, plumes, pelleteries, rien n'est épargné. C'est l'agent imperceptible, mais implacable de la loi qui préside à la destruction des choses.

— Est-ce qu'il y a des papillons plus petits que ceux-ci?

— Non! Il ne reste plus que cette dernière tribu : les *Pterophorides*, aux antennes pectinées chez les mâles, & aux longues pattes munies d'ergots.

— Ils ne ressemblent plus à des papillons, dis-je à M. Desparelles, & j'ai souvent vu cet insecte blanc à ailes toutes divisées comme des plumes.

— De là son nom de Ptérophore « porte-plumes. » Cette conformation vous paraît une bizarrerie de la nature, mais elle vous semblera parfaitement logique si vous avez fait attention à cette série d'*Elachista*, d'*Ornix* & de *Gracillaria* dont l'aile se rétrécit au point de ne plus ressembler qu'à une antenne très-fournie de Phalène.

« Les chenilles des Ptérophorides sont pubescentes & rappellent un peu celles des jeunes Piérides de la rave. Elles vivent sur les crucifères & se métamorphosent à l'air libre, comme les Diurnes. J'ai souvent remarqué qu'elles ne restaient que deux jours en chrysalide, laps de temps fort court chez les lépidoptères. L'insecte parfait vole le jour.

« Dans le genre *Ornéodes*, les ailes sont bien moins allongées, mais elles sont divisées chacune en six branches qui se replient, dans le repos, absolument comme un éventail. Leurs chenilles se métamorphosent dans une légère coque à claire-voie.

« Le dernier est l'*Orneodes Hexadactylus* que l'on trouve en quantité dormant le jour dans les endroits sombres des maisons, sous les pierres, dans les fentes des vieux murs, en toute saison, partout enfin, & toujours inoffensifs, bien que les ménagères, faute d'être versées dans l'entomologie, les prennent pour ce qu'elles appellent des *mites* et leur fassent la chasse.

— Combien peut-il y avoir d'espèces de papillons sur terre? demanda Pigeot.

— Je n'en sais absolument rien. Je vous répondrai comme un bûcheron de ma connaissance, auquel j'avais dit un jour, en chassant dans la forêt, que je voulais connaître toutes les *espèces* du département, & qui, croyant que je voulais prendre & compter tous les *individus*, me répondit que Dieu seul savait cela, & encore que plus d'un s'en sauvait. Je peux vous dire que, pour la plus petite partie du monde, l'Europe, on compte un peu plus de cinq mille espèces. C'est à vous de calculer d'après ce point de départ.

— Mettons cent mille! dit Pigeot.

— Soit, dit notre professeur, c'est fort probable.

— Et combien estimez-vous une collection comme la vôtre? demanda l'artiste.

— D'abord, je ne la vendrais pas, mais j'en connais qui valent quinze & vingt mille francs.

— Le papillon n'est pas ce qu'un vain peuple pense, s'écria l'artiste surpris.

— Ah! une collection, si restreinte qu'elle soit, demande beaucoup de travail pour la faire, & beaucoup de soin pour la conserver. J'ai élevé moi-même plus des trois quarts des individus que vous avez vus. Je les ai cherchés au loin & quelquefois au péril de ma vie. Je les ai nourris, soignés & préparés. J'ai même essayé de faire des métis, non pas à la manière d'Æthiops, mais en voulant marier des espèces congénères. J'ai vu plusieurs exemples d'accouplements entre les *Dicranura Vinula* & *Erminea* qui ont produit des hybrides participant des deux espèces; entre les *Zygena Achilleæ* & *Filipendulæ*, avec ponte & éclosion de larves; entre les *Saturnia Pyri* (grand paon de nuit) & *Spini* (moyen paon); entre les *Saturnia Cynthia* & *Arrindia*, qui ont donné des chenilles & des chrysalides. Du reste, le *Sphinx Vespertilioïdes*, considéré comme une espèce, n'est qu'un hybride, tantôt du *Vespertilio* avec l'*Hyppophaës* & tantôt de l'*Euphorbiæ* avec le *Vespertilio*.

« Il y a même dans la nature d'autres exemples d'union bizarre entre des papillons de familles différentes, comme celle d'une noctuelle femelle (*Cerastis Vaccinii*) avec une Phalène mâle (l'*Hibernia Progemmaria*); entre un *Liparis Dispar* & une *Piéridé Brassicæ*. Mais jusqu'à présent, ces mariages hors nature n'ont jamais rien produit.

« Quant à obtenir des variétés accidentelles en hâtant ou retardant l'éclosion des chrysalides au moyen de la température, j'y ai réussi plusieurs fois d'une manière satisfaisante; car il est à remarquer que ces *variétés* & *aberrations* se rencontrent surtout dans les localités où l'atmosphère est sujette à des changements brusques, & où l'électricité, exerçant une très-grande influence sur les êtres organisés, joue un grand rôle. C'est dans les forêts froides & humides, ou sur les terrains les plus arides, pendant des années pluvieuses ou très-chaudes, sur les hautes montagnes où règne pendant le jour une chaleur étouffante, tandis qu'il y gèle la nuit, que l'on rencontre le plus de ces variétés si curieuses & si recherchées des amateurs. C'est également dans ces régions que l'on remarque le plus souvent ces cas d'hermaphrodisme, désignés par *femelle de la couleur du mâle* ou *mâle de la couleur de la femelle*, ou encore *mâle d'un côté* & *femelle de l'autre*. En voici quelques cas : *Angeronia Prunaria* ♂ à droite, ♀ à gauche; *Lycœna Alexis* ♂ à droite, ♀ à gauche; *Argynnis Paphia* ♂ à droite, ♀ à gauche; *Diphtera Orion* ♂ à droite, ♀ à gauche; *Liparis Dispar* ♂ à gauche, ♀ à droite; *Anthocharis Cardamines* ♂ à gauche, ♀ à droite; *Chelonia Latreillii* ♂ à gauche, ♀ à droite.

« J'ai essayé également, au moyen d'une nourriture plus ou moins copieuse ou de végétaux injectés de teintes colorantes, à influencer par l'alimentation de la larve les couleurs futures de l'insecte parfait; mais je n'ai obtenu que de médiocres résultats, après avoir empoisonné une grande quantité de mes élèves.

« Je n'y renonce pourtant pas. En horticulture on fait bien des espèces nouvelles, je ne sais pas encore s'il est impossible d'en faire en *Larviculture.* »

Tout en parlant ainsi, M. Desparelles riait comme un homme qui se rappelle quelque folie de jeunesse, ou qui avoue ingénument quelque puérile fantaisie. En général il affectait de mépriser beaucoup l'amour de la collection pure & simple, cette passion ardente qui fait les amateurs de raretés & les monomanes de rangement. Il disait avec raison qu'il ne s'agit pas tant d'avoir à soi un insecte rare ou une quantité d'insectes quelconques bien étiquetés, que de savoir à fond les lois de la vie dans la généralité de ces êtres, leurs mœurs, leurs habitudes, les merveilles de l'instinct départi aux diverses créatures.

Cependant un maladroit qui aurait laissé tomber un de ses cartons, lui eût fait plus de peine que s'il se fût agi de quelque grave dommage à sa personne ou à ses propriétés. Il était facile de voir sous son dédain pour les *collectionneurs* un certain orgueil pour son adresse de préparateur, pour la beauté de ses sujets, pour la persévérance de son œuvre; & cette innocente fierté, qui d'abord faisait rire Pigeot dans sa barbe, nous sembla peu à peu sérieuse & légitime. Toutes ces recherches, tous ces travaux de patience, toute cette dépense d'attention, d'observation & de volonté, avaient eu besoin, pour aboutir, d'une vie pure & modeste, d'une foi vive à la logique du Créateur, d'une source d'amour intarissable pour ses ouvrages.

Et puis, on ne jette pas impunément les yeux sur une page de la création, quand cette page est résumée par un esprit net, & quand la preuve est au bout. Cette preuve de la beauté, de la sagesse & de l'ordre infinis est dans tout; mais elle est frappante dans une réunion de types d'un ordre donné. C'est là un spécimen de la création, dont on ne soupçonne pas la richesse & la variété quand on n'a pas embrassé l'ensemble d'un de ses détails, si je puis parler ainsi.

C'est pourquoi la nomenclature que Pigeot lui-même eut la patience d'écouter, bien qu'assez fatigante à suivre de prime saut, me parut intéressante & claire avec les sujets sous les yeux. Je ne m'étais jamais imaginé qu'il y eût tant de variétés dans un type, & que sur un même modèle, avec les mêmes éléments de forme & de couleur, ce mystérieux & ingénieux artiste, qu'on appelle la nature, eût pu trouver tant de combinaisons différentes, toutes plus belles les unes que les autres. Au premier coup d'œil, tous les individus d'un genre me paraissaient presque identiques. En y regardant mieux, je me demandais avec stupeur quelle était la limite de cette fécondité de combinaisons parfaitement distinctes; &, remontant par la pensée à ces mondes innombrables dont notre hôte nous avait fait entrevoir l'immensité, je rassemblais dans mon imagination non-seulement tous les fantastiques papillons de tous ces mondes étranges, mais encore tous les êtres qui les peuplent; c'était un cauchemar formidable, où j'apercevais pourtant un fil conducteur, celui de l'*unité de plan;* & peu à peu, rêvant des combinaisons à l'infini dans cet infini des mondes, je m'y promenais sans trop d'épouvante, en songeant que dans chaque monde un système de création approprié à sa convenance devait être résumé, par l'étude, dans la pensée d'un être supérieur, correspondant à ce que l'homme est dans le nôtre.

Alors, reportant mes regards sur le bonhomme Desparelles au milieu de ses papillons microscopiques, je crus le voir haut de cent coudées, plus fort et plus grand mille fois, grâce à ses organes de compréhension. que l'éléphant auquel il avait plu à Pigeot de vouloir comparer le lépidoptère.

XII.

ALMANACH DU CHASSEUR. — MÉTHODES. — BIBLIOGRAPHIE.

« Et moi aussi, dis-je à M. Desparclles, je veux faire une collection de papillons. Dès demain je commence. Mais où se procurer tous les engins nécessaires?

— Chez tous les marchands naturalistes, vous trouverez *filet à papillons*, *filet à faucher*, *filet à larges mailles*, & *tamis* pour visiter les feuilles sèches, *filet en toile avec baleine* pour appliquer contre les arbres dont on râpe les écorces & les lichens afin de se procurer une foule de larves & d'insectes, *écorçoir*, morceau de fer à manche solide & à pointe triangulaire un peu recourbée pour fouiller sous les écorces; *pelle à chrysalides*, *parapluie* pour recevoir les chenilles, *boîtes en fer blanc ovales* pour chenilles & *boîtes carrées* à fond de liége pour chasse aux papillons, *sécateur, pinces à raquettes, pinces à piquer & à couper, brucelles, maillet garni de cuir, boîtes en carton ovales* pour la poche, *boîtes vitrées* en carton ou en bois pour collection, *épingles à insectes, étaloirs* pour papillons, *loupe, étiquettes,* etc., car il faut tout cela pour commencer ; sans compter un local pour élever les chenilles dans des *boîtes recouvertes de toile métallique* ou dans des pots de grès, avec arrosoirs, pelle, & tout un petit matériel que vous vous procurerez peu à peu.

« Mais résumons-nous. Puisque vous voulez faire une collection, je suppose que vous soyez muni des engins de chasse nécessaires, il faut d'abord chercher des chenilles. Cela n'est pas si simple que cela le paraît ; mais ce petit *almanach,* que j'ai dressé pour mon usage personnel, pourra vous être de quelque utilité. Acceptez donc ce petit travail sur les époques d'apparition des chenilles & les plantes où elles se trouvent, avec la manière de se les procurer, soit *en fauchant* sur les plantes basses, *en battant* les arbres, *en ramassant* les feuilles sèches ou en chassant *à la vue.* »

ALMANACH

DU CHASSEUR DE CHENILLES

MARS ET AVRIL.

Le jour, dans les feuilles sèches, ou le soir, en fauchant sur les lisières des forêts, dans les clairières & les allées où croissent les primevères, les séneçons, les oseilles & chicorées sauvages, les plantains, le lierre terrestre & les épervières piloselles, on trouve :

Melitea Artemis,	*Noctua C. Nigrum,*	*Noctua Pronuba,*
Id. Cinxia,	*Id. Triangulum,*	*Id. Fimbria,*
Polyommatus Hiere,	*Id. Rhomboidea,*	*Id. Meticulosa,*
Hesperia Paniscus,	*Id. Tristigma,*	*Id. Nebulosa,*
Chelonia Caja,	*Id. Brunnea,*	*Id. Bella,*
Id. Matronula,	*Id. Festiva,*	*Id. Rurea,*
Id. Civica,	*Id. Baja,*	*Id. Conigera,*
Noctua Tenebrosa,	*Id. Herbida,*	*Id. Adusta,*
Id. Linogrisea,	*Mania Maura.*	*Id. Segetum.*

Sur les orties, les boraginées :

Chelonia Villica;	*Plusia V. Aureum,*	*Plusia Chrysitis,*
Callimorpha Dominula.	*Chelonia Fuliginosa,*	*Chelonia Civica.*

En fauchant le soir sur les graminées :

Satyrus Mægera,	*Noctua Lythargyria,*	*Noctua Turca,*
Id. *Mæra,*	Id. *Pallens,*	Id. *Xanthographa,*
Noctua Graminis,	Id. *Cespitis,*	Id. *Interjecta.*

En battant le jour les chèvrefeuilles :

Limenitis Camilla,	— *Noctua Prospicua,*	— *Plusia Iota.*

En battant le soir les ronces : *Bombyx Rubi ;* — *Geometra Obscuraria.*
En battant les cyprès : *Lasiocampa Lineosa;* — *Asteroscopus Cassinia.*
Dans les chatons des saules : les *Xanthia Silago* & *Cerago.*
Dans les jeunes pousses de peupliers, d'orme : les *Xanthia Gilvago* & *Ferruginea;* — *Noctua Subtusa.*
Dans l'intérieur des roseaux : *Noctua Obsoleta.*
Sur les plantes marécageuses : *Noctua L. Album.*
Sur l'arum maculatum : *Noctua Janthina.*
Dans les endroits arides sur la millefeuille : *Chelonia Hebe.*
Sur les graminées : *Lithosia grammica.*
Sur les lichens des pierres : les *Noctua Perla* & *Glandifera.*
Dans les racines du houblon : *Hepialus Humuli.*
Dans l'intérieur des saules & des ormes : *Cossus Ligniperda*
Sur les branches des pins, en familles : *Bombyx Pityocampa*
Dans l'intérieur des peupliers : *Sesia Apiformis.*
Sur le tronc des chênes : *Noctua aprilina.*
Dans l'intérieur des tiges du groseillier rouge : *Sesia Tipuliformis.*

MAI.

En battant, le jour, les haies de prunellier & d'aubépine :

Pieris Cratægi,	*Bombyx Cratægi,*	*Geometra Brumaria,*
Polyommatus Pruni,	*Notodonta Ceruleocephala,*	Id. *Vernaria,*
Procris Pruni,	*Plaptypterix Spinula,*	Id. *Defoliaria,*
Id. *Infausta,*	*Orgya Gonostigma,*	Id. *Lividaria,*
Bombyx Everia,	*Noctua Spadicea,*	*Catocala Paranympha.*

En battant les genêts & en fauchant sur les luzernes, mélilots, sainfoins & astragales pois-chiches :

Polyommatus Damon,	*Amphypira Spectrum;*	*Geometra Coronillaria,*
Id. *Argus,*	*Chelonia Purpurea;*	Id. *Cythysaria,*
Id. *Ægon,*	*Zygena Trifolii,*	Id. *Strigillaria,*
Id. *Alexis,*	Id. *Peucedani,*	Id. *Aureolaria,*
Id. *Alsus,*	Id. *Loniceræ.*	Id. *Aversaria,*
Id. *Adonis,*	*Ophiusa Algira,*	Id. *Remutaria,*
Id. *Dolus,*	*Geometra Genistaria,*	Id. *Mæniaria,*
Orgya Fascelina,	*Hadena Empyrea;*	*Syntomis Phegea.*

En fauchant, la nuit, sur les graminées :

Satyrus Dejanira,	*Satyrus Circe,*	*Steropes Aracynthus,*
Id. *Janira,*	Id. *Ida,*	*Erastria Argentula,*
Id. *Galathea,*	Id. *Semele,*	*Geometra Mensuraria,*
Id. *Medusa,*	*Bombyx Potatoria;*	*Noctua Impura,*
Id. *Pamphilus,*	*Chelonia Pudica,*	Id. *Lateritia,*
Id. *Corinna,*	*Plusia Gamma,*	Id. *Popularis.*

En fauchant sur les plantains & les épervières :

Melitea Parthenie;	*Geometra Silvestraria,*	*Noctua Pulla,*
Chelonia Plantaginis,	Id. *Auroraria,*	Id. *Macilenta* (dans le
Id. *Russula,*	*Noctua Virens,*	voisinage des hêtres);
Callimorpha Hera,	Id. *Lithargiria,*	*Hadena Flavicincta.*

En fauchant la nuit sur les plantes basses, séneçons, rumex, pissenlits, scabieuses, mourons, lotus, primevères, ancolie, etc. :

Polyommatus Ballus,	*Ophiusa Pastinum,*	*Noctua Occulta,*
Melitea Dictynna,	Id. *Viciæ,*	Id. *Flavicincta,*
Id. *Didyma,*	Id. *Lusoria,*	*Geometra Quinquaria,*
Hesperia Proto,	*Noctua Typica,*	Id. *Conspersaria.*
Id. *Alveolus,*	Id. *Pistacina,*	Id. *Gilvaria,*
Plusia Concha,	Id. *Præceps,*	Id. *Cervinaria,*
Amphypira Livida,	Id. *Dentina,*	Id. *Ferrugaria.*

Sur la mélique ciliée : *Satyrus Arcanius, Satyrus Iphis.*

Sur les lichens des chênes, des ormes, des peupliers : les *Lithosia Complana, Complanula, Lurideola;* — *Noctua Algæ.*

Sur les lichens des pierres : les *Lithosia Caniola, Irrorea, Ancilla;* — les *Geometra Carbonaria, Lichenearia.*

Sur les pins silvestres : *Lasiocampa Pini;* — *Geometra Alternaria.*
Sur les saxifrages des montagnes : *Parnassius Apollo.*
Sur le micocoulier : *Libythea Celtis.*
Dans l'intérieur des branches de lilas & de frêne : *Zeuzera Æsculi.*
Sur le chèvrefeuille : *Limenitis Sybilla.*
Sur l'arbousier : *Charaxes Jasius.*
Sur les choux : *Pieris Cratægi;* — *Geometra Fluctuaria;* — *Pterophorus Pterodactylus;* —
 Hadena Brassicæ.
Sur le bouillon-blanc : *Melitea Trivia;* — *Noctua Typica.*
Sur le mélampyre des bois : *Melitea Athalia.*

En battant les trembles, saules, peupliers & bouleaux :

Nymphalis Populi,	*Noctua Rhizolitha,*	*Geometra Pendularia,*
Orgya Antiqua,	*Id. Nubeculosa,*	*Id. Pusaria,*
Bombyx Neustria,	*Id. Ambusta,*	*Id. Exanthemaria,*
Id. Populifolia,	*Id. Libatrix,*	*Id. Popularia.*
Platypterix Falcula,	*Melitea Maturna,*	*Harpya Fagi,*

En battant le jour les chênes & les hêtres :

Bombyx Quercus,	*Xanthia Aurago,*	*Platypterix Curvatula,*
Id. Catax,	*Id. Croceago,*	*Id. Unguicula,*
Catocala Sponsa,	*Notodonta Trepida,*	*Id. Sicula,*
Id. Promissa,	*Id. Plumigera,*	*Geometra Bajularia,*
Noctua Alchimista,	*Noctua Convergens,*	*Id. Defoliaria,*
Id. Petrificata,	*Id. Diffinis,*	*Id. Dilutaria,*
Xanthia Rufina,	*Id. Affinis,*	*Halias Prasinana.*

Sur les tilleuls : *Xanthia Citrago;* — les *Geometra Dolabraria, Psittacaria.*
Sur les sureaux : *Geometra Sambucaria.*
Sur l'érable : *Xanthia Sulphurago.*
Sur les orties : *Vanesse Urticæ;* — *Plusia Interrogationis* & *Urticæ.*

JUIN

Battre les chênes le matin pour se procurer :

Polyommatus Quercus,	*Liparis Dispar,*	*Notodonta Chaonia,*
Id. Lynceus;	*Id. V. Nigrum,*	*Id. Dodonæa,*
Bombyx Processionea,	*Id. Monacha,*	*Psyche Graminella,*
Id. Coryli,	*Id. Auriflua,*	*Platypterix Hamula,*

Geometra Lunaria,	*Noctua Rubiginea,*	*Id. Trapezina,*
Id. Illunaria,	*Id. Vaccinii,*	*Id. Protea,*
Id. Æstivaria,	*Noctua Satellitia,*	*Id. Croceago,*
Id. Illustraria,	*Id. Ruficollis,*	*Catocala Sponsa,*
Id. Hirtaria,	*Id. Oo,*	*Id. Dilecta,*
Id. Notataria.	*Id. Distans,*	*Halias Quercana.*

En battant les saules, peupliers, trembles & bouleaux :

Vanessa C. Album,	*Dicranura Furcula,*	*Platyptherix Lacertula,*
Id. Antiopa,	*Id. Biscuspis,*	*Noctua Diluta,*
Id. Xanthomelas,	*Id. Verbasci,*	*Id. Auricoma,*
Apatura Iris,	*Notodonta Palpina,*	*Id. Parthenias,*
Id. Ilia,	*Id. Dictæa,*	*Catocala Nupta,*
Liparis Salicis,	*Id. Dictæoides,*	*Id. Electa,*
Lasiocampa Populifolia,	*Id. Tritophus,*	*Id. Optata,*
Bombyx Anastomosis,	*Id. Ziczac,*	*Ennomos Illustraria,*
Id. Anachoreta,	*Id. Torva,*	*Geometra Punctularia,*
Dicranura Bifida,	*Id. Crenata.*	*Bombyx Curtula.*

Sur les prunelliers & les arbres fruitiers :

Polyommatus Betulæ,	*Bombyx Lanestris,*	*Noctua Oleagina,*
Id. Spini,	*Lasiocampa Pruni,*	*Geometra Buplevraria,*
Papilio Podalirius,	*Catocala Paranympha,*	*Id. Viridaria,*
Lasiocampa Quercifolia,	*Noctua Pyramidea,*	*Id. Grossularia,*
Liparis Chrysorrhea,	*Id. Oxyacanthæ,*	*Id. Lividaria.*

Sur l'alaterne : *Colias Cleopatra.*
Sur la biscutelle ambiguë : *Pieris Eupheno.*
Sur l'iberis pinnata : *Pieris Bellezina.*
Sur la pariétaire officinale : *Vanessa L. Album.*
En battant sur les nerpruns : *Colias Rhamni.*

Sur l'orme :

Polyommatus W. Album,	*Vanessa C. Album,*	*Geometra Alniaria,*
Vanessa Polychloros,	*Noctua Bimaculosa;*	*Acronycta Aceris.*

En battant sur les genêts à balais :

Polyommatus Xanthe,	*Geometra Spartiaria,*	*Noctua Gothica,*
Lithosia Grammica,	*Bombyx Trifolii,*	*Orgya Dubia.*

Sur les chênes-liéges (midi de la France) : *Noctua Suberis;* — *Catocala Nymphagoga*

En fauchant, le soir, sur les violettes dans les bois :

Argynnis Paphia,	*Argynnis Niobe,*	*Argynnis Dia,*
Id. *Aglaia,*	Id. *Euphrosine,*	Id. *Selene,*
Id. *Adippe,*	*Noctua Tenebrosa,*	Id. *Latonia.*

En fauchant, le soir, sur les graminées dans les bois :

Satyrus Eudora,	*Satyrus Ægeria,*	*Hesperia Linea,*
Id. *Megæra,*	Id. *Hermione,*	Id. *Lineola,*
Id. *Mæra,*	Id. *Phædra,*	*Erebia Blandina,*
Id. *Tithonus.*	Id. *Galathæa,*	*Noctua Graminis,*
Id. *Hyperanthus,*	Id. *igæa,*	*Bombyx Potatoria.*

Sur la *statice maritima* : *Bombyx Franconica.*
Sur les primevères : *Erycina Lucina.*

En fauchant, le soir, sur les plantains, sainfoins & patiences sauvages :

Polyommatus Helle,	*Noctua Comma,*	*Chelonia Luctifera,*
Id. *Virgaureæ,*	Id. *Rumicis,*	Id. *Mendica,*
Melitea Cynthia,	Id. *Chi,*	*Geometra Amataria,*
Zygena Onobrychis,	Id. *Æthiops,*	Id. *Emarginaria,*
Acronycta Euphrasiæ,	*Chelonia Caja,*	*Hadena Pisi.*

Dans les prés marécageux : *Noctua Venosa.*
Sur le chèvrefeuille : *Noctua Gothica.*
Sur l'aconit tue-loup : les *Plusies Illustris* & *Moneta.*
Sur le trèfle d'eau : *Noctua Menyanthidis.*
Sur les pieds-d'alouette : *Noctua Cappa.*
Sur les mélèzes : *Geometra Prasinaria.*
Sur les cytises : *Colias Edusa.*
Sur les crucifères : les *Pierides Rapæ* & *Napi.*
Sur la gesse des prés : *Pieris Sinapis.*
Sur la coronille bigarrée : *Colias Hyale.*
Sur la carotte : *Papilio Machaon.*
Entre les écorces des saules : *Orthosia Lota.*
Sur les orties : les *Vanesses Io, Atalanta, Prorsa, Urticæ ;* — les *Plusia Chrysitis, Gamma.*
Sur les chardons : *Vanessa Cardui ;* — *Hesperia Tages.*
Sur les mauves : *Hesperia Malvæ.*
En levant l'écorce des vieux chênes : les *Sesia Nomadæformis, Cynipiformis.*
Sous les écorces des pommiers : *Sesia Mutillæformis.*
Sur les lichens des arbres : *Lithosia Quadra.*

Sur les lichens des murs : *Lithosia Murina.*
Sur l'euphorbe à feuilles de cyprès : *Noctua Euphorbiæ ;* — *Bombyx Castrensis.*
Sur les laitues en fleur : *Noctua Dysodea.*
Sur le tilleul : *Ennomos Tiliaria ;* — *Geometra Angularia.*
Sur le chèvr fecuille : *Geometra Syringaria.*
Sur le fusain : *Yponomeuta Evonymella.*
Sur les lentisques : *Megasoma Repandum.*
Sous les feuilles des pissenlits & épervières : *Bombyx Dumeti.*

JUILLET.

Chercher, la nuit, à la lanterne, sur l'épilobe à feuilles étroites :

Les *Sphinx Ænotheræ, Vespertilio.*

Chercher au coucher du soleil sur les euphorbes :

Les *Sphinx Euphorbiæ, Nicea ;* — *Chelonia Fasciata ;* — *Noctua Euphorbiæ.*

Sur les caille-lait blancs & jaunes : les *Sphinx Porcellus, Lineata, Galii.*
Sur les scabieuses des champs : *Sphinx Fuciformis.*
Sur les aristoloches : les *Thais Medesiscate, Cassandra.*
Sur le chèvre-feuille : *Limenitis Camilla & Sibylla ;* — *Noctua Ramosa ;* — *Sphinx Bombyli-formis.*

En battant le matin les chênes & les hêtres :

Ophiusa Lunaris,	*Notodonta Tremula,*	*Noctua Rubiginea,*
Ennomos Alniaria,	*Id. Camelina,*	*Geometra Prodomaria,*
Bombyx Populi,	*Aglia Tau,*	*Id. Pilosaria,*
Notodonta Argentina,	*Limacodes Testudo,*	*Id. Punctaria.*

Sur les bouleaux, les trembles, saules & peupliers :

Smerinthus Ocellata,	*Lasiocampa Betulifolia,*	*Acronycta Megacephala,*
Id. Populi,	*Id. Ilicifolia,*	*Id. Alni,*
Dicranura Vinula,	*Catocala Fraxini,*	*Noctua Lateritia,*
Id. Erminea,	*Noctua Leporina,*	*Geometra Betularia,*
Bombyx Versicolora,	*Pygæra Bucephala.*	*Notodonta Plumigera.*

Sur les ormes : *Vanessa C. Album, Polychloros.*
En battant les haies des prunelliers : *Saturnia Carpini.*
Sur la moutarde noire : *Pieris Cardamines.*

Sur les bouillons blancs & jaunes : les *Cucullies Verbasci, Lychnitis.*
Sur le pin : *Sphinx Pinastri;* — *Geometra Alternaria;* — *Noctua Piniperda.*
Sur les lychnides, à rechercher la |nuit : les *Dianthœcia Capsincola, Conspersa, Albmacula, Carpophaga;* — *Noctua Saponariæ.*
Sur la ravette : *Pieris Daplicide.*
Sur la fausse roquette : *Pieris Ausonia.*
A chercher dans l'intérieur des roseaux : les *Nonagrides Paludicola, Cannæ, Sparganii, Typhœ.*
Dans l'intérieur des tiges de l'hyèble : *Gortyna Flavago.*
Sur l'asclépias dompte-venin, la nuit : *Plusia Asclepiadis.*
Sur les pommes de terre : *Sphinx Atropos.*
Sur l'astragale pois-chiche : *Polyommatus Alsus..*
Sur la linaire vulgaire : *Xylina Linariæ;* — *Geometra Linaria.*
Sur l'argousier : *Sphinx Hippophaes.*
Sur la fétusque, les carex : *Plusia Festucæ.*
Sur les pieds-d'alouette : *Chariclea Delphinii.*
Sur les ormes & arbres fruitiers : *Saturnia Pyri.*
Dans les ciliques du baguenaudier : *Lycena Bœtica*
Sur les genêts : *Polyommatus Rubi.*

En fauchant le soir sur les plantes basses :

Polyommatus Alexis,	*Noctua Exoleta,*	*Noctua Suasa,*
Hesperia Comma,	*Id. Vetusta,*	*Id. Cespitis,*
Chelonia Mendica,	*Id. Humilis,*	*Id. Pallens,*
Id. Menthastri,	*Id. Glyphica,*	*Id. Pinastri,*
Noctua Rumicis,	*Id. Serena,*	*Geometra Bipunctaria.*

Sur le liseron des champs : *Hadena Oleracea;* — *Agrophila Sulphurea.*
Sur les ronces : *Noctua Batis.*
Sur les orties : *Plusia Urticæ.*
Sur les bruyères : *Noctua Myrtilli.*
Sur les genévriers : *Geometra Juniperaria*

AOUT

En battant sur les bouleaux, trembles, saules, peupliers & chênes :

Pigera Buçephala,	*Vanessa Antiopa,*	*Geometra Hastaria,*
Acronycta Aceris,	*Id. Cardui,*	*Id. Ruptaria,*
Harpya Milhauseri,	*Noctua Orion,*	*Id. Sexalaria,*
Notodonta Cucullina,	*Vanessa Polychloros,*	*Id. Lobularia,*
Id. Querna,	*Id. Leporina,*	*Id. Lactearia,*
Vanessa V. Album,	*Geometra Hirtaria,*	*Harpya Fagi.*

Sur les ormes : *Vanessa C. Album.*
Sur l'aristoloche : *Thaïs Hypsipyle.*
Sur l'alaterne : *Colias Cleopatra.*
Sur le laurier-rose : *Sphinx Nerii.*
Sur l'épilobe palustre : *Sphinx Elpenor.*
Sur le caille-lait : *Sphinx Stellatarum;* — les *Geometra Sinuaria, Rubidaria.*
Sur le chêne vert : *Smerinthus Quercus.*
Sur les orties : les *Vanessa Io* (en famille); — *Atalanta* (cachée) ; — *Noctua Triplasia.*

En fauchant sur les plantes basses la nuit :

Heliothis Marginata, — Plusia Chalsytis, — Geometra Macularia.

Sur les absinthes & tanaisies : les *Cucullies Tanaceti, Abrotani, Chamomillæ, Artemisiæ.*
Sur le séséli dioïque : *Papilio Alexanor.*
Sur les laiterons, à rechercher la nuit : les *Cucullies Lactucæ, Umbratica, Lucifuga.*
Sur la linaire : *Noctua Linariæ.*
Sur les liserons des champs : *Sphinx Convolvuli.*
Sur les lenstiques & térébinthes : *Noctua Adulatrix.*
Sur les sapins : les *Geometres Abietaria* & *Strigilaria.*
Sur les ronces : *Geometra Albicillaria.*
Sur les bruyères : les *Noctuelles Porphyrea* & *Myrtilli.*
Sur la fougère mâle : *Hadena Pteridis.*
Dans la tige & la racine du silène inflata : *Hortosia Luteago.*
En battant les noisetiers : *Noctua Marginata* & *Geometra Papilionaria.*

SEPTEMBRE.

En fauchant la nuit dans les bois sur les violettes : *Argynnis Dia* & *Euphrosine.*

En battant les genêts, les bruyères, le jour, & le soir, en fauchant sur les plantes basses, oseilles sauvages, plantain, primevères, trèfles, patiences, séncçons, scabieuses :

Colias Hyale,	*Noctua Armigera,*	*Noctua Chenopodii,*
Id. *Edusa,*	Id. *Brassicæ,*	Id. *Persicariæ,*
Polyommatus Phlœas,	Id. *Meticulosa,*	Id. *Pinastri,*
Id. *Virgaureæ,*	Id. *Glyphica,*	Id. *Cordigera,*
Id. *Xanthe,*	Id. *Mi,*	*Geometra Limbaria,*
Noctua Rumicis,	Id. *Euphrasiæ,*	Id. *Adspersaria,*
Id. *Pisi,*	Id. *Contigua,*	Id. *Rivularia,*
Id. *Trilinea,*	Id. *Lucipara,*	Id. *Ferrugaria.*
Id. *Auricoma,*	Id. *Genistæ.*	Id. *Hirtaria.*

Sur les primevères : *Erycina Lucina.*
Sur les graminées, la nuit : *Satyrus Pamphilus ;* — *Noctua Basilinea.*
Sur les épilobes : *Sphinx Elpenor.*
Sur les chardons : *Hesperia Tages.*
Sur les mauves : *Hesperia Malvæ.*
Sur les euphorbes : *Sphinx Nicea.*
Sous les mousses des pruniers : *Noctua Culta.*
Dans les jardins, sur l'oseille : *Noctua Atriplicis.*

En battant, le jour, les chênes, hêtres, érables, ormes, peupliers, trembles, bouleaux & saules :

Orgya Pudibunda,	*Bombyx Velitaris,*	*Geometra Dentaria,*
Bombyx Anastomosis,	Id. *Coryli,*	Id. *Lunaria,*
Id. *Curtula,*	*Lasiocampa Betulifolia,*	Id. *Illunaria,*
Id. *Anachoreta,*	*Platypterix Hamula,*	Id. *Roboraria,*
Pygera Bucephaloides,	Id. *Curvatula,*	Id. *Consortaria,*
Id. *Bucephala,*	Id. *Falcula,*	Id. *Hepararia,*
Dicranura Furcula,	Id. *Unguicula,*	Id. *Undularia,*
Id. *Bifida,*	Id. *Lacertula.*	Id. *Impluvaria,*
Id. *Bicuspis,*	*Noctua Ruficollis,*	Id. *Consortaria,*
Id. *Verbasci,*	Id. *Ludifica,*	Id. *dolabraria,*
Notodonta Palpina,	Id. *Octogesima,*	Id. *Illustraria,*
Id. *Dictæa,*	Id. *Or,*	Id. *Notataria,*
Id. *Dictæoides,*	Id. *Bipuncta,*	Id. *Æruginaria,*
Id. *Camelina,*	Id. *Libatrix,*	Id. *Pusaria,*
Id. *Zicʒac,*	Id. *Thalassina,*	Id. *Exanthemaria,*
Bombyx Bicolora,	*Geometra Honoraria,*	Id. *Punctaria.*

En battant, le jour, les buissons d'aubépine & de prunelliers :

Papilio Podalirius,	*Platyptherix Spinula,*	*Geometra Rhomboidaria,*
Noctua Tirrhæa,	*Noctua Culta,*	*Orgya Pudibunda.*

Sur les nerpruns : *Colias Rhamni.*
Sur le chêne vert : *Noctua Didymoides.*
Sur le troëne & le frêne : *Sphinx Ligustri.*
Sur les carottes : *Papilio Machao.*
Sur le réséda jaune : *Pieris Daplidice.*
Sur la gesse des prés : *Pieris Sinapis.*
Sur les choux & crucifères : les *Pierides Rapæ & Brassicæ.*
Sur le sapin : *Noctua Cænobita.*

Sur la clématite : *Geometra Tersaria.*
Sur les asters cultivées : *Cucullia Asteris.*
Sur la linaire : *Heliothis Dipsacea.*
Sur les orties : *Vanessa Prorsa* (forêts), *Io* (jardins)
Sur les ormes, les noisetiers : *Vanessa C. Album.*
Sur les ronces : les *Noctua Batis* & *Derasa ; — Arctia Lubricipeda.*

OCTOBRE.

Sur le lyciet d'Europe : *Sphinx Atropos.*
Sur les ronces : les *Noctuelles Batis* & *Derasa.*
En battant sur les peupliers : les *Notodontes Camelina* & *Palpina.*
Sur les pousses du noisetier : *Noctua Contigua; — Notodonta Camelina.*
En fauchant sur les orties : *Plusia Urticæ.*
En fauchant sur les bruyères : *Heliothis Myrtilli.*
En battant les prunelliers : les *Geometres Prunaria* & *Betularia.*
Sur les genêts : *Geometra Opacaria; — Gnophos Furvaria.*
Au pied des graminées, à demi enterrée : *Eliophobus Popularis* & *Leucophæa.*

NOVEMBRE.

Rechercher les chrysalides qui passent l'hiver, au pied des arbres, dans la terre meuble, à l'abri
de la pluie & sous les mousses :
Au pied des ormes : *Smerinthus Tiliæ; —* les *Orthosia Stabilis, Ambigua, Miniosa; —* les
Geometra Betularia, Prodromaria, Hispidaria.
Au pied des peupliers : *Smerinthus Populi; — Orthosia Populeta.*
Au pied des chênes : *Hadena Protea, Agriopis Aprilina, Hadena Robotris.*
Sur les écorces, chercher les coques de l'*Harpya Milhauseri,* des *Dicranura Vinula, Erminea*
& *Bifida:*
En soulevant les écorces des ormes, les chrysalides d'*Acronycta Psi, Aceris* & *Megacephala.*

« Maintenant, reprit M. Desparelles, vous n'avez plus qu'à chercher des chenilles, les élever, surveiller leurs métamorphoses et leurs éclosions & préparer les papillons. Vous avez, ou vous vous ferez faire un meuble, armoire ou buffet, avec tiroirs vitrés, pour ranger vos sujets.

Vous les tiendrez loin de l'humidité, & les visiterez une ou deux fois par mois, afin d'enlever les *anthrènes.*

— Bien, mais comment les classer ?

— Voici d'abord, dit-il, en me mettant sous les yeux plusieurs tableaux, les diverses méthodes & systèmes dont je vous ai déjà parlé, vous n'aurez qu'à choisir ; mais je vous préviens que les plus récents sont les plus généralement adoptés. Il vous faudra ensuite, pour déterminer bien des espèces, & aussi pour les avoir tous présents à la mémoire, pour vous tenir au courant des travaux modernes, quelques ouvrages spéciaux à la lépidoptérologie, dont je vous offre une bibliographie. »

TABLEAUX COMPARATIFS

DES DIVERSES MÉTHODES POUR LE CLASSEMENT DE L'ORDRE DES LÉPIDOPTÈRES.

MÉTHODE DE LINNÉ.

SYSTEMA NATURÆ.

Papillon.

A. Papillons chevaliers	A. Chevaliers troyens. B. Chevaliers grecs.
B. Papillons héliconiens.	
C. Papillons Danaïdes..	A. Danaïdes blanches. B. Danaïdes bigarrées.
D. Papillons nymphales	A. Nymphales à taches ocellées. B. Nymphales sans taches ocellées.
E. Papillons plébéiens.. .	A. Plébéiens ruraux. B. Plébéiens urbicoles.

Sphinx.

A. Sphinx légitimes.   B. Sphinx affiliés

Phalène.

A. Phalènes attacées	A. A antennes pectinées sans trompe. B. A antennes pectinées avec une trompe. C. A antennes sétacées avec une trompe.
B. Phalènes bombyx	A. Sans trompe en spirale. B. A ailes renversées. C. A ailes en toit. D. Avec une trompe en spirale. E. A dos uni. F. A dos crêté.
C. Phalènes noctuelles.	A. Noctuelles sans trompe. B. Noctuelles à trompe.
D. Phalènes géomètres.	A. Antennes pectinées. B. Antennes sétacées.
E. Phalènes tordeuses.	Ailes obtuses arquées au bord extérieur.
F. Phalènes pyrales.	Ailes formant un delta avec le corps.
G. Phalènes teignes.	Ailes roulées en cylindre.
Phalènes alucites.	Ailes digitées fendues jusqu'à la base.

MÉTHODE DE DUMÉRIL.

Globulicornes ou Rhopalocères (antennes terminées en massue).	Papillon. Hespéria (polyommates, érycines). Hétéroptère (hespéries).
Fusicornes ou Clostérocères (antennes en fuseau on en forme de prisme).	Sphinx. Sésie. Zygène.
Filicornes ou Nématocères (antennes en fil, souvent pectinées).	Bombyce Cossus. Hépiale Lithosie Noctuelle.
Séticornes ou Chétocères (antennes en soie, rarement pectinées).	Crambe. Phalène. Pyrale. Teigne. Alucite. Ptérophore.

SYSTEMATIC CATALOGUE OF BRITISH INSECTS

DE M. JAMES FRANCIS STEPHENS.

Lepidoptera diurna	Papilionidæ.	7 genres.
	Nymphalidæ.	8 —
	Lycenidæ.	3 —
	Hesperidæ.	2 —
Crepuscularia	Zygenidæ.	2 —
	Sphingidæ.	4 —
	Sesiidæ.	2 —
	Ægeriidæ.	2 —
Nocturna	Hepialidæ.	3 —
	Notodontidæ.	14 —
	Bombycidæ.	11 —
	Arctiidæ.	21 —
	Lithosiidæ.	6 —
	Noctuidæ.	75 —
	Geometridæ.	62 —
	Platyptericidæ.	3 —
	Pyralidæ.	20 —
	Tortricidæ.	40 —
	Yponomeutidæ.	33 —
	Tincidæ.	19 —
	Alucitidæ.	2 —

MÉTHODE DE LATREILLE.

Les diurnes divisés en deux tribus, 23 genres.
Les crépusculaires divisés en deux tribus, 13 genres.
Les nocturnes divisés en deux tribus, 25 genres.

DIURNES.

Papillonides.

GENRES.	TYPES D'ESPÈCES.	GENRES.	TYPES D'ESPÈCES.
Papilio	P. Machaon.	Biblis	P. Hyperia.
Zelima	P. Pylades.	Nymphalis	P. Jasius.
Parnassius	P. Apollo.	Morpho	P. Menelaus.
Thaïs	P. Rumina.	Pavonia	P. Teucer.
Pieris	P. Brassicæ.	Brassolis	P. Sophoræ.
Colias	P. Rhamni.	Eumenia	P. Minijas.
Danais	P. Plexippus.	Eurybia	P. Salome.
Idea	P. Idea.	Satyrus	P. Galathea.
Heliconia	P. Ricini.	Erycina	P. Cupido.
Acræa	P. Horta.	Myrina	P. Evagoras.
Cethosia	P. Juno.	Polyommatus	P. Argus.
Argynnis	P. Paphia.	Barbicornis	P. Basilis.
Vanessa	P. Atalanta.	Zephyrus	
Libythea	P. Celtis.		

Hespérides.

Hesperia	P. Malvæ.	Urania	P. Leilus.

CRÉPUSCULAIRES.

Sphingides

GENRES	TYPES	GENRES	TYPES
Agarista	Picta.	Macroglossa	Sph. Stellatarum.
Coronis	Leachii.	Acherontia	Sp. Atropos
Castnia	P. Dædalus.	Smerinthus	Sph. Populi.
Sphinx	Sph. Convolvuli.		

Zygénides.

Sesia	Sph. Apiformis.	Glaucopis	Zyg. Auge.
Thyris	Sph. Fenestrina.	Atychia	Sph. Chimæra.
Ægocera	Bomb. Venulia.	Procris	Zyg. Statices.
Zygæna	Sph. Filipendulæ.	Aglaope	Zyg. Infausta.
Syntomis	Sph. Cerbera.		

NOCTURNES.

Bombycites.

Hepialus.	Bomb. Humuli.	Bombyx	Bomb. Quercus.
Cossus.	Bomb. Lupulinus.	Sericaria	Bomb. Versicolora.
Stygia.	Bomb. Terebellum.	Notodonta	Bomb. Antiqua.
Zeuzera	Bomb. Æsculi.	Orgya.	Bomb. Camelina.
Saturnia	B. Pavonia Major.	Limacodes	Bomb. Testudo.
Lasiocampa.	Bomb. Quercifolia.	Psyche.	Bomb. Vestita.

Noctuo-Bombycites.

Chelonia.	Bomb. Caja.	Dicranura	Bomb. Vinula.
Callimorpha	Bomb. Dominula.	Platyptheryx	Phal. Lacertaria.
Lithosia	Bomb. Quadra.		

Noctuélites.

Erebus.	Noct. Odora.	Gonoptera	Noct. Libatrix
Noctua	Noct. Elocata.	Chrysoptera	Noct. Moneta.
Calyptra.	Noct. Thalictri.	Plusia.	Noct. Festucæ

Pyralites

Pyralis.	Tortrix Quercana.	Xylopoda	Tort. Dentana.
Volucra	Tort. Heracleana.	Procerata	Tort. Soldana.

Phalénites.

Phalæna.	Geom. Roboraria.	Hybernia	Geom. Defoliaria.
Metrocampa	Geom. Honoraria.		

Crambides & Tinéites.

Herminia.	Crambus Rostralis.	Euplocamus	Tin. Anthracinella.
Botys	Urticalis.	Phycis.	Tin. Boletella.
Hydrocampa	Potamogalis.	Tinea	Tin. Granella.
Aglossa	Pinguinalis.	Ilithya.	Crambus Carneus.
Galleria	Tinea Cerella.	Yponomeuta	Evonymella.
Crambus.	Pratella.	Œcophora	Tin. Bracteella.
Alucita	Tinea Rostrella.	Adela	Tin. Reaumurella.

Ptérophorites.

Pterophorus. . . . . . Tin. Pendadactyla.   Orneodes. . . . . . . , Tin. Hexadactyla

Méthode entièrement établie d'après les chenilles.

CATALOGUE SYSTÉMATIQUE DES LÉPIDOPTÈRES

DES ENVIRONS DE VIENNE

PAR MM. DENIS & SCHIFFERMULLER.

1776.

Sphinges.

	GENRES ACTUELS.	TYPES.
Larvæ Acrocephalæ.	Smerithus	Ocellata.
— Amplocephalæ	Sphinx.	Convolvuli.
— Maculatæ	Deilephila	Euphorbiæ.
— Ophthalmicæ.	Deilephila	Celerio.
— Elongatæ	Macroglossa.	Stellatarum.
— Subpilosæ.	Sesia	Apiformis.
— Phalæniformes.	Zygæna	Filipendulæ.

I. LARVA PEDIBUS 16 INSTRUCTA.

Phalænæ.

Larvæ Sphingiformes	Endromis.	Versicolora.
— Verticillatæ.	Saturnia.	Pyri.
— Tuberosæ	Liparis.	Rubea
— Nodosæ.	Liparis.	Salicis.
— Ursinæ.	Chelonia.	Caja.
— Celeripedes	Chelonia.	Lubricipeda.
— Fasciculatæ.	Orgya.	Pudibunda.
— Cristatæ.	Pygæra	Curtula.
— Collariæ.	Lasiocampa.	Quercifolia.
— Villosæ.	Bombyx	Quercus.
— Pilosæ	Eriogaster	Lanestris.

	GENRES ACTUELS.	TYPES.
Larvæ Subpilosæ.	Pygæra	Bucephala.
— Lignivoræ.	Cossus.	Cossus.
— Radicivoræ.	Hepialus.	Humuli.
— Noctuiformes.	Asteroscopus	Cassinia.
— Geometriformes	Orthorhinia.	Palpina.
— Gibbosæ.	Notodonta	Dromedarius.

II. Larva pedibus 14 instructa.

Larvæ Furcatæ.	Dicranura	Vinula.
— Cuspidatæ.	Platypteryx.	Sicula.

III. Larva pedibus haud conspicuis.

Larvæ Limaciformes.	Limacodes	Testudo.

Noctuæ.

I. Larva pedibus 14 instructa.

Larvæ Tentaculatæ.	Uropus.	Ulmi.

II. Larva pedibus 16 instructa.

Larvæ Bombyciformes.	Acronycta.	Tridens
— Tineiformes	Lithosia	Quadra.
— Rhomboideæ,	Hercyna.	Paliolais.
— Pubescentes	Bryophila.	Algæ.
— Corticinæ.	Miselia.	Bimaculosa.
— Tenuistriatæ.	Polia.	Flavicincta.
— Variegatæ.	Cucullia	Absynthii.
— Albosparsæ.	Xylina.	Exoleta.
— Albopunctatæ.	Orthosia.	Instabilis.
— Albilateres.	Orthosia.	Pistacina.
— Terricolæ.	Agrotis.	Suffusa.
— Largostriatæ	De plusieurs genres.	
— Obliquostriatæ.	Phlogophora	Meticulosa.
— Arctostriatæ	Leucania.	Comma.

	GENRES ACTUELS	TYPES.
Larvæ Scutellatæ.	Cerastis	Vaccinii.
— Ochrocephalæ.	Xanthia	Citrago.
— Larvicidæ.	De plusieurs genres.	
— Furtivæ.	Apamea	Latruncula.
— Curvilineatæ.	Heliothis.	Ononis.
— Ciliatæ.	Catocala.	Fraxini.
— Pseudogeometricæ.	Abrostola.	Triplasia.

III. LARVA PEDIBUS 12 INSTRUCTA.

Larvæ Semigeometræ.	Plusia	Festucæ.
— Serpentinæ.	Ophiusa	Lunaris.

Geometræ.

LARVA PEDIBUS 12 INSTRUCT

Larvæ Seminoctuales.	Ellopia	Margaritaria.
— Stoloniformes.	Geometra	Cythisaria.
— Corticinæ	Amphidasys.	Hirtaria.
— Pedunculares.	Boarmia	Roboraria.
— Surculiformes.	De plusieurs genres.	
— Ramiformes	Ennomos.	Alniaria.
— Striatæ.	Hybernia.	Defoliaria.
— Strigillatæ.	Cabera	Pendularia.
— Rigidæ	Gnophos.	Pullata.
— Noctuiformes.	Acidalia	Rhamnata.
— Rugosæ.	Larentia	Bipunctaria.
— Squamosæ.	Cidaria	Fulvata.
— Signatæ.	Zerena	Adustata.
— Punctatæ	Idæa.	Dealbata.
— Filiformes.	Pellonia	Vibicaria.

PYRALIDES, TORTRICES, TINEÆ & ALUCITÆ, classées d'après leurs formes & leur couleur.

Leurs chenilles étant peu connues.

Papiliones.

Larvæ Tortriciformes.	Hesperia.	Malvæ.
— Bombyciformes.	Parnassius	Apollo.

		GENRES ACTUELS.	TYPES.
Larvæ Variegatæ.	. . . . .	Papilio.	Machaon.
— Mediostriatæ.	. . . .	Pieris	Cratægi.
— Pallidiventres.	. . . .	Colias.	Hyale.
— Subfurcatæ	. . . . .	Satyrus	Ægeria.
— Cornutæ . .	. . . .	Apatura	Ilia.
— Subspinosæ . .	. . .	Limenitis.	Camilla.
— Acutospinosæ.	. . . .	Vanessa	Atalanta.
— Collospinosæ.	. . . .	Argynnis.	Paphia.
— Pseudospinosæ	. . . .	Melitæa	Phœbe.

LARVÆ ONISCIFORMES.

Larvæ Oblongoscutatæ.	. . . .	Polyommatus.	Virgaureæ.
— Gibboscutatæ.	. . . .	Argus.	Meleager.
— Depressoscutatæ	. . . .	Thecla.	Pruni.
— Ignotæ.	. . . .		Ascalaphus.

INDEX METHODICUS

DU DOCTEUR J. A. BOISDUVAL. 1840

RHOPALOCERA.

Succinctæ.

TRIBUS.			TRIBUS.		
Papilionides.	. . . .	4 genres.	Lycænides	. . . .	3 genres.
Pierides	. . . .	6 —	Erycinides	. . . . :	1 —

Pendulæ.

Danaides.	. . . .	1 genres.	Apaturides	. . . .	2 genres.
Nymphalides	. . . .	5 —	Satyrides.	. . . .	4 —
Libytheides.	. . . .	1 —			

Involutæ.

Hesperidæ. . . . . 4 genres

HÉTÉROCERA.

Progressoriæ.

Stygiariæ	2 genres.	Saturnides	1 genres.
Sesiariæ	2 —	Endromides	2 —
Sphingides	6 —	Zeuzerides	4 —
Zygænides	4 —	Psychides	2 —
Lithosides	7 —	Cochiopodes	1 —
Chelonides	5 —	Drepanulides	2 —
Liparides	3 —	Notodontides	10 —
Bombycini	4 —		

Noctuæ.

Noctuobombycini	3 genres.	Xylinides	6 genres.
Bombycoides	3 —	Calpides	1 —
Amphipyrides	6 —	Plusides	3 —
Noctuides	9 —	Héliothides	4 —
Hadenides	17 —	Acontides	1 —
Leucanides	3 —	Catocalides	5 —
Caradrinides	3 —	Noctuophalænides	7 —
Orthosides	10 —		

Geometræ . . . . 59 genres.

MÉTHODE GUÉNÉE.

RHOPALOCERA.

TRIBUS.	TRIBUS.	TRIBUS.
Papilionidæ	Danaidæ.	Apaturidæ.
Piëridæ.	Nymphalidæ.	Satyridæ.
Lycænidæ.	Libythcidæ	Hesperidæ
Erycinidæ		

HETEROCERA.

Sesiidæ.
Sphyngidæ.
Zygænidæ.
Lithosidæ.
Chelonidæ.
Liparidæ.
Bombycidæ.
Saturnidæ.
Endromidæ.
Cossidæ.
Hepialidæ.
Côcliopodæ.
Psychidæ.
Drepanulidæ.
Notodontidæ.
Noctuo-bombycidæ.
Bryophilidæ.

Bombycoidæ.
Leucanidæ.
Glottulidæ.
Apamidæ.
Caradrinidæ.
Noctuidæ.
Orthosidæ.
Cosmidæ.
Hadenidæ.
Xylinidæ.
Heliothidæ.
Hæmerosidæ.
Acontidæ.
Erastridæ.
Anthophilidæ.
Phalænoidæ.
Eriopidæ.

Eurhipidæ.
Placodidæ.
Plusidæ.
Calpidæ.
Gonopteridæ.
Amphipyridæ.
Toxocampidæ.
Stilbidæ.
Homopteridæ.
Catephidæ.
Bolinidæ.
Catocalidæ.
Ophiusidæ.
Euclididæ.
Poaphilidæ.
Focillidæ.

Deltoïdes & Pyralites.

Herminidæ.
Pyralidæ.
Cledeobidæ.
Hercynidæ

Ennychidæ.
Asopidæ.
Steniadæ.

Hydrocampidæ.
Margarodidæ.
Botydæ.
Scoparidæ.

Phalénites.

Urapterydæ.
Ennomidæ.
Amphidasydæ.
Boarmidæ.
Boletobidæ.
Geometridæ.

Ephyridæ.
Acidalidæ.
Micronidæ.
Caberidæ.
Macaridæ.
Fidonidæ.

Zerenidæ.
Ligidæ.
Hybernidæ
Larentidæ
Eubolidæ.
Sionidæ.

BIBLIOGRAPHIE ENTOMOLOGIQUE.

REVUES.

	fr.	c.
Annales de la Société entomologique de France :		
Première série : années 1832 à 1842 ; 11 vol. in-8	230	»
Deuxième série : années 1843 à 1852 ; 10 vol. in-8	200	»
Troisième série : années 1853 à 1860 ; 8 vol. in-8	160	»
Quatrième série : années 1861 à 1864 ; 4 vol. in-8	96	»
Annales de la Société entomologique belge, tome I à VIII : 1857 à 1863.		
Chaque volume	10	»
Berliner entomologische Zeitschrift, édité par la Société entomologique de Berlin.		
Première année, 1857	7	50
Deuxième à huitième année, 1858-1864, à	11	50
Erichson (W. F.). Bericht über wissenschaftliche Leistungen im Gebiete der Entomologie. Années 1838-1846	33	»
— Continuation par le docteur Schaum, 1847-1852	20	»
— Continuation par le docteur A. Gerstaecker, 1853-1858	36	»

OUVRAGES SYSTÉMATIQUES.

	fr.	c.
Boisduval (docteur J.-A.). Species général des Lépidoptères diurnes ; tome I, avec deux livraisons de planches, figures noires	12	50
Le même, figures coloriées	18	50
— Genera & index methodicus Europeorum Lepidopterorum ; pars prima, sistens papiliones, sphinges, bombyces, noctuas, 1 vol. in-8	5	»
De Geer. Mémoires pour servir à l'histoire des Insectes. Stockholm, 1752-1771. in-4	200	»
Duméril (A.-M.-C.). Considérations générales sur la classe des Insectes. Paris, 1823, in-8, avec 60 planches, figures noires (25 fr.)	15	»

fr. c.

Dyméril. Entomologie analytique. Histoire générale, classification naturelle & méthodique des Insectes, à l'aide de tableaux synoptiques. Paris, 1860, 2 vol. in-4, avec figures. 25   »

Duponchel (P.-A.-J.). Catalogue méthodique des Lépidoptères d'Europe, distribués en familles, tribus & genres. Paris, 1844, 1 vol. in-8. 15   »

Esper (J.-Ch.). Die ausländischen oder die ausserhalb Europa zur Zeit in den übrigen Welttheilen vorgefundenen Schmetterlinge in Abbildungen nach der Natur mit Beschreibungen. Herausgegeben von Toussaint Charpentier. Erlangen, 1830, in-4, avec 63 planches coloriées 80   »

Fabricius (J.-C.). Entomologia systematica emendata & aucta, &c. Hafniæ, 1793, 5 vol. in-8. 40   »

— Mantissa Insectorum, &c. Hafniæ, 1787, in-8, 2 vol. 8   »

Guénée (A.). Species général des Lépidoptères nocturnes, faisant suite à la partie traitée par le docteur Boisduval, tomes V à X, avec cinq livraisons de planches, figures noires 50   »
    Les mêmes, figures coloriées 60   »

Herrich Schaeffer. Systematische Bearbeitung der Schmetterlinge von Europa. Regensburg, 1843-1855. Ouvrage complet en 65 livraisons, publiées au prix de 13 fr. 25 c., avec 646 planches in-4 coloriées. 700   »

Latreille (P.-A.). Histoire naturelle des Crustacés & des Insectes. Paris, 1792-1805, 6 vol. avec planches. 40   »

Linné. Systema naturæ. Il y a diverses éditions de cet ouvrage 10   »

Réaumur. Mémoires pour servir à l'histoire des Insectes. Paris, 1724, 6 vol. in-4, avec figures. 45   »

Systematisches Verzeichniss von den Schmetterlingen der Wiener Gegend. Braunschweig, 1801. 8   »

FAUNES D'EUROPE & PUBLICATIONS DIVERSES.

Curtis (John). British Entomology. Illustrations and Descriptions of the Genera of Insects found in Great Britain and Ireland Lepidopters. London, 1863, in-8, 1 vol. avec 193 planches. 120   »

Donovan (E.). The Natural History of British Insects. London, 1792-1813, in-8, 16 vol. 365   »

	fr.	c.
DOUBLEDAY (Edw.) and WESTWOOD (John O.). The Genera of diurnal Lepidoptera. London, 1846-1852, 2 vol. in-fol., avec atlas de 86 planches coloriées,	250	»
ERNST & ENGRAMELLE. Papillons d'Europe, peints d'après nature. Paris, 1779 à 1792, 8 vol. in-4, avec 350 planches, figures coloriées, reliés	200	»
FREYER (C.-F.). Neucre Beitræge zur Schmetterlingskunde. Augsbourg, 1833-1842, 4 vol. in-4	200	»
— Beitræge zur Geschichte Europæischer Schmetterlinge, 1827 à 1830, 3 vol. in-24	45	»
GEOFFROY. Histoire abrégée des Insectes qui se trouvent aux environs de Paris. Paris, an VII, 2 vol. in-4, avec 22 planches.	24	»
GODART & DUPONCHEL. Histoire naturelle des Lépidoptères de France, avec des figures de chaque espèce, dessinées & coloriées d'après nature. Paris, 1821-1845, avec Supplément des Lépidoptères d'Europe. Paris, 1836-1845, & Iconographie & Histoire naturelle des Chenilles. Paris, 1832-1849. Cet ouvrage complet comprend 20 vol. in-8, demi-reliure.	350	»
HAGEN (H. A.). Bibliotheca entomologica. Die Litteratur über das ganze Gebiet der Entomologie bis zum Jahre 1862. Leipzig, 1862-1863, 2 vol. in-8 br.	28	»
HUBNER. Sammlung europæischer Schmetterlinge. Augsbourg, 1796 & suiv., in-4. Il y a un supplément par GEYER.	12	»
KAYSER (J. C.). Deutschlands Schmetterlinge. Mit Berücksichtigung sæmmtlicher europæischer Arten; 1 vol. in-8	50	»
MILLIÈRE (P.). Iconographie & description de Chenilles & Lépidoptères inédits. Paris, 1859-1865, grand in-8. Cet ouvrage se publie par livraisons de texte & de planches gravées & coloriées avec une perfection extrême. Prix de la livraison, à raison de 1 fr. 25 c. la planche	7	50
Les livraisons 1 à 10, formant le tome I, grand in-8 de 800 pages, avec 50 planches	62	50
OCHSENHEIMER (Ferd.). Die Schmetterlinge von Europa. Leipzig, 1807 à 1816, 4 vol. in-8	60	»
PERCHERON (A.). Bibliographie entomologique, comprenant l'indication par ordre alphabétique des noms d'auteurs : 1° des ouvrages entomologiques publiés en France & à l'étranger, depuis les temps les plus reculés jusqu'à nos jours ; 2° des monographies & mémoires contenus dans les recucils, journaux & collections académiques françaises & étrangères ; accompagnée de notices sur les		

		fr.	c.

ouvrages périodiques, les dictionnaires & les mémoires des sociétés savantes; suivie d'une table méthodique & chronologique des matières. Paris, 1837, 2 vol. in-8. . . . . **4** »

ROESEL. Die monatlich herausgegebene Insektenbelustigung. Nuremberg, 1746-1761, 4 vol. in-4. Il y a un supplément par KLEEMANN. 1792-1793, in-4. . **170** »

ROSSI (P.). Fauna Etrusca. Liburni, 1790, 2 vol. in-4. . . . . **25** »

— Mantissa Insectorum. Pisa, 1792-1794, 1 vol. in-4. . . . . **20** »

SCHRANK. Fauna Boïca. Ingolstadt, 1801, 3 vol. in-4. . . . . **60** »

SPEYER (Ad. & Aug.). Geographische Verbreitung der Schmetterlinge Deutschlands und der Schweiz. 1858, 2 vol. in-8. . . . . : **22** **50**

SEPP. Beschouwing der Wonderen gods in de mitgeachte Schepleren of Nederlandsche Insecten. Amsterdam, 1762-1786, 7 vol. in-4. . . . . **200** »

STEPHENS. Illustrations of British Entomology, or a Synopsis of British Insects : containing their Generic and Specific Distinctions; with an Account of their Metamorphoses, Times of Appearance, Localities, Food and Economy; les Lépidoptères forment 4 vol. avec planches coloriées. . . . . **150** »

TREITSCHKE. Die Schmetterlinge von Europa. Leipzig, 1825 à 1826, étant le supplément de l'ouvrage d'Ochsenheimer . . . . **50** »

VILLERS (de) & GUÉNÉE. Tableaux synoptiques des Lépidoptères d'Europe, contenant la description de tous les Lépidoptères diurnes. Paris, 1835, in-4 avec une planche; demi-reliure . . . . **6** »

WESTWOOD. Introduction to the moderne Classification of Insects; founded on the Natural Habits and corresponding Organization of the Different Families; 2 vol. in-8. . . . . **40** »

WILDE (O.). Systematische Beschreibung der Pflanzen unter Angabe der an denselben lebenden Raupen. Berlin, 1860, 1 vol. in-8 . . . . **15** »

NOMS DES PRINCIPAUX AUTEURS

DONT LES OUVRAGES SONT LE PLUS ESTIMÉS SUR LES PAPILLONS D'EUROPE, ETC., ETC.

ALLEMAGNE : Borkhausen. — Esper. — Freyer. — Frisch. — Hagen. — Herrich-Schaeffer. — Heinemann. — Hübner. — Illiger. — Jablonski. — Kayser. — Lederer. — Ochsenheimer. — Panzer. — Ratzeburg. — Rœsel. — Schranck. — Speyer. — Staudinger. — Treitschke. — Wilde.

Belgique : Selys de Longchamp.

France : Audouin. — Boisduval. — Dufour. — Duméril. — Duponchel. — Engramelle. — Geoffroy. — Godart. — Guénée. — Guérin-Menneville. — Latreille. — Lucas. — Millière. — Percheron. — Rambur. — Réaumur. — Villers.

Grande-Bretagne : Curtis. — Donovan. — Doubleday. — Drury. — Harris. — Hewitson. — Kirby. — Ray. — Rennie. — Spence. — Stephens. — Westwood. — Wood.

Italie : Costa. — Rossi.

Pays-Bas : Cramer. — Lyonet. — Sepp. — Swammerdamm.

Russie : Eversmann. — Fischer de Waldheim. — Menetriès.

Suède : Dalman. — De Geer. — Fabricius. — Linné.

Suisse : Bonnet. — Füesli.

— Ce catalogue est fort utile, dis-je, après y avoir jeté les yeux ; mais je n'ai pas l'ambition de former une bibliothèque aussi étendue, car je ne songe pas à collectionner tous les papillons de la terre, je me bornerai à connaître ceux de mon département & je voudrais un ouvrage résumé qui m'apprît à les nommer & à les classer.

— Alors, répondit M. Desparelles, c'est le cas de vous faire cadeau d'un recueil de planches coloriées, contenant près d'un millier de papillons & de chenilles, ainsi que les plantes qui les nourrissent, avec un texte explicatif en regard. Ce texte de mon ami Depuiset est plein de précieux renseignements sur les espèces les plus saillantes, les plus belles ou les plus nuisibles de l'Europe. Vous n'y trouverez pas la description détaillée des couleurs & des dessins des ailes du papillon, c'eût été faire un double emploi, puisque chaque sujet est exactement représenté. Mais vous aurez un genera donnant l'habitat, leurs mœurs, leur nom français, la description des chenilles, l'époque d'apparition de l'insecte parfait, basée pour les espèces qui habitent un peu partout, sur la latitude de Paris. Dans le Midi ces époques sont plus précoces, car les éclosions dépendent, comme je vous l'ai déjà dit, de la température plus ou moins élevée. Il en est de même des espèces ayant une ou deux générations par an ; c'est selon le climat & les années. M. Depuiset

a non-seulement consigné ici les observations journalières qu'il est à
même de faire depuis longtemps, mais encore celles de MM. Pierret
père & fils, entomologistes regrettés, qui lui ont légué un précieux
manuscrit contenant le relevé de vingt années de chasses aux papillons,
en souvenir des excursions qu'ils avaient souvent faites ensemble.
Je vous recommande donc ce petit ouvrage sur les lépidoptères
d'Europe destiné à donner le goût de cette branche de l'histoire naturelle, & je ne doute pas que dans les mains d'un débutant, il ne soit d'un
grand secours. »

Après avoir passé la journée avec notre nouvel ami & l'avoir
vivement remercié, nous le quittâmes en lui promettant de revenir
bientôt. Pigeot, l'artiste chevelu & railleur, ne mordit pourtant pas à
l'entomologie, mais il n'en aima pas moins l'aimable & bon solitaire de
la forêt, & se fit un divertissement favori d'imiter le rire & le langage
d'Æthiops, au grand contentement du bon nègre qui s'admirait encore
dans sa caricature. Quant à moi, je pris assez de goût au *monde des
papillons* pour retenir & raconter fidèlement ma leçon de quarante-huit
heures.

Nohant, 1866.

MAURICE SAND.

TABLE DES CHAPITRES

DE LA PREMIÈRE PARTIE.

PARIS. — J. CLAYE, IMPRIMEUR, RUE SAINT-BENOIT, 7.

GENERA

DES

LÉPIDOPTÈRES

GENERA

DES

LÉPIDOPTÈRES

HISTOIRE NATURELLE

DES

PAPILLONS D'EUROPE ET DE LEURS CHENILLES

PAR

A. DEPUISET

NATURALISTE, MEMBRE DES SOCIÉTÉS ENTOMOLOGIQUES DE FRANCE, DE LONDRES, DE BELGIQUE, ETC.

ORNÉ DE 50 PLANCHES COLORIÉES, DESSINÉES ET PEINTES D'APRÈS NATURE

REPRÉSENTANT 875 SUJETS : PAPILLONS — CHENILLES — CHRYSALIDES — PLANTES

PARIS

J. ROTHSCHILD, LIBRAIRE-ÉDITEUR

43, RUE SAINT-ANDRÉ-DES-ARTS, 43

1867

LE MONDE DES PAPILLONS

DEUXIÈME PARTIE

LES PAPILLONS D'EUROPE

GENERA DES LÉPIDOPTÈRES D'EUROPE ET DE LEURS CHENILLES
COMPRENANT L'HISTOIRE NATURELLE EN GÉNÉRAL, L'ÉPOQUE D'APPARITION
LEUR HABITAT, MŒURS, NOURRITURE
DESCRIPTION DES CHENILLES, LA SYNONYMIE FRANÇAISE
ET DE NOMBREUSES OBSERVATIONS PRATIQUES SUR LA CHASSE

ABRÉVIATIONS.

♂ Mâle.
♀ Femelle.

Alb.	Albin.
And.	Anderegg.
Bdv.	Boisduval.
Bork.	Borkhausen.
Br.	Brahm.
Brd.	Bruand.
Cl.	Clerck.
Cost.	Costa.
Cr.	Cramer.
Curt.	Curtis.
Dalm.	Dalman.
Dard.	Dardouin.
Deprun.	Deprunner.
Devill.	De Villers.
Donov.	Donovan.
Donz.	Donzel.
Dbd.	Doubleday.
Drap.	Draparnaud.
Dr.	Drury.
Dup.	Duponchel.
Engr.	Ernst et Engramelle.
Esp.	Esper.
Ev.	Eversmann.
Fab.	Fabricius.
Fischer.	Fischer von Roslerstamm.
Fischer.	Fischer von Waldheim.
Fons.	Boyer de Fonscolombe.
Fr.	Freyer.
Fris.	Frisch.
Friw.	Friwaldsky.
Fuess.	Fuessly.
Geof.	Geoffroy.
Germ.	Germar.
God.	Godart.
Gn.	Guénée.
Guér.	Guérin.
Haw.	Haworth.
Heeg.	Heeger.
Her.	Hering.
H. S.	Herrich-Schæffer.
Hey.	Heyden.
Hub.	Hübner.
Huf.	Hufnagel.
Illig.	Illiger.
Kad.	Kaden.
Kef.	Keferstein.
Kind.	Kindermann.
Klec.	Kleemann.
Kn.	Knock.
Kol.	Kollar.
Kuhl.	Kuhlwein.
Lah.	Laharpe.
Lasp.	Laspeyres.
Latr.	Latreille.
Led.	Lederer.
Lin.	Linné.
Ménét.	Ménétriès.
Metz.	Metzner.
Mill.	Millière.
Mn.	Mann.
Nik.	Nikerl.
Ochs.	Ochsenheimer.
Pal.	Palmer.
Panz.	Panzer.
Payk.	Paykul.
Pct.	Petagna.
Quens.	Quensel.
Rb.	Rambur.
Reaum.	Reaumur.
Roes.	Rœsel.
Ros.	Rossi.
Schæf.	Schæffer.
Schl.	Schlœger.
Schr.	Schrank.
Scop.	Scopoli.
Scrib.	Scriba.
Sich.	Sichel.
Silb.	Silbermann.
Som.	Sommer.
Staud.	Staudinger.
Steph.	Stephens.
Sulz.	Sulzer.
Thunb.	Thunberg.
Tr.	Treitschke.
View.	Vieweg.
W. V.	Wiener Verzeichniss.
Zel.	Zeller.

RHOPALOCERA, Bdv.

PREMIÈRE FAMILLE. — LES DIURNES, Latr.

TRIBU DES PAPILIONIDES ; *PAPILIONIDÆ.* — Pl. II.

GENRE PAPILIO, Lin.

Papilio Machaon, Lin. *Grand porte-queue,* Engr, *fig.* 1, *a, b, c, d.* — Dans toute l'Europe, en mai, juillet et août, on le rencontre le plus souvent dans les jardins, les champs de luzerne.

Il faut chercher sa chenille en juin et septembre sur la carotte et le fenouil, plantes dont elle fait sa nourriture de prédilection.

Papilio Podalirius, Lin. *Flambé,* Engr., *fig.* 2, *a, b, c, d.* — Dans une grande partie de l'Europe, excepté le Nord. Commun dans le centre et le midi de la France. Le *Flambé* recherche les clairières et les allées des bois, les grands jardins.

La chenille vit particulièrement sur le prunellier, en juin, août et septembre. Celle de la première génération donnent leurs papillons en juillet et août; celles de la seconde en avril et mai de l'année suivante.

Papilio Alexanor, Esp., *fig.* 3. — L'Alexanor ne paraît qu'une fois par an et n'est pas rare dans les montagnes des environs de Digne vers la fin de juin et les premiers jours de juillet. Aime à se poser sur les chardons en fleurs.

Sa chenille croît rapidement et fait sa nourriture exclusive du séséli dioïque. Elle ressemble beaucoup pour la forme à celle du *Machaon,* mais le fond de sa couleur est d'un vert plus jaunâtre, et les bandes de ses anneaux ne sont pas, comme chez celle-ci, marquées de points orangés.

Dans les derniers jours de juillet, le commencement d'août, elle va se fixer contre les rochers afin d'y passer l'hiver à l'état de chrysalide.

GENRE THAIS, Fab.

Thaïs Hypsipyle, Fab. — **Polyxena,** Hub. *Diane,* Engr., *fig.* 4. — Commune en avril et mai, dans les clairières des forêts de la Hongrie, de la Russie méridionale.

Chenille d'un jaune citron, avec des épines charnues, fauves, ciliées de noir, et une rangée latérale de points noirs. Vit en juillet et août sur les aristoloches clématite et à feuilles rondes.

1

Cette espèce se trouve également en Italie et dans le midi de la France, aux environs d'Hyères, mais alors modifiée, et connue sous le nom de *Cassandra*, Hub. Dans les années hâtives elle y paraît dès le commencement de mars.

La chenille de *Cassandra*, qu'on rencontre en juillet et août sur les *Aristolochia pistolochia* et *rotunda*, se chrysalide sur les tiges de la plante qui lui a servi de nourriture, ou sous quelques pierres environnantes.

Thaïs Medesicaste, Och. *Proserpine*, ENGR., *fig.* 5. — Commune en mai, juin, dans les garigues du Languedoc et de la Provence.

La chenille se trouve à la fin de juillet, le commencement d'août, sur l'Aristoloche pistoloche. Se chrysalide, de même que *Cassandra*, en se fixant sur la plante qui l'a nourrie. Cette chenille ressemble assez à celle de l'*Hypsipyle*. Elle est d'un vert jaunâtre, avec deux bandes dorsales, jaune-soufre, bordées de deux lignes noires interrompues ; ses tubercules coniques, ou épines charnues, de couleur orange, sont également hérissés de poils noirs.

La *Medesicaste* a cela de particulier, qu'elle reste quelquefois deux années à l'état de chrysalide, et que des chenilles récoltées surtout dans les environs de Digne, on obtient, dans la proportion de un à deux pour cent, une variété fort remarquable chez laquelle le rouge domine principalement aux ailes inférieures. Cette variété, ou aberration, est connue sous le nom d'*Honnoratii*. Bdv.

TRIBU DES PARNASSIDES; *PARNASSIDÆ*.

GENRE DORITIS, Och.

Doritis Apollina, Och. *Petit Apollon*, ENGR., *fig.* 6, ♀. — Cette belle et rare espèce, comme européenne, vole dès le commencement du printemps dans les montagnes de la Grèce, de la Turquie, des îles de l'Archipel et aux environs de Smyrne.

Chenille d'un noir-mat, très-légèrement pubescente, avec deux rangées de gros points rouges sur les côtés, et dans l'intervalle une suite de points jaunes, plus petits, placés au commencement des anneaux depuis le cinquième jusqu'au neuvième. Vit, en avril et mai, sur l'Aristoloche, en s'abritant à la façon de la *V. Cardui*. Se métamorphose à la surface du sol ou bien en terre. Chrysalide brune, ramassée, ayant beaucoup d'analogie avec celles de certains bombycites. Éclôt en février et mars.

A. PRUNUS SPINOSA, *Prunellier*.
B. CARUM CARVI, *Cumin des prés*.

PARNASSIDÆ. — Pl. III.

GENRE PARNASSIUS, Latr.

Parnassius Apollo, Lin. *Apollon*, Engr., *fig*. 1, *a*, *b*, *c*, *d*. — Commun dans les Alpes et les Pyrénées, etc., en juin et juillet. Ce papillon a le vol lourd et se prend très-facilement lorsqu'il quitte les endroits escarpés.

La chenille vit sur différentes espèces d'orpins *Sedum* et de saxifrages. On la trouve en mai, et au commencement de juin ; à cette époque, elle se renferme dans une légère coque entre des feuilles, et s'y transforme en une chrysalide ayant assez de ressemblance avec la nymphe d'un nocturne, et d'où l'insecte parfait sort au bout d'une vingtaine de jours.

L'Apollon varie beaucoup.

Parnassius Phœbus, Hub., *fig*. 2, *a*, *b*. — Alpes de la Suisse, de la Savoie, etc.; en juillet. Le *Phœbus* fréquente de préférence les bords des torrents qui descendent des glaciers, les prairies humides des montagnes.

La chenille est connue depuis longtemps, mais nous ne sachons pas qu'il en ait été donné une description.

Cette espèce est généralement moins abondante que ses deux congénères dont nous parlons.

Parnassius Mnemosyne, Lin. *Semi-Apollon*, Engr., *fig*. 3, *a*, *b*, *c*. — Ce parnassien est très-commun en juin et juillet dans les Pyrénées, les montagnes de la Suisse, de l'Allemagne, de la Suède. N'habite que les prairies très-élevées, où on le voit voler en grand nombre sur les ombellifères.

La chenille vit en avril et mai sur les *Corydalis*, plante de la famille des fumariées, et se tient cachée pendant le jour sur terre entre des feuilles. Se chrysalide, ainsi que l'Apollon, au milieu de quelques feuilles réunies avec des fils de soie.

A. Sedum telephium, *Orpin reprise*.
B. Carduus nutans, *Chardon à tête penchée*.

TRIBU DES PIÉRIDES; *PIERIDÆ*. — Pl. IV.

GENRE LEUCOPHASIA, Steph.

Leucophasia Sinapis, Lin. *Piéride de la moutarde*, God., *fig.* 1, *a*, *b*, *c*. — Commune dans toute l'Europe, en mai, juillet et août. Bois humides, prairies.

La chenille vit en juin et septembre sur le lotier corniculé, la gesse des prés, *Lathyrus pratensis*.

Les *Sinapis* dépourvues de la tache apicale noire portent le nom d'*Erysimi*, Bork.

GENRE PIERIS, Schrank.

Pieris Cratægi, Lin. *Gazé*, Engr., *fig.* 2, *a*, *b*, *c*. — Dans toute l'Europe. Très-commune en juin dans les champs, les jardins, etc.

Les chenilles, qui passent l'hiver en société sous une toile dans leur jeune âge, se trouvent principalement sur l'aubépine et le prunellier, et se changent en chrysalide vers la fin d'avril, le commencement de mai.

La piéride *gazée* fait partie des insectes nuisibles en raison de sa chenille, très-vorace ; vit aussi sur les arbres fruitiers et leur occasionne beaucoup de tort.

Pieris Brassicæ, Lin. *Piéride du Chou*, God., *fig.* 3, *a*, *b*, — Dans toute l'Europe. Prairies, champs et jardins durant toute la belle saison.

C'est un des papillons les plus communs et dont la chenille fait souvent beaucoup de tort dans les jardins potagers en s'attaquant aux plantes crucifères qu'on y cultive. Le chou *Brassica oleracea*, sur lesquels on en trouve depuis la fin de mai jusqu'en octobre est sa principale nourriture.

Pieris Rapæ, Lin. *Piéride de la Rave*, God. *fig.* 4, *a*, *b*. — Habite les mêmes contrées, fréquente les mêmes endroits, est aussi répandue que la piéride du chou, mais cause un peu moins de dégâts.

Sa larve vit à peu près solitaire sur la grosse rave, *Brassica rapa*, la capucine, le chou cultivé et autres crucifères, et pénètre ordinairement dans l'intérieur de la plante.

La chrysalide se trouve fréquemment sous les corniches des murs de jardins.

Pieris Napi, Lin. *Piéride du Navet*, God., *fig.* 5. — Moins commune que les deux précédentes et habitant, surtout, les prairies, les bois, au printemps et en été.

Sa chenille vit solitaire sur plusieurs crucifères et résédacées, à la fin du printemps et en automne. Elle est d'un vert-obscur éclairci sur les côtés, avec les stigmates roux. Cette espèce varie suivant les localités où elle se trouve.

Pieris Daplidice, Lin., *fig.* 6. — Assez commune certaines années dans les endroits incultes d'une grande partie de l'Europe, en avril, mai, juillet et août.

Chenille d'un cendré bleuâtre, couverte de points noirs, avec quatre raies blanches marquées à chaque jointure d'une tache jaune. Vit en juin et septembre sur le réséda jaune, le thlaspi des champs, ainsi que sur plusieurs autres résédacées et crucifères.

GENRE ANTHOCHARIS, Bdv.

Anthocharis Cardamines, Lin. *Aurore*, Engr., *fig.* 7, *a*, ♂, *b*, ♀. — Cette jolie espèce, répandue dans toute l'Europe, se trouve communément en avril et mai dans les bois et les prairies environnantes.

Il faut chercher les chenilles en juin et juillet sur les crucifères, principalement sur la tourette glabre, *Turritis glabra*, la cardamine impatiente, *Cardamine impatiens*, le *Sinapis nigra* qu'elles habitent par petits groupes de deux ou trois allongées le long des tiges près des siliques dont elles se nourrissent de préférence aux feuilles. Ces chenilles sont vertes, légèrement pubescentes, avec une ligne latérale blanche se fondant à la couleur du dos.

Anthocharis Eupheno, Lin. *Aurore de Provence*, Engr., *fig.* 8, ♂ — Commune dans les garigues du midi de la France, en avril et mai.

Chenille rayée longitudinalement de jaune, de vert glauque et de blanc. Elle est marquée d'une infinité de points de diverses grosseurs, d'un violet-luisant et bleu foncé. Vit dans le courant de l'été sur la biscutelle ambiguë, *Biscutella ambigua*.

TRIBU DES RHODOCÉRIDES; *RHODOCERIDÆ.*

GENRE RHODOCERA, Bdv.

Rhodocera Rhamni, Lin. *Citron*, Engr., *fig.* 9. — Dans toute l'Europe, bois, champs de luzerne, etc. Paraît pendant une grande partie de l'année.

Sa chenille vit en société sur le nerprun purgatif, la bourdaine et l'alaterne, *Rhamnus catharticus*, *frangula* et *alaternus*, qui croissent dans les endroits ombragés. On la trouve principalement en juin et septembre, mais elle se distingue peu, à cause de sa couleur verte, des feuilles dont elle se nourrit.

Il est à présumer que, de ces chenilles d'automne, quelques papillons naissent à l'arrière saison et hivernent soit dans les trous d'arbres ou les crevasses des vieux murs, car on en voit voler dès les premiers beaux jours de février, alors que le peu de chaleur de cette saison n'a pu encore faire éclore leurs chrysalides qui passent l'hiver.

A. LOTUS SILIQUOSUS, *Lotier.*
B. BRASSICA NAPUS, *Navet.*
CRATÆGUS OXYACANTHA, *Aubépine.*

RHODOCERIDÆ. — Pl. V.

GENRE COLIAS, Fab.

Colias Edusa, Fab. *Souci*, Engr., *fig.* 1, *a*, *b*, *c*, ♂, *d*, ☿. — Toute l'Europe. Dans les prairies sèches, les champs de luzerne, depuis la fin de juillet jusqu'en septembre en deux apparitions successives, la seconde toujours plus nombreuse surtout dans les années chaudes.

La chenille est très-rare, ou plutôt difficile à trouver comme toutes celles du genre. Elle vit solitaire sur le sainfoin, les trèfles, les luzernes et les cytises, en juin, août et septembre. Se chrysalide après les tiges de la Plante ou sous les feuilles.

Les chenilles de la deuxième époque qui se chrysalident de bonne heure donnent leurs papillons la même année, les autres en mai suivant : mais celles-ci en petit nombre et les individus qui volent au printemps sont fort rares, du moins aux environs de Paris.

Colias Hyale, Lin. *Soufre*, Engr., *fig.* 2. *a*, *b*. — Cette espèce, répandue dans toute l'Europe, vole en abondance dans les champs de luzerne, depuis la fin de juillet jusqu'en septembre, paraissant deux fois sans interruption, de même que l'*Edusa*.

Chenille solitaire sur la coronille bigarrée, *Coronilla varia*, les *Vicia*, et probablement aussi sur les trèfles, les luzernes, en juin, août et septembre.

Les individus qui apparaissent au printemps et qui proviennent de chrysalides ayant passé l'hiver sont presque aussi rares que ceux de l'espèce précédente.

Colias Phicomone, Esp. *Candide*, Engr., *fig.* 3. — Pyrénées, montagnes alpines, etc. Commun en juillet et août, sur les pelouses inclinées garnies de fleurs. La chenille vit en mai et juin sur les *Vicia*.

Colias Palæno, Lin. *Solitaire* Engr., *fig.* 4 ♂. — Montagnes alpines, Suède, Laponie, en juillet et août. Affectionne les prairies où croissent des touffes de Rhododendron. N'est pas rare dans les marais tourbeux du nord-est de l'Allemagne.

Sa chenille vit en mai sur le *Vaccinium uliginosum.*

A. Onobrychis sativa, *Sainfoin.*
B. Coronilla varia, *Coronille variée.*
C. Trifolium Pratense, *Trèfle cultivé.*

TRIBU DES LYCENIDES ; *LYCÆNIDÆ*, Pl. VI.

GENRE LYCÆNA, Bdv.

Lycæna Argiolus, Lin., *fig.* 1. *a, b.* ♂. — Assez commun, dans une grande partie de l'Europe, en avril, mai, juillet et août. Aime à voltiger autour des buissons, sur les bruyères, dans les bois et les grands jardins.

Chenille d'un vert jaunâtre, avec une raie dorsale plus foncée. Tête et pattes noires. Vit en juin et septembre sur le *Rhamnus frangula*, les *Erica* et le lierre *Hedera helix* dont elle mange les fleurs.

Lycæna Damon, Fab., *fig.* 2, ♂. — Cette espèce est très-commune dans les parties montagneuses du midi de la France, de la Suisse, de l'Allemagne, etc. Prairies élevées, versants des terrains calcaires exposés au soleil, en juillet et août.

Chenille d'un vert-jaunâtre, avec une raie latérale plus foncée, bordée de blanc, et suivie d'une autre raie jaune, quelquefois rougeâtre, près des pattes. Vit à la fin de mai, le commencement de juin, sur les sainfoins *Hedysarum onobrychis* et *supinum*. Se chrysalide sur la terre.

Lycæna Cyllarus, Fab., *fig.* 3, *a, b.* — Dans une grande partie de l'Europe. Prés, clairières des bois humides, en mai, juin.

La chenille se nourrit de différentes espèces de trèfles, de luzernes et autres légumineuses, et se chrysalide aux tiges des plantes basses. On la rencontre ordinairement dans le courant de juillet.

Lycæna Alsus, Fab. *Demi-Argus*, Engr., *fig.* 4. — Cette espèce, une des plus petites du genre, se rencontre dans une grande partie de la France, etc. Elle affectionne les bois secs, les endroits pierreux où croît l'astragale pois chiche, *Astragalus cicer*, plante qui sert de nourriture à sa chenille, et sur laquelle on la trouve en mai et juillet; vit aussi sur les *Coronilla*, les *Melilotus*.

L'insecte parfait vole vers la fin de mai, les premiers jours de juin; reparaît une seconde fois en août.

Lycæna Arion, Lin., *fig.* 5. — Vole çà et là en juin, aux environs de Paris, sur les bruyères, dans les clairières arides des bois.

Sa chenille n'est pas encore connue.

Lycæna Alexis, Fab. *Argus bleu*, Engr., *fig.* 6, *a, b, c,* ♂, *d,* ♀. — C'est le plus commun des *argus*. Se trouve partout durant la belle saison, mais principalement en mai et août. On rencontre fréquemment des femelles ayant plus ou moins le dessus des ailes d'un beau bleu violacé.

La chenille vit de préférence sur la luzerne cultivée, en mai et juillet.

Lycæna Corydon, Fab. *Argus bleu nacré*, Engr., *fig.* 7, *a, b, c*, ♂. — Commun dans les bois secs, les lieux incultes et pierreux de presque toute l'Europe, en juillet et août. On rencontre également, chez cette espèce, des femelles ayant le dessus des ailes presque entièrement saupoudré de bleu ; variation qui se reproduit, du reste, chez plusieurs autres *azurins*.

La chenille, qui se montre en mai et juin, vit sur les trèfles, les lotiers, le sainfoin. Elle se retire au pied de la plante et s'enfonce à demi en terre pour se changer en chrysalide.

Lycæna Adonis, Fab. *Argus bleu céleste*, Engr., *fig.* 8, ♂. — Dans toute l'Europe. Vole en abondance, en mai, août, dans les endroits secs et pierreux, les prés élevés, etc.

Sa chenille a les mœurs de celle de *Corydon* et lui ressemble beaucoup, sauf qu'elle est d'un vert moins foncé, et que ses stigmates sont plus apparents. On la rencontre en avril, mai, juillet sur les trèfles, le lotier commun, *Lotus corniculatus*, l'hippocrèpe vulgaire, *Hippocrepis comosa*.

Lycæna Agestis, Esp., *fig.* 9. — Dans toute l'Europe. Cette espèce, dont les deux sexes sont bruns, vole communément au bord des chemins et des bois, dans les prés, les champs de luzerne, en mai et juillet.

Lycæna Argus, Lin., *fig.* 10, ♂. — Dans toute l'Europe. Juillet et août. Clairières des bois secs garnies de bruyères.

Chenille d'un vert foncé, avec une ligne dorsale et plusieurs raies obliques ferrugineuses, celles-ci bordées de blanchâtre. Vit, en mai, sur différentes espèces de genêts et autres légumineuses.

Lycæna Amyntas, Fab. *Petit porte-queue*, Engr., *fig.* 11, ♂. — Dans une grande partie de l'Europe. Prés, endroits herbus, clairières des bois, en juillet. Rare aux environs de Paris.

D'après quelques auteurs allemands : « Chenille verte, avec raies latérales blanches. Tête et pattes noires. Vit en juin, août et septembre sur les *Lotus*, etc. Le papillon paraît pour la première fois en mai, de chenilles qui se sont chrysalidées vers la mi-avril, ensuite en juillet et août. »

Les papillons de l'éclosion de mai sont plus petits et dépourvus des points fauves de l'angle anal des ailes inférieures : var. *Polysperchon*, Och.

GENRE POLYOMMATUS, Latr.

Polyommatus Hippothoe, Lin., *fig.* 12, *a*, ♂, *b*, ♀. — Cette belle espèce se prend dans l'est et le nord de la France au commencement de juin, dans les endroits marécageux. Commune en Hongrie, en juillet et août.

La chenille vit en mai, juin, sur les *Rumex*, les *Polygonum*.

Le type de l'Angleterre, très-rare aujourd'hui, est plus grand, plus vif de couleur : var. *Dispar*, Haw.

Polyommatus Chryseis, Fab. *Argus satiné changeant*, Engr., *fig.* 13, ♂. — Commun en juin dans la forêt de Compiègne, les environs de Chantilly, etc. Le chercher dans les clairières humides et les prairies environnantes.

Chenille en mai sur les *Rumex*.

A. Coronilla varia, *Coronille variée.*
B. Ononis spinosa, *Bugrane ou arrête-bœuf.*
C. Genista germanica, *Genêt d'Allemagne.*

LYCÆNIDÆ, Pl. VII.

Polyommatus Virgaureæ, Lin. *Argus satiné*, Engr., *fig. a, b,* ♂, *c,* ♀. — Pyrénées, Alpes, etc. Mai, juillet, premiers jours d'août. Bois de sapins, prairies situées à une moyenne élévation. Aime à voltiger sur les fleurs qui croissent aux bords des ruis-seaux.

Chenille en juin et septembre sur la Verge d'or, *Solidago virgaurea*, la Patience sauvage, *Rumex acutus*.

Polyommatus Phlæas, Lin. *Bronzé*, Engr., *fig. 2, a, b.* — Très-commun dans toute l'Europe dès les premiers beaux jours jusqu'en automne, surtout en mai, juillet et août. Prés, bords des bois, champs de luzerne. Se pose souvent à terre.

La chenille se trouve à différentes époques sur l'oseille sauvage, *Rumex acetosa*, celles de septembre passent l'hiver en chrysalide et éclosent à la fin d'avril.

GENRE THECLA, Fab.

Thecla Rubi, Lin. *Argus vert*, Engr., *fig. 3.* — Cette espèce, une des plus hâtives de nos pays, paraît depuis mars jusqu'en mai, et se pose fréquemment sur les genêts. Se trouve dans une grande partie de l'Europe.

Chenille verte, avec lignes dorsale et latérales, raies obliques, d'un jaune clair. Vit en juillet et août sur diverses espèces de ronces, de genêts, de cytises.

Thecla Pruni, Lin. *Polyommate du prunier*, God., *fig. 4, a, b, c.* — Centre et est de la France, Allemagne, etc. N'est pas rare dans certains bois des environs de Paris, au commencement de juin, sur les buissons en fleurs.

Sa chenille se trouve en mai et vit de préférence sur le prunellier.

Thecla Betulæ , Lin. *P. du bouleau*, God., *fig, 5, a, b,* ♀ — Dans toute l'Europe. Ce papillon n'est jamais abondant, et se rencontre plutôt dans les jardins, les parcs, sur les lisières des bois. Juillet et août.

On peut se procurer assez facilement sa chenille en battant les buissons de prunel-liers dans la dernière quinzaine de juin. Elle est d'un beau vert, avec une ligne latérale, et des traits obliques, ainsi que le sommet des crêtes, d'un jaune clair.

Thecla Quercus, Lin. *P. du chêne*, God., *fig, 6,* ♀ — Dans toute l'Europe, vers la fin de juin, le courant de juillet. Bois. Ce polyommate n'est pas facile à prendre parce qu'il vole au sommet des chênes. Le meilleur moyen, pour l'avoir frais, est d'en chasser la chenille qu'on trouve sur le chêne vers la fin de mai.

Il n'est même pas rare d'en voir descendre le long de ces arbres pour aller se chrysalider dans les feuilles sèches.

Cette chenille est d'un gris roussâtre, avec une suite latérale de lignes obliques jaunes, et un dessin longitudinal sur le dernier anneau, lequel est le plus long, les autres découpés en forme de crêtes. Tête petite et brune.

TRIBU DES HESPÉRIDES; *HESPERIDÆ*.

GENRE SYRICHTUS, Bdv.

Syrichtus Malvæ, Fab. *Hespérie de la Mauve*, God., *fig.* 7, *a*, *b*. — Dans une grande partie de l'Europe. Commune dans les jardins, les endroits cultivés, en mai, juillet.

La chenille vit en juin et septembre sur plusieurs espèces de *Mauves*, cachée dans une feuille roulée en forme de cornet et, dans laquelle elle se change en chrysalide.

Syrichtus Alveolus, Ochs. *Hespérie du chardon*, God., *fig.* 8. — Dans toute l'Europe, en mai. Cette petite hespérie est très-commune dans les bois. On rencontre de temps à autre une jolie variété « *Lavateræ*, Fab., *Altheæ*, Bork. » ayant les taches blanches des ailes supérieures réunies.

Chenille pubescente, grisâtre, avec une ligne dorsale plus foncée, et deux autres lignes latérales d'un jaune clair. Se trouve en avril sur le fraisier des bois, *Fragaria vesca*, et vit ainsi que *Malvæ*.

Syrichtus Alveus, Hub., *fig.* 9. — France, Allemagne, etc. En juin et juillet. Clairières des bois secs et montueux. Varie beaucoup, suivant les localités. C'est une des espèces les plus difficiles à bien déterminer, comme la plupart de ses congénères.

GENRE HESPERIA, Bdv.

Hesperia Comma, Lin., *fig.* 12. — Dans toute l'Europe, mais surtout dans la partie méridionale. Assez commune dans les clairières sèches et herbues au mois d'août.

Chenille glabre, d'un vert-obscur mélangé de ferrugineux; collier blanc, et deux points de cette couleur au bas des neuvième et dixième anneaux. Vit en juillet sur la coronille variée.

Hesperia Sylvanus, Fab. *Hespérie Sylvain*, God., *fig.* 13. — Dans toute l'Europe. Très-commune dans les clairières des bois en mai, juin. Aime à se poser sur les feuilles.

La chenille vit de graminées. Se métamorphose vers la fin d'avril, le commencement de mai, dans un léger tissu fixé après les tiges de quelques graminées réunies.

Hesperia Linea, Fab. *Hespérie bande noire*, God., *fig.* 14. — Dans toute l'Europe, en juin et juillet. Extrêmement commune dans les prairies élevées, les champs de céréales, les allées des bois.

La chenille se nourrit de différentes graminées et se loge de préférence dans les feuilles engaînantes de la tige. Elle est glabre, d'un vert clair, avec une ligne plus foncée le long du dos, et deux autres lignes jaunâtres sur les côtés. On la trouve en juin.

GENRE STEROPES, Bdv.

Steropes Aracynthus, Fab. *Miroir*, Engr., *fig.* 10. — Centre de l'Europe, environs de Paris, etc. Clairières ombragées et humides des bois. Cette jolie espèce n'est pas très-répandue et ne se trouve en certain nombre que dans des localités assez restreintes. Aux environs de Paris, il faut la chercher dans les forêts de Sénart et de Chantilly, vers la fin de juin, le commencement de juillet.

Chenille légèrement pubescente, d'un blanc verdâtre, avec une ligne dorsale plus foncée, et deux autres lignes latérales blanches. Tête chagrinée, brune, avec une tache rousse sur le devant. Vit de graminées. Dans les derniers jours de mai, au commencement de juin, elle se file entre les herbes un léger réseau pour se changer en chrysalide.

Steropes Paniscus, Fab. *Échiquier*, Engr., *fig.* 11. — Nord et centre de l'Europe, environs de Paris, etc. Allées humides des bois, en mai. Aime à se poser sur la bugle en fleurs, *Ajuga reptans*.

Chenille rugueuse, d'un brun foncé, avec deux lignes latérales jaunes; collier orangé; tête noire. Se trouve en avril sur le plantain, *Plantago major*, les graminées.

A. Rumex acetosella, *Petite oseille*,
B. Prunus spinosa, *Prunellier*.
C. Solidago virgaurea, *Verge d'or*.
D. Malva rotundifolia, *Petite mauve*.

TRIBU DES DANAÏDES; *DANAIDÆ*. — Pl. VIII.

Danais Chrysippus, Lin. *Danaïde Chrysippe,* God., *fig. 5.* — Cette danaïde, commune aux Indes Orientales, en Syrie et en Égypte, n'étant venue sur les côtes d'Italie qu'accidentellement, ne doit pas être considérée comme une espèce européenne.

TRIBU DES NYMPHALIDES; *NYMPHALIDÆ.*

GENRE NYMPHALIS, Bdv.

Nymphalis Populi, Lin. *Grand Sylvain,* Engr., *fig.* 1, *a*, *b*, *c*, ♀, *d*, ♂ — Europe septentrionale. Forêts humides d'une certaine étendue, dans les premiers jours de juin. Cette belle nymphale, assez rare dans nos environs, est commune dans le nord de la France, en Allemagne. Vole dès le matin dans les allées humides, sur les grandes routes, et se pose de préférence à terre ou sur la fiente des bestiaux. La femelle quitte rarement le sommet des arbres.

La chenille vit sur les *Populus*, de préférence les jeunes trembles, dans les coupes de bois, et sur lesquels on la rencontre souvent, parvenue à toute sa croissance, dans la première quinzaine de mai. Cette chenille éclôt au commencement de l'été, et passe l'hiver dans un abri composé d'un morceau de feuille, qu'elle s'est construit sur un petit rameau du végétal qu'elle habite, et fixé avec de la soie de manière à ce qu'il ne soit point emporté par le vent durant l'époque de l'hivernage. Se métamorphose le plus ordinairement en s'attachant par la queue au pétiole d'une feuille, celle-ci servant d'enveloppe à la chrysalide.

GENRE APATURA, Fab.

Apatura Iris, Lin. *Grand Mars,* Engr., *fig.* 2, *a*, *b*, *c*, ♂ — Dans une grande partie de l'Europe, surtout le nord. Grands bois humides. Ses mœurs sont celles du précédent. Paraît vers la fin de juin, la première quinzaine de juillet.

La chenille se trouve en mai et juin sur les branches les plus élévées du saule marceau et des peupliers, après avoir passé l'hiver.

Apatura Ilia, Fab. — Var. **Clytie,** Hub. *Mars orangé,* Engr., *fig.* 3, ♂ — Dans une grande partie de l'Europe. Bois humides, prairies, en juin et juillet.

La chenille vit en mai, les premiers jours de juin, sur les saules et les peupliers. Hiverne ainsi que sa congénère.

GENRE CHARAXES, Och.

Charaxes Jasius, Lin., *fig.* 4. — France méridionale, Espagne, etc. Ce papillon, le plus beau que nous ayons en Europe, n'est pas rare sur tout le littoral de la Méditerranée. Il paraît en juin et septembre, et aime à se poser sur les fruits gâtés.

La chenille, qui fait sa nourriture exclusive de l'arbousier, *Arbutus unedo*, a deux époques d'apparition; la première en mai, après avoir hiverné, et la seconde en août. Elle est d'un beau vert, avec une ligne latérale jaune près des pattes, et deux taches ocellées, à pupille bleue, sur les septième et neuvième anneaux. Tête verte, avec quatre cornes épineuses rougeâtres au sommet et à l'extérieur.

A. Populus tremula, *Tremble.*
B. Salix capræa, *Saule marceau.*

NYMPHALIDÆ. — Pl. IX.

GENRE LIMENITIS, Fab.

Limenitis Sibylla, Fab. *Petit Sylvain,* Engr., *fig.* 1, *a, b, c, d, e.* — Nord et centre de l'Europe. Bois. Vole communément dans les allées ombragées des bois de nos environs dans la dernière quinzaine de juin, le courant de juillet.

La chenille vit solitaire, à la fin de mai, sur le chèvre-feuille des bois, *Lonicera peri-clymenum*, principalement sur les tiges qui s'entrelacent autour des arbres dans les massifs couverts et humides, ou sur celles en touffes au bord des allées ombragées.

Limenitis Lucilla, Fab. *Sylvain cénobite,* Engr., *fig.* 2, *a, b.* — Hongrie, Autriche, Italie, Suisse. Assez commune. Vole dans les bois ombragés au bord des ruisseaux, en juin et juillet.

On trouve sa chenille en mai sur le *Spiræa salicifolia.*

A. Lonicera caprifolium, *Chèvre-feuille des jardins.*
B. Lonicera xylosteum, *Camérisier des bois.*

TRIBU DES ÁRGYNNIDES; *ARGYNNIDÆ.* — Pl. X.

GENRE ARGYNNIS, Fab.

Argynnis Paphia, Lin. *Tabac d'Espagne,* Engr., *fig.* 1, *a, b, c, d,* ♀ — Dans toute l'Europe. Cette argynne est très-commune dans les grands bois, depuis la mi-juin jusqu'à la fin de juillet, sur les fleurs de ronces et de chardons.

La chenille, très-difficile à trouver, vit solitaire sur la violette de chien, *Viola canina,* vers la fin de mai, dans les endroits humides des bois.

On rencontre, mais rarement aux environs de Paris, une variété femelle ayant le dessus des ailes d'une teinte très-foncée et verdâtre : *Valesina,* Esp. Plus commune en Suisse.

Argynnis Adippe, Fab. *Grand nacré,* Engr., *fig.* 2.— Dans presque toute l'Europe. Son époque d'apparition et ses mœurs sont celles de l'espèce précédente.

Sa chenille vit sur la violette odorante et la pensée, *Viola odorata et tricolor.* Elle est brune, ou violâtre, avec des taches noires et une bande blanche, interrompue, le long du dos. Épines d'un brun plus clair.

L'*Adippé* dépourvu des taches nacrées du dessous des ailes forme la variété *Cleodoxa,* Esp.

Argynnis Aglaja, Lin. *Nacré,* Engr., *fig.* 3, *a, b, c, d.*— Europe. Dans les bois et les champs, les prairies élevées. Paraît à la même époque que les argynnes *Paphia* et *Adippe,* et, comme elles, se pose volontiers sur les ronces et les chardons en fleurs.

La chenille vit solitaire sur la *Viola canina,* à la fin de mai, dans les premiers jours de juin, et se tient également cachée pendant le jour.

Argynnis Latonia, Lin. *Petit nacré,* Engr., *fig.* 4. — Cette jolie argynne se trouve dans toute l'Europe, bois, jardins, chemins herbus, une grande partie de l'année, mais plus abondamment en avril, juin, juillet et août. Aime à se poser sur le sol.

Sa chenille est de couleur brune, avec des chevrons blancs sur le dos, et deux lignes fauves de chaque côté du corps. Vit sur la pensée, la buglosse officinale, *Anchusa officinalis,* en mai, juillet et septembre.

Argynnis Amathusia, Fab. *Argynne Amathuse,* God., *fig.* 5.— Suisse, etc. Prairies humides et ombragées, en juillet. Commune.

Chenille d'un gris foncé, avec une bande noire maculaire sur le dos. Épines jaunes à base entourée de noir : celles du premier anneau plus longues. Vit à la fin de mai sur la renouée bistorte, *Polygonum bistorta,* plante qui croît dans les prés humides des montagnes.

Argynnis Dia, Lin. *Petite violette*, Engr., *fig.* 6. — Dans une grande partie de l'Europe. Assez commune dans les bois secs en avril, mai, juillet et août. Vole à une légère distance du sol sur les lisières des bois, dans les endroits arides.

Chenille d'un brun foncé, avec une ligne dorsale noire; les épines rougeâtres; la tête et les pattes noires. Vit en juin et septembre sur les violettes.

A. Viola tricolor, *Pensée.*

ARGYNNIDÆ. — Pl. XI.

GENRE MELITÆA, Fab.

Melitæa Cinxia, Lin. *Les Damiers*, Engr., *fig.* 1, *a, b, c, d*.—France, Allemagne, etc. Très-commune en mai, juin, dans les bois secs, les endroits arides.

Les jeunes chenilles passent l'hiver en société sous une tente soyeuse et se dispersent en avril après leur dernier changement de peau. Vivent sur le plantain lancéolé, l'épervière piloselle, *Hieracium pilosella*, et se chrysalident vers le milieu de ce mois.

Melitæa Athalia, Bork. *Les Damiers*, Engr., *fig.* 2, *a, b, c.* — Dans toute l'Europe, en juin et juillet. Bois. Cette Mélitée est la plus commune du genre.

Sa chenille vit en mai sur plusieurs plantes basses, principalement sur le mélampyre des bois, *Melampyrum silvaticum* et le plantain lancéolé.

Melitæa Artemis, Fab. *Les Damiers*, Engr., *fig.* 3, *a, b, c, d.* — Très-commune dans une grande partie de l'Europe. Vole en mai dans les grands bois de nos environs.

Mœurs de *Cinxia* à l'état de larve. On trouve celle-ci, en avril, au bord des bois sur la scabieuse mors du diable, *Scabiosa succisa*, et la jacée, *Centaurea jacea*.

Melitæa Dictynna, Esp. *Les Damiers*, Engr., *fig.* 4. — Nord de la France, environs de Paris, Allemagne, etc. Moins répandue que les précédentes. Cette espèce habite de préférence les forêts un peu marécageuses. Aux environs de Paris, c'est à Bondy qu'il faut la chercher. Paraît en juin.

Chenille d'un brun violet ponctué de gris, avec trois lignes noires longitudinales. Tête noire avec deux taches bleuâtres. Se trouve en mai sur la véronique agreste, *Veronica agrestis*.

Melitæa Didyma, Esp. *Les Damiers*, Engr., *fig.* 5, ♂ —France centrale et méridionale, Suisse, Allemagne, Russie.

De toutes les mélitées, c'est l'espèce qui varie le plus, tant par la vivacité des couleurs que par la disposition des taches. Commence à paraître vers la fin de juin.

Chenille fin mai ; sur les *plantains*, les *véroniques*, la linaire vulgaire, le *Verbascum nigrum*. Elle est d'un gris bleuâtre, avec une bande noire transverse pointillée de blanc sur chaque anneau. Mamelons charnus, ou épines, alternativement blancs et fauves. Tête fauve avec deux points noirs, pattes rougeâtres.

Melitæa Cynthia, Fab. *Damier à taches blanches*, Engr., *fig.* 6, ♂. — Alpes de la Suisse, du Tyrol, de la Savoie. Juillet, commencement d'août.

Chenille d'un jaune foncé sur le dos, plus pâle en dessous et sur les côtés, avec lignes dorsale et latérales noires; épines de cette dernière couleur; tête fauve. Vit en juin sur le plantain lancéolé, les *Viola*, les *Pedicularis*, après avoir hiverné en société sous une tente soyeuse.

La femelle de cette belle mélitée est très-différente du mâle, surtout par l'absence des taches blanches. Chez elle, le fauve, plus ou moins foncé, domine relativement à la couleur de l'autre sexe.

Melitæa Maturna, Lin. *Damier à taches fauves*, ENGR., *fig.* 7. — Europe septentrionale et centrale. Dans les grandes forêts, en juin. Commune en Allemagne, rare aux environs de Paris.

Chenille noire, avec trois bandes maculaires d'un beau jaune dont la dorsale séparée par une ligne noire longitudinale. Tête et épines noires.

La plupart des auteurs indiquent comme nourriture de cette chenille les *Plantago*, les *Populus alba* et *tremula*, nous ne l'avons jamais trouvée que sur le frêne, *Fraxinus excelsior*, principalement sur les jeunes pousses. Il faut la chercher dans la première quinzaine de mai. Les jeunes chenilles hivernent en petite société abritées sous une toile qu'elles ont filée en commun.

Argynnis Aphirape, HUB., *fig.* 8, *a, b.* — Laponie, Suède, Allemagne septentrionale, marais de la Somme? Commune dans les prairies marécageuses à la fin de juin.

Chenille épaisse d'un gris clair; sans ligne dorsale; un trait noir accolé à une ligne plus claire, sous chaque épine du dos; lignes latérales blanches. Épines blanchâtres, courtes, et n'étant pas plus longues sur le cou. Vit sur les *Polygonum*, la *Viola palustris*, et se tient cachée pendant le jour sous les feuilles. Se chrysalide en mai.

A. ERICA VULGARIS, *Bruyère commune.*
B. VERONICA CHAMÆDRIS, *Véronique chenette.*
C. VIOLA TRICOLOR, *Pensée.*
D. SCABIOSA SUCCISA, *Mors du diable.*

TRIBU DES VANESSIDES; *VANESSIDÆ*. — PL. XII.

GENRE VANESSA, Fab.

Vanessa Cardui, Lin. *Belle-Dame*, Engr., *fig.* 1, *a*, *b*, *c*, *d*. — Dans toute l'Europe. Très-commune, certaines années, depuis juillet jusqu'en septembre, dans les champs, les jardins, principalement sur les chardons ou posée à terre.

La chenille vit solitaire sur plusieurs espèces de chardons, et s'entoure d'un léger tissu qu'elle ne quitte qu'à demi pour ronger le parenchyme de la plante. On la trouve de juin en août.

La vanesse belle-dame est répandue sur tout le globe, mais nous ne la considérons pas comme indigène dans toute l'acception du mot pour nos contrées, c'est-à-dire, qu'elle fait partie de ces espèces qui émigrent du Sud, surtout dans les années chaudes, et qui ne se reproduisent point tous les ans aux lieux de leur migration.

Vanessa C. Album, Lin. *Gamma*, Engr., *fig.* 2. *a*, *b*, *c*, *d*. — Dans toute l'Europe. Commun dans les jardins, le long des haies, au bord des bois, etc., à la fin de juin, en juillet et septembre.

La chenille vit solitaire sur les jeunes pousses d'orme et de noisetier, sur les groseilliers, le houblon, les orties, en juin, août et septembre.

Le *Gamma* varie beaucoup en dessous. Il est du nombre des papillons qui hivernent.

Vanessa Prorsa, Lin. *Carte géographique brune*, Engr., *fig.* 3, *a*, *b*. — Europe septentrionale, nord de la France, environs de Paris. Fin juillet. Bords des chemins, clairières des bois humides où croît en abondance la grande ortie, *Urtica dioica*, plante qui sert de nourriture à sa chenille et sur laquelle on la trouve, vers la fin de juin, le commencement de juillet, vivant en société. On trouve de nouveau la chenille de cette petite vanesse dans les premiers jours de septembre; ces dernières passent l'hiver en chrysalides et donnent, en mai, la variété Levana, Lin. *Carte géographique fauve*, Engr. un peu plus petite que le type, et le fond des ailes de couleur jaune fauve.

La Porima, *Carte géographique rouge*, Engr. est une sous-variété intermédiaire entre *Prorsa* et *Levana*, qui se rencontre parfois dans la nature, mais qu'on obtient également en faisant éclore dans le milieu de l'hiver des chrysalides de l'automne.

Le grand nombre de lignes blanches du dessous des ailes, se détachant en tout sens sur un fond rouge brun foncé, rappellent un peu, chez ces insectes, l'aspect d'une carte géographique; delà le nom qui leur a été donné par Engramelle.

Vanessa Polychloros, Lin. *Grande tortue*, Engr., *fig.* 4. — Dans toute l'Europe. Très-commune sur les promenades et les routes bordées d'ormes, à partir de la fin de

4

juin; celles qui out hiverné se rencontrent fréquemment dès les premiers soleils de février jusqu'en avril.

Chenille noire, avec une ligne dorsale d'un fauve foncé divisée en deux, et deux
autres lignes latérales, un peu sinuées, de la même couleur. Épines fauves; tête et
pattes noires. Vit en société nombreuse sur l'orme dans les premiers jours de juin. On
rencontre souvent de ces chenilles descendant de l'arbre, à terre ou contre les murs, à
la recherche d'un endroit propice pour se chrysalider.

A. CIRSIUM LANCEOLATUM, *Circe.*
B. URTICA DIOICA, *Grande ortie.*

VANESSIDÆ. — Pl. XIII.

Vanessa Io, Lin. *Paon du jour*, Engr., *fig.* 1, *a*, *b*, *c*. — Dans toute l'Europe. Cette vanesse est très-commune en juillet, août et septembre, dans les jardins, les champs de luzerne, les bois, etc., et se prend facilement posée sur les fleurs.

Sa chenille vit en société sur les orties, le houblon, en juin, juillet et septembre. Ces dernières donnent naissance à des papillons dont une partie passe l'hiver pour reparaître au premier printemps.

Vanessa Antiopa, Lin. *Morio*, Engr., *fig.* 2, *a*, *b*, *c*. — Cette belle espèce habite toute l'Europe, et l'Amérique du Nord, mais n'est pas commune dans nos environs. On la rencontre de préférence dans les lieux plantés de saules et de bouleaux, de juillet en septembre.

Chez les Morio qui ont hiverné, et qui reparaissent avec la belle saison, la bordure jaune des ailes est devenue blanche.

Les chenilles vivent en société au sommet des bouleaux et des saules, et se trouvent plus fréquemment en juin et juillet.

Vanessa Atalanta, Lin. *Vulcain*, *fig.* 3. — Dans toute l'Europe, depuis la fin de juin jusqu'en octobre. Très-commun dans les jardins, les prairies, etc.

La chenille vit solitaire sur l'ortie et se renferme dans une ou plusieurs feuilles réunies par quelques fils de soie, retraite que souvent elle ne quitte pas pour se changer en chrysalide. On la trouve depuis le commencement de juin jusqu'à l'automne, mais surtout en août et septembre. Elle est d'un jaune verdâtre, quelquefois d'un cendré violet, avec lignes latérales jaunes, ainsi que les épines. Tête noirâtre, pattes brunes.

Vanessa Xanthomelas, Esp. *Tortue moyenne*, Engr., *fig.* 4. — Hongrie, Autriche, différentes parties de l'Allemagne, en juillet. Habite spécialement les bords des rivières dans les vallées.

Chenille noire, avec deux lignes dorsales blanches accompagnées de beaucoup de petites taches et de points blancs, et deux autres lignes latérales de même couleur. Épines, tête et pattes écailleuses noires. Vit en société sur les saules en mai, juin.

Vanessa Urticæ, Lin. *Petite tortue*, Engr., *fig.* 5. — Dans toute l'Europe. C'est la plus commune du genre, on la trouve partout à partir de juin jusqu'à l'arrière saison.

Chenille d'un brun noir, piquée de jaunâtre, avec lignes dorsale et latérales d'un jaune-citron. Épines noires ou jaunâtres. Se trouve en société sur les orties, de mai à la fin de septembre.

A. Betula alba, *Bouleau blanc.*
B. Urtica dioica, *Grande ortie.*

TRIBU DES SATYRIDES; *SATYRIDÆ*. — Pl. XIV.

GENRE ARGE, Bdv.

Arge Galathea, Lin. *Demi-Deuil*, Engr., *fig.* 1.—Se trouve dans une grande partie de l'Europe. Commun dans les prairies et les bois herbus en juin et juillet.

Chenille ordinairement verte, avec une ligne dorsale et plusieurs autres lignes latérales plus foncées, dont quelques-unes liserées de vert pâle. Tête et pattes écailleuses roussâtres. Stigmates roux marqués d'un point noir. Vit en mai sur les graminées, principalement sur le fléole des prés, *Phleum pratense*. Se chrysalide sur terre sous les herbes.

Le satyre demi-deuil varie beaucoup, tant pour la teinte du fond que pour la grandeur des taches noires du dessus des ailes.

GENRE EREBIA, Bdv. (Satyres nègres.)

Erebia Medusa, Fab. *Franconien*, Engr., *fig.* 2, *a*, *b*. — Se prend en France dans les départements de l'Est, en Suisse, en Allemagne. Clairières herbues des bois, à la fin de mai, en juin.

Chenille en avril, les premiers jours de mai, sur le *Panicum sanguinale*.

Erebia Ligea, Lin. *Grand nègre hongrois*, Engr., *fig.* 3. — Est de la France, Suisse, Hongrie, etc., en juillet et août. Se plaît dans les clairières des bois montueux.

Chenille épaisse, pubescente, d'un fond jaunâtre; ligne dorsale noirâtre, placée entre deux lignes vertes. De chaque côté du corps règne une bande verte accompagnée de deux lignes de la même couleur. Vit sur le *Milium*. Se chrysalide sur terre à la fin de mai, le commencement de juin.

Erebia Blandina, Fab., *fig.* 4. — Très-commun dans l'est de la France, en Suisse, en Allemagne, le nord de l'Angleterre. Juillet et août, dans les clairières et allées herbues des bois.

La chenille se nourrit de *Dactylis* et autres graminées, en mai, juin. Se chrysalide sur terre.

Erebia Cassiope, Fab., *fig.* 5. — Pyrénées, Alpes de la Suisse, etc., nord de l'Angleterre. Juillet et août. Vole sur les prairies montueuses à une assez grande élévation.

La chenille vit de graminées ainsi que ses congénères.

Ce petit satyre nègre varie assez suivant les localités qu'il habite.

GENRE SATYRUS, Fab., Bdv.

Satyrus Circe, Fab., **Proserpina,** Hub. *Silène*, Engr., *fig.* 6, *a*, *b*, *c*. — Midi et est de la France, Allemagne, etc., du milieu de juin en août, suivant les localités. Commun dans les endroits élevés et pierreux, les bois secs. Aime à se poser à terre ou sur le tronc des arbres.

La chenille vit sur les graminées des genres *Lolium*, *Anthoxanthum*, *Bromus*, en mai et juin, et se cache pendant le jour sous les pierres. Se chrysalide dans une petite cavité, en terre, à la manière de certaines chenilles de noctuelles.

Satyrus Hermione, Lin. *Sylvandre*, Engr., *fig.* 7. — Le Satyre Hermione habite les mêmes contrées que le Circe, mais s'avance plus vers le Nord. La forêt de Fontainebleau semble être sa dernière limite en France. Il y est très-commun en juillet. Ses mœurs sont celles du précédent.

Chenille rase, ridée transversalement, grise, avec une double ligne dorsale interrompue. De chaque côté du corps règne une large bande cendrée, bordée d'un filet brun liséré de blanc. Tête roussâtre rayée de noir. Se trouve à la même époque, se nourrit des mêmes graminées, les *Holcus* en plus, et ses mœurs sont également celles de la chenille du *Satyrus Circe*.

Satyrus Cordula, Fab., *fig.* 8. — Commun dans les montagnes du midi de la France, en Suisse, en Allemagne, etc., de la dernière quinzaine de juin au commencement d'août.

Cette espèce vole de préférence dans les endroits arides et escarpés.

La femelle varie beaucoup pour la couleur.

Satyrus Briseis, Lin. *Hermite*, Engr., *fig.* 9. — Dans une grande partie de l'Europe, depuis la dernière quinzaine de juillet jusqu'à la fin d'août. C'est surtout dans les endroits arides et pierreux qu'il faut le chercher.

La chenille, après avoir hiverné, se trouve en mai, juin, sur les graminées de préférence : *Sesleria cærulea*, se cache le jour sous les pierres et se chrysalide en terre.

Satyrus Ægeria, Lin. *Tircis*, Engr., *fig.* 10. — Très-commun dans toute l'Europe, en avril, mai, juillet et août, dans les parties ombragées des bois feuillus.

Chenille verte, ridée transversalement, avec une ligne dorsale plus foncée bordée d'une raie blanche, et deux autres lignes blanches latérales. Tête et pattes vertes. Vit en juin et septembre sur le chiendent, *Triticum repens*.

A. Bromus sterilis, *Brome stérile*.

SATYRIDÆ. — Pl. XV.

Satyrus Hyperanthus, Lin. *Tristan*, Engr., *fig.* 1. — Très-commun dans une grande partie de l'Europe, à partir de la dernière quinzaine de juin jusqu'en août. Prairies, bois, voltigeant sur les broussailles, etc.

Chenille pubescente, d'un gris roussâtre, avec une ligne dorsale brune, interrompue, et une autre ligne latérale d'un blanc jaunâtre. Tête rousse, pattes grises. Vit en mai sur les *Poa*, quelques *Carex*. Se chrysalide sur terre sans se suspendre.

Satyrus Tithonus, Lin. *Amarillis*, Engr., *fig.* 2. — Dans presque toute l'Europe, en juillet et août. Très-abondant dans les bois, sur les bruyères, etc.

Chenille pubescente, grise, parfois verte, avec une ligne dorsale plus foncée et deux autres lignes latérales blanches. Se trouve en juin sur les graminées, principalement sur celles du genre *Poa*.

Satyrus Iphis, Hub., *fig.* 3. — Est de la France, Suisse, Allemagne, etc. Dans les bois clairs, en juin.

La chenille vit en mai sur les graminées, les *Brachypodium* de préférence. Elle est verte, chagrinée de jaunâtre sur le dos, avec une ligne dorsale d'un vert foncé. Tête et pattes vertes.

Satyrus Pamphilus, Lin. *Procris*, Engr., *fig.* 4. — Dans toute l'Europe. Il est des plus communs en mai, juillet, août, dans les endroits secs et herbus.

Sa chenille est d'un beau vert, avec une ligne dorsale plus foncée, large, bordée de blanc, et deux autres lignes latérales de même couleur, mais plus étroites, lisérées de blanc d'un seul côté. Pointes anales roussâtres. Tête et pattes d'un vert jaunâtre. On la trouve tout l'été sur les graminées, surtout sur les *Poa* et les *Cynosurus*.

Satyrus Janira, Lin. *Mirtil*, Engr., *fig.* 5, *a*, *b*, ♀. — Ce papillon abonde dans les prairies en juin, juillet, et se trouve dans toute l'Europe.

La chenille adulte en mai sur les *Poa* et autres graminées.

Satyrus Arcanius, Lin. *Céphale*, Engr., *fig.* 6, *a*, *b*, *c*. — Quoique très-commun, ce petit satyre est moins répandu que *Pamphilus* et ne se trouve pas dans le Nord. Paraît en juin et juillet dans les clairières herbues des bois, sur les coteaux garnis de broussailles exposés au soleil.

La chenille vit en mai sur le *Melica ciliata* et autres graminées.

Satyrus Mœra, Esp., God. — Var. **Adrasta**, Dup. *Némusien*, Engr., *fig.* 7. — Suisse, Allemagne, en juin, août et septembre. Vole sur les lisières des bois montueux, le long des chemins pierreux, etc.

Chenille pubescente, d'un vert pâle, avec une ligne dorsale brune bordée de blanc, et deux autres lignes latérales de cette dernière couleur. Tête et pattes vertes. Se trouve en mai et juillet sur les *Poa*, les *Festuca* et autres graminées.

Chez le type des régions plus chaudes, et de nos environs, Mæra, God., le fauve s'étend davantage sur le dessus des ailes. Il est commun dans les endroits secs et arides, les bois de pins, depuis les derniers jours de mai jusqu'à la fin de juin : reparaît ensuite à la fin de juillet et en août.

Satyrus Megœra, Lin. *Satyre.* Engr., *fig.* 8, *a*, *b*, *c*. — Très-commun dans toute l'Europe. Paraît à peu près aux mêmes époques que *Mæra*, et se pose fréquemment sur les murs, les tas de pierres des routes.

Sa chenille vit en avril, mai, juin et juillet, sur les *Poa* et autres graminées. Elle se suspend aux murs, contre les clôtures en bois, etc., pour se chrysalider.

TRIBU DES LIBYTHÉIDES ; *LIBYTHEIDÆ*.

GENRE LIBYTHEA, Latr.

Libythea Celtis, Fab. *Échancré*, Engr., *fig.* 9. — Europe méridionale, en mars et juin.

Chenille d'un vert jaunâtre, finement pointillée de blanc, avec une ligne latérale d'un jaune pâle près des pattes ; ces dernières, ainsi que la tête, vertes. Vit en avril, mai, juillet sur le micocoulier, *Celtis australis*. Il faut battre légèrement l'arbre pour se la procurer. Elle en tombe lentement suspendue par un fil de soie.

TRIBU DES ÉRYCINIDES ; *ERYCINIDÆ*.

GENRE NEMEOBIUS, Steph.

Nemeobius Lucina, Lin. *Lucine*, God., *fig.* 10. — Dans une grande partie de l'Europe. La lucine est commune en mai dans les bois un peu humides. Aime à se poser sur les fleurs des bugles, et autres, dans les clairières et les allées herbues.

Chenille d'un brun roussâtre, couverte de petits faisceaux de poils de même couleur, avec une ligne dorsale plus foncée, et une tache noire sur chaque anneau. Tête petite et ferrugineuse. Vit sur les primevères, *Primula veris*, etc. Cette chenille a beaucoup de ressemblance, comme forme, avec celles des Polyommates.

Quoique plusieurs auteurs indiquent deux apparitions pour ce papillon, nous ne l'avons jamais trouvé qu'au printemps, et sa chenille en juin et juillet. Ces dernières ont toujours passé l'hiver à l'état de chrysalide.

> AD. Poa glauca, *Paturin glauque.*
> BC. Cynosurus cristatus, *Crételle des prés.*

HETEROCERA, Bdv.

DEUXIÈME FAMILLE. — LES CRÉPUSCULAIRES, Latr.

TRIBU DES SÉSIÉIDES; *SESIARIÆ*, Bdv. — Pl. XVI.

GENRE BEMBECIA, Hub.

Bembecia Hylæiformis, Lasp. *Sésie Hyléiforme*, Dup., *fig.* 1. — France, Allemagne, etc. Assez commune dans les jardins, les endroits où l'on cultive le framboisier, depuis la fin de juin jusqu'en août.

Chenille blanchâtre, très-légèrement pubescente, avec la tête brune. Vit dans les racines du framboisier, *Rubus idæus*, et n'hiverne qu'une fois. Se chrysalide en juin dans les tiges d'un an, ou plus, de la plante dont elle s'est nourrie.

GENRE TROCHILIUM, Scop.

Trochilium Apiformis, Lin. *Sésie Apiforme*, God., *fig.* 2. — Dans toute l'Europe. Cette espèce est une des plus communes du genre et se trouve en juin, au commencement de juillet, sur le tronc des peupliers.

Chenille blanchâtre, légèrement pubescente, avec une ligne dorsale plus foncée ; tête brune. Vit entre le bois et l'écorce du peuplier, où elle fait souvent de longues marches. Se chrysalide en mai, après avoir passé deux hivers, dans une coque le plus ordinairement placée à la couronne des racines du tronc de l'arbre.

Trochilium Bembeciformis, Och., *fig.* 3. — Cette sésie, peu répandue, n'habite guère que quelques parties de l'Angleterre et de l'Allemagne, la Belgique, la Suisse ; rare en France.

Sa chenille ressemble à celle de l'*Apiforme*. Elle vit la première année sous l'écorce des saules, et pénètre dans l'intérieur de l'arbre quand elle est plus forte, c'est-à-dire dans sa seconde année. Éclôt en juin et juillet.

GENRE SESIA, Fab.

Sesia Tenthrediniformis, Lasp. *Empiforme*, Engr., *fig.* 4. — Dans une grande partie de l'Europe. Fin juin, juillet, principalement sur le tithymale à feuille de cyprès dans les endroits exposés au soleil.

La chenille vit dans la racine de l'euphorbe, et n'hiverne qu'une fois. Se chrysalide au printemps soit à la couronne de la racine, soit dans les anciennes tiges de la plante, après s'être entourée d'un léger réseau de soie.

Sesia Conopiformis, Esp. **Nomadæformis,** Lasp., *fig.* 5. — France, nord de l'Allemagne, depuis la fin de juin jusqu'en août.

Chenille d'un blanc très-légèrement cendré, avec la ligne dorsale plus foncée apparaissant plus ou moins suivant les mouvements que fait l'insecte. Tête d'un brun rougeâtre. Vit sur les vieux tétauds de chêne et sur les souches coupées à ras de terre, dans les parties sèches ou en décomposition de l'écorce. Se chrysalide, en mai, dans une petite coque faite de détritus de bois mort et tapissée de soie intérieurement.

Sesia Tipuliformis, Lin., *fig.* 6, *a, b.* — Dans toute l'Europe. Commune dans les jardins, les lieux plantés de groseilliers en mai, juin.

La chenille vit principalement sur le groseillier rouge, *Ribes rubrum,* dans les petites branches qui ont été taillées les années précédentes. Se métamorphose en avril, après avoir hiverné une seule fois. Cette chenille est blanchâtre, avec des points de même couleur, mais très-brillants, sur chaque anneau. La figure 6, *a,* est inexacte surtout en ce sens que les poils sont très-exagérés; sur la larve, comme chez la plupart de ses congénères, ces poils, très-clair-semés, sont à peine visibles.

Sesia Cynipiformis, Esp. **Vespiformis,** Lasp., God, *OEstriforme,* Engr., *fig.* 7. — N'est pas rare et se trouve en juin et juillet, quelquefois plus tard, dans une grande partie de l'Europe.

Sa chenille vit sur le chêne aux mêmes époques que celle de *Conopiformis,* et ses mœurs sont également les mêmes.

Sesia Stomoxiformis, Schr., *fig.* 8. — Cette espèce, encore peu répandue, habite plus particulièrement l'Allemagne méridionale, l'Espagne, le midi de la France. On la rencontre, volant sur les broussailles exposées au soleil, sur le penchant des montagnes.

Sesia Formicæformis, Lasp., *fig.* 9. — Europe septentrionale et centrale, de juin en août, dans les endroits plantés de saules.

Chenille blanchâtre, très-légèrement pubescente, avec la tête brune, les pattes, ainsi que les stigmates noirâtres. Vit de préférence sur les *Salix viminalis* et *triandra,* soit à la base du tronc ou dans les branches; et se chrysalide au printemps, après avoir hiverné une seule fois, dans les endroits rongés par elle à l'état de larve.

Sesia Culiciformis, Lin., *fig.* 10. — Commune dans une grande partie de l'Europe, depuis les derniers jours de mai jusqu'à la fin de juin.

La chenille est d'un blanc sale, très-légèrement pubescente, avec la ligne dorsale plus foncée ; tête brune. Vit dans le tronc du bouleau, rarement dans celui de l'aune, et n'hiverne qu'une fois. Se chrysalide en avril et mai, dans les parties rongées du bois, après avoir eu la prévoyance, ainsi que toutes les chenille lignivores, de placer sa coque près du pourtour de l'arbre, et de préparer une sortie pour quand elle sera devenue papillon.

La plupart des sésies butinent le jour sur les fleurs à l'ardeur du soleil; et se posent de préférence sur les parties mortes et cariées des arbres, là où elles ont vécu à l'état de larves.

GENRE THYRIS, Illig.

Thyris Fenestrina, Fab. *Pygmée*, Engr., *fig.* 11. — Europe centrale et méridionale, en mai et juin. Commun dans certaines contrées, assez rare dans les environs de Paris. Vole le jour à l'ardeur du soleil sur les haies et les buissons où croît la plante qui sert de nourriture à sa chenille. Celle-ci vit en juillet et août sur la clématite, *Clematis vitalba*, et se tient dans une feuille roulée ou simplement repliée. Se chrysalide sur le sol dans une coque soyeuse mélangée de terre ou entre des feuilles sèches. Elle est d'un vert-olive, couverte d'un grand nombre de petites plaques cornées disposées en lignes longitudinales; la tête, les plaques cornées, le scutellum et les pattes écailleuses sont d'un noir luisant. Inquiétée par une cause quelconque, cette larve répand une assez forte odeur de punaise[1].

TRIBU DES SPHINGIDES; *SPHINGIDÆ*.

GENRE MACROGLOSSA, Och.

Macroglossa Bombyliformis, Och. *Grand Sphinx gazé*, Engr., *fig.* 12, *a, b, c.* — Dans toute l'Europe. Butine communément sur les fleurs à l'ardeur du soleil, dans les clairières, les allées des bois humides, dès la fin d'avril, mai.

La chenille vit de juin en juillet sur le *Lonicera periclymenum*, et se tient de préférence dans les clairières, au bord des allées, sur les tiges de chèvre-feuille qui rampent à terre ou croissent à peu d'élévation.

Macroglossa Fuciformis, Lin. *Grand Sphinx gazé*, Engr., *fig.* 13. — Cette espèce se rencontre avec la précédente butinant sur les fleurs, mais elle est moins répandue.

---

1. Pour plus de détails, voir dans le tome **VII** des *Annales de la Société entomologique belge*, un excellent mémoire, publié par M. le docteur Breyer, sur les premiers états du *T. Fenestrina*.

Chenille d'un vert tendre, ridée transversalement et finement chagrinée de blanc jaunâtre, avec des taches d'un rouge vineux placées de chaque côté du corps. Tête verte, pattes et corne d'un brun rouge. Vit sur les scabieuses dans la dernière quinzaine de juillet. Nous avons toujours trouvé les chenilles du *Fuciforme* après la tige ou sous les feuilles de la plante, mais jamais cachées sur terre, comme souvent il est dit. Elles sont des plus difficiles à élever ; après trois à quatre jours de captivité elles cessent de manger, ont comme la diarrhée et finissent par mourir de langueur. Pour être sûr de réussir, il ne faut prendre que celles prêtes à se chrysalider. C'est aussi en élevant de chenille ces deux sphinx gazés, qu'on les obtient avec cette poussière grise qui recouvre la partie vitrée des ailes, écailles si peu adhérentes qu'elles tombent aux premiers mouvements que fait l'insecte aussitôt développé et sec après l'éclosion.

La plupart des auteurs indiquent une seconde apparition d'été pour les *Macroglossa Fuciforme* et *Bombyliforme :* Nous ne les avons jamais trouvés qu'au printemps, et de toutes leurs chenilles élevées par nous, même celles métamorphosées de bonne heure, *aucune* n'a donné son papillon la même année.

Macroglossa Croatica, Esp., *fig.* 14. — Dalmatie, Croatie, Grèce, Russie méridionale, en août. Toujours rare dans les collections.

D'après M. Freyer, la chenille a beaucoup d'analogie avec celle du *M. Bombyliformis :* elle est verte, finement chagrinée de blanchâtre, avec une ligne dorsale plus foncée, et, près des stigmates, une autre ligne jaunâtre, bien visible. Les deux premiers anneaux sont marqués chacun d'un point noir sur les côtés. Tête d'un vert foncé ; corne et pattes rougeâtres. Vit au commencement de juillet sur la scabieuse.

Suivant Kindermann, cette espèce aurait deux générations.

Macroglossa Stellatarum, Esp. *Moro Sphinx*, Geoff., *fig.* 15, *a*, *b*, *c*.—Très-commun dans toute l'Europe, et se montrant une partie de l'année. Butine sur les fleurs en plein soleil dans les jardins, etc.

La chenille se trouve de juin en septembre sur les caille-lait, de préférence sur le blanc et le jaune, *Galium mollugo* et *verum*. Elle varie beaucoup ; le plus souvent verte, quelquefois d'un brun vineux, mais toujours chagrinée de blanc.

Les chenilles de *Macroglossa* se chrysalident à la surface de la terre au milieu de débris de végétaux retenus par des fils de soie.

A. Ribes rubrum, *Groseillier rouge.*
B. Lonicera xylosteum, *Camérisier des bois.*
C. Galium aparine, *Gratteron.*

SPHINGIDÆ. — Pl. XVII.

GENRE PTEROGON, Bdv.

Pterogon Œnotheræ, Fab. *Sphinx de l'OEnothère*, God., *fig.* 4. — Europe centrale et méridionale, surtout dans les régions sous alpines, en mai et juin. Vole au crépuscule, parfois le jour, sur les fleurs odoriférantes.

La chenille est en dessus d'un gris cendré réticulé de noir, avec les côtés et le ventre d'un blanc légèrement teinté de rose. Stigmates rouges. Une plaque luisante en forme d'œil remplace la corne. Vit en juillet et août, le plus souvent en petite société, sur différentes espèces d'épilobes, et se tient habituellement cachée pendant le jour sous les pierres à quelque distance de la plante.

GENRE DEILEPHILA, Och.

Deilephila Nerii, Lin. *Sphinx du Laurier rose*, God., *fig.* 1, *a, b, c.* — La véri
patrie de ce beau sphinx est l'Afrique, et ses apparitions en Europe ne sont o
dentelles, mais plus fréquentes dans le midi que dans le centre et le nord. C
fait a lieu, c'est ordinairement en mai que les sphinx arrivent aidés dans leu'
par les vents du Sud. Le premier besoin chez ces insectes étant celui de la re
les femelles s'empressent de déposer sur les lauriers roses, plante qui s'
ture à la chenille, leurs œufs, qui éclosent au bout de peu de jours. C
trouver des chenilles adultes en juillet, quelquefois plus tôt, qui devie
ment papillons dès la fin de juillet, en août; ceux-ci produisent une
tion de chenilles, se métamorphosant en octobre, mais ces der'
chrysalidées, périssent avant le printemps à l'état de nymphe, ou ,
que des sphinx étiolés, avortant pour la plupart.

Nous ignorons si les apparitions des chenilles du *Nerii* dans les régio,
plus au nord de l'Europe, proviennent directement d'émigrants africains, ou ,
des papillons nés de leurs pontes après leur migration dans les provinces méridionales ?
toujours est-il qu'on rencontre ces chenilles plus tard, en août et septembre, qu'elles
ne produisent qu'une seule génération, et que les plus hâtives seules réussissent à
bien éclore.

Deilephila Euphorbiæ, Lin. *Sphinx du Tithymale*, Engr., *fig.* 2, *a, b.* — Dans toute l'Europe, mais plus abondant dans le centre et le midi.

La chenille se trouve communément à partir de juillet, dans les endroits incultes et sablonneux sur les *Euphorbia*, le *cyparissias* de préférence. Des premières chenilles chrysalidées, du moins dans nos environs, il naît des papillons la même année, mais le plus grand nombre en juin suivant, et quelques-uns au bout de deux ans. Le

sphinx du tithymale varie beaucoup, nous avons remarqué que les plus roses provenaient ordinairement des éclosions hâtives.

Deilephila Galii, Fab. *Sphinx de la Garance*, ENGR., *fig.* 3, *a*, *b*. — Allemagne,
France, etc., rare aux environs de Paris. Fin mai, juin, rarement en septembre.

Chenille , en juillet et août, vivant à découvert sur le caille-lait, le jaune et le
blanc *Galium verum* et *mollugo*, qui croissent, surtout, sur les bords des canaux ou
des rivières, le long des chemins et des routes, sur les talus des fortifications.

> A. NERIUM OLEANDER, *Laurier rose*.
> B. GALIUM MOLLUGO, *Caille-lait blanc*.
> C. EUPHORBIA ESULA, *Ésule*.

SPHINGIDÆ. — Pl. XVIII.

GENRE DEILEPHILA, Och.

Deilephila Elpenor, Lin. *Sphinx de la vigne*, Engr., *fig.* 1, *a*, *b*, *c*. — Dans toute l'Europe, mais plus communément dans le nord, en juin.

La chenille se trouve depuis la fin de juillet jusqu'en septembre, vivant à découvert sur les épilobes, le caille-lait des marais, *Galium palustre*, au bord des ruisseaux et des étangs, dans les endroits humides, marécageux. Le plus ordinairement noire, comme la figure *a*, la chenille d'*Elpenor*, toujours verte dans son jeune âge, conserve quelquefois cette dernière couleur jusqu'à sa transformation.

Deilephila Porcellus, Lin. *Sphinx petit pourceau*, God., *fig.* 2, *a*, *b*. — Dans une grande partie de l'Europe, en juin.

Chenille en juillet et août sur le caille-lait, le jaune et le blanc. *Galium verum* et *mollugo*.

Les chenilles de *Porcellus* vivent à découvert sur la plante qui leur sert de nourriture depuis leur sortie de l'œuf jusqu'à leur dernier changement de peau. A partir de cette époque, elles se cachent avec soin sur la terre, dans la mousse, sous les herbes, les pierres ; ce qui en rend la recherche longue et difficile. Étant faciles à élever, il est préférable de les chasser quand elles sont jeunes : il ne suffit pour cela que de battre légèrement les touffes de caille-lait, ensuite les écarter, on aperçoit alors à terre les petites chenilles, encore vertes, que les secousses ont fait tomber d'après les tiges et les feuilles de la plante.

Deilephila Celerio, Lin. *Sphinx phœnix*, Engr., *fig.* 3. — Il en est de même pour le *Celerio* que du *Nerii*, c'est-à-dire que ce sphinx émigre d'Afrique en Europe, et s'avance jusque dans les contrées du Centre et du Nord, surtout les années chaudes. Plus précoce que son congénère, il multiplie plus ou moins ses générations suivant la douceur du climat qu'il habite.

Chenille quelquefois verte, le plus souvent brune, avec deux yeux noirs à iris jaune pupillés de blanc sur les quatrième et cinquième anneaux, et deux lignes latérales jaunes dont la supérieure part du sixième anneau jusqu'à la corne, et l'inférieure, longeant tout le corps, formée par des espèces de croissants dans lesquels sont placés les stigmates. Se trouve sur la vigne depuis juin jusqu'en octobre, quelquefois plutôt dans les régions méridionales. Les chenilles qui se métamorphosent dans le courant de l'été éclosent habituellement au bout de quinze jours à trois semaines, et celles en retard ou les dernières avortent pour la plupart ou périssent avant le printemps.

Toutes les chenilles de *Deilephila* se transforment à la surface du sol dans une coque formée de débris de végétaux et de molécules de terre. Leurs papillons butinent au crépuscule dans les prairies et les jardins, sur les fleurs odoriférantes.

GENRE ACHERONTIA, Och.

Acherontia Atropos, Lin. *Sphinx à tête de mort,* God., *fig.* 4, *a, b, c.* — Plus communément dans le centre et le midi de l'Europe que dans le nord.

La chenille se nourrit de préférence des feuilles de la pomme de terre, *Solanum tuberosum,* et se trouve, dans nos contrées, de juillet en octobre; les premières chrysalidées éclosent en septembre et octobre de la même année, les autres en mai suivant. C'est profondément en terre dans une cavité spacieuse, mais très-cassante, que la chenille d'*Atropos* se change en chrysalide.

L'*Atropos* est aussi originaire des contrées méridionales étrangères à l'Europe, mais il peut supporter notre saison d'hiver à l'état de chrysalide : toutes celles que nous avons obtenues des chenilles trouvées en septembre et octobre sont toujours parfaitement écloses au printemps; malgré cela, il est bon d'ajouter que l'apparition de mai ne se compose guère que d'un très-petit nombre d'individus.

A. Solanum dulcamara, *Douce-amère.*
B. Galium verum, *Caille-lait jaune.*
C. Epilobium angustifolium, *Épilobe à feuilles étroites.*

SPHINGIDÆ. — PL. XIX.

GENRE SPHINX, Och.

Sphinx Ligustri, Lin. *Sphinx du Troëne*, Engr., *fig.* 1, *a*, *b*, *c*. — Dans toute l'Europe, en juin.

La chenille se trouve en août et septembre sur les lilas, le frêne, le troëne, etc. Nous la prenions autrefois communément sur les lilas de Perse dans les parterres des jardins du Luxembourg et des Tuileries. Se métamorphose en terre, et reste quelquefois deux ans en chrysalide.

Sphinx Convolvuli, Lin. *Sphinx du Liseron*, Engr., *fig.* 2, *a*, *b*. — Dans toute l'Europe. Commun, certaines années, dans les jardins à la fin d'août, en septembre, butinant au crépuscule sur les *Flox*, les *Petunia*.

La chenille vit en été sur les liserons, de préférence sur celui des champs, *Convolvulus arvensis*, et se tient cachée pendant le jour sous les herbes. Se chrysalide en terre. La chenille du liseron présente beaucoup de variétés dont les deux principales sont celles à fond vert et celles à fond brun. Elle est des plus délicates à élever en captivité.

Le Sphinx du liseron est également d'origine exotique, et nous pensons que notre remarque sur l'*Atropos* peut lui être appliquée seulement, nous observerons que les quelques chrysalides que nous avons pu obtenir se sont toujours développées avant l'hiver, et que jamais nous n'avons vu ni trouvé l'insecte parfait au printemps.

Sphinx Pinastri, Lin. *Sphinx du Pin*, Engr., *fig.* 3, *a*, *b*. — Dans une grande partie de l'Europe. Bois et allées des parcs plantés et bordés de pins. Le chercher en juin surtout vers le soir, heure de son éclosion, sur le tronc des pins.

Chenille en juillet et août sur différentes espèces de pins. S'enterre au pied de l'arbre pour se changer en chrysalide. Les éclosions d'août sont rares dans les contrées du centre et du nord.

A. Pinus abies, *Faux sapin*.
B. Ligustrum vulgare, *Troëne*.
C. Convolvulus arvensis, *Liseron des champs*.

SPHINGIDÆ. — Pl. XX.

GENRE SMERINTHUS, Och.

Smerinthus Ocellata, Lin. *Demi-Paon*, Geoff., *fig.* 1, *a, b.* — Europe. Mai, quelquefois en août.

La chenille vit principalement sur les osiers, les jeunes pousses de peupliers, le pommier, depuis juillet jusqu'en septembre. Se chrysalide en terre.

Smerinthus Populi, Lin. *Sphinx du peuplier*, Engr., *fig.* 2, *a, b.* — Europe. Commun sur le tronc des peupliers en mai et juin, moins abondant en août et septembre.

On trouve la chenille de juillet en octobre sur les peupliers, les saules, quelquefois le bouleau.

Les parties latérales de son corps sont souvent marquées de taches ferrugineuses.

Smerinthus Tiliæ, Lin. *Sphinx du tilleul*, Engr., *fig.* 3, *a, b, c.* — Europe. Très-commun en mai et juin sur le tronc des ormes qui bordent les routes; rare en septembre.

La chenille vit de préférence sur l'orme, en juillet et août, et s'enterre au pied de l'arbre pour se chrysalider.

———

Les smérinthes du tilleul et du peuplier offrent de nombreuses variétés surtout pour le fond de la couleur des ailes.

———

Smerinthus Quercus, Fab. *Sphinx du chêne*, Engr., *fig.* 4. — France méridionale, Autriche, Hongrie, Bavière, en mai, juin.

Chenille d'un vert tendre, blanchâtre sur le dos, finement chagrinée de blanc, et marquée sur les côtés de raies obliques, plus foncées que le fond, bordées de blanc à leur partie inférieure. Stigmates et pattes écailleuses roses. Tête verte, avec un double trait rose et blanc. Se trouve de juillet en septembre. Vit en France sur le chêne vert *Quercus ilex*, en Allemagne sur le chêne ordinaire. Se chrysalide en terre. On la dit très-délicate.

A. Pyrus malus, *Pommier.*
B. Populus pyramidalis, *Peuplier d'Italie.*
C. Tilia europea, *Tilleul.*

TRIBU DES ZYGÉNIDES; *ZYGÆNIDÆ*, Latr. — Pl. XXI.

GENRE PROCRIS, Fab.

Procris Infausta, Lin. *Aglaopé des haies*, God., *fig*. 1. — Europe méridionale et centrale. Juin, juillet, voltigeant sur les haies.

Chenille jaune, ramassée, un peu pubescente, avec deux bandes longitudinales, la supérieure brune, l'inférieure bleue, de chaque côté du corps. Tête et pattes écailleuses noires. Très-commune en mai et juin sur l'aubépine, le prunellier, l'amandier. Se métamorphose à fleur de terre dans une coque de soie blanche.

Procris Globulariæ, Esp., *fig*. 2, *a, b*. — France, Allemagne, etc. Moins répandue que *Statices*. Vole en juillet dans les clairières des grands bois, sur le penchant des coteaux.

La chenille vit en mai et juin sur la globulaire, *Globularia vulgaris*, et se chrysalide dans une coque fixée après les feuilles de la plante qui l'a nourrie.

Procris Statices, Lin. La *Turquoise*, Geoff., *fig*. 3. — Europe. Vole en juin et juillet dans les bois secs, les prairies élevées, sur les fleurs de scabieuses.

Chenille verte, ayant sur le dos deux rangées de chevrons noirs, et sur les côtés deux lignes longitudinales dont l'une noire, flexueuse, et l'autre formée d'une série de points rouges. Tête et pattes écailleuses noires. Vit en mai sur la *Centaurea scabiosa* et les *Rumex*.

GENRE ZYGNÆA, Fab.

Zygæna Minos, Hub., *fig*. 4, *a, b*. — Dans une grande partie de l'Europe ; en juillet. Vole dans les clairières des bois, sur les coteaux arides exposés au soleil.

La chenille vit en mai et juin sur différentes légumineuses, et autres plantes : *Thymus, Pimpinella*. Coque d'un jaune brun clair, voûtée du haut.

Zygæna Scabiosæ, Hub., *fig*. 5. — Midi et est de l'Europe, Allemagne, surtout les contrées montagneuses. Juin et juillet, sur le versant des prairies.

Chenille en mai sur les *Trifolium*, et autres légumineuses. Coque d'un jaune d'or brillant.

Zygæna Achilleæ, Esp. *Zygène de la mille-feuille*, God., *fig*. 6. — France, Allemagne, etc. Fin mai, juin. Se trouve de préférence dans les terrains pierreux, les endroits secs abondants en lotiers.

La chenille vit en mai sur le *Lotus corniculatus*, la *Coronilla minima*, l'*Astragalus monspessulanus* et autres légumineuses. Coque blanchâtre, lisse, et de forme ovale.

Zygæna Meliloti, Esp., *fig.* 7. — Est de la France, Allemagne, Autriche, Hongrie. En juillet, sur les pentes des montagnes exposées au soleil.

La chenille vit en juin sur les *Lotus*, les *Vicia*, les *Trifolium*. Coque oblongue d'un jaune clair.

Zygæna Loniceræ, Esp. *Zygène du chèvrefeuille*, God., *fig.* 8, *a, b, c.* — Centre et nord de la France, Allemagne, etc. Fin juin, juillet. Vole dans les prairies, les clairières des bois humides.

Chenille en mai sur les *Vicia*, les *Lotus*, les *Trifolium*. On trouve facilement sa coque attachée, comme celles de ses congénères, après les tiges des graminées ou autres plantes basses.

Zygæna Palustris, Boisd. *Zygène des marais*, *fig.* 9. — Allemagne, nord de la France, environs de Paris, en juin, dans les prairies humides et marécageuses.

Chenille d'un jaune pâle, avec quatre rangées de points noirs disposés en lignes longitudinales. Tête noire. Vit en mai sur les *Trifolium* et autres légumineuses. Coque oblongue d'un jaune-paille.

Zygæna Filipendulæ, Lin. *Sphinx bélier*, Geoff., *fig.* 10, *a, b.* — Dans toute l'Europe. Cette zygène est la plus commune du genre et se rencontre dans tous les bois, les prairies sèches, depuis juin jusqu'en août, suivant les localités. Sa chenille vit en mai et juin sur les *Trifolium*, les *Hieracium*, et autres plantes basses. Coque oblongue, d'un jaune-soufre ou grise.

Zygæna Læta, Esp. *Zygène gaie*, Dup., *fig.* 11. — Hongrie, environs de Vienne, Russie méridionale, en juillet et août.

Chenille au printemps sur les *Eryngium*. Coque oblongue d'un blanc jaunâtre.

Zygæna Fausta, Lin. *Zygène de la bruyère*, God., *fig.* 12. — France, Allemagne, etc. Se trouve communément, en juillet et août, sur les pentes des collines calcaires. D'après Hubner : Chenille verte, avec une rangée de taches blanches, triangulaires, le long du dos, et sur les côtés une double série de points roses placés sur des taches jaunes. Tête et stigmates noirs. Pattes d'un jaune orangé. Vit, en juin et juillet, sur la *Coronilla minima*, l'*Ornithopus perpusillus*. Se tient le jour cachée sur terre. Coque blanche de forme ovale.

Zygæna Onobrychis, Fab. *Zygène du sainfoin*, God., *fig.* 13. — Europe centrale et méridionale. Vole en juillet sur les versants des collines arides exposés au soleil.

Chenille d'un jaune verdâtre pâle, avec des taches noires sur chaque anneau disposées en raies longitudinales. Vit en juin sur le sainfoin, les *Ononis*, et autres légumineuses. Coque ovale, blanche ou jaune clair.

Zygæna Ephialtes, Lin., *fig.* 14, *c*. — Var. **Coronillæ**, Esp., *fig.* 14, *b*. — Var. **Peucedani**, Esp., *fig.* 14, *a. Zygène de la Coronille et du Peucédan*, Dup. et God. — Prairies élevées, terrains pierreux, clairières des bois secs, en juillet.

La chenille vit en juin sur la coronille variée, l'hippocrèpe vulgaire, le trèfle des prés et autres légumineuses. Coque oblongue, blanchâtre ou jaunâtre, avec deux raies longitudinales en arête, marquée çà et là de points saillants, et l'intervalle des arêtes d'un blanc-argent brillant.

Quelques auteurs Allemands ont, avec raison, réuni la *Peucedani* à l'*Ephialtes*, dont on trouve tous les passages intermédiaires entre elles deux. *Ephialtes* habite surtout l'Allemagne orientale, la Russie méridionale, très-rarement les Alpes françaises ; *Coronillæ* les environs de Vienne, la Hongrie, le sud du Tyrol, le nord de l'Italie ; *Peucedani* une partie de l'Europe centrale, le nord de l'Allemagne, les environs de Paris. La variété *Athamanthæ*, Esp., est une *Peucedani* n'ayant que cinq taches rouges à l'aile supérieure.

Les zygènes volent en plein jour et se reposent fréquemment sur les scabieuses et les chardons en fleurs.

TRIBU DES SYNTOMIDES; *SYNTOMIDÆ*.

GENRE SYNTOMIS, Illig.

Syntomis Phegea, Lin. *Sphinx du pissenlit*, Engr., *fig.* 15. — Europe méridionale et centrale. Fin juin, juillet, sur les pentes des montagnes, dans les clairières des bois.

Chenille ayant quelque analogie avec celles des *Arctia* ; noire, avec des bouquets de poils d'un gris brun. Tête et pattes rougeâtres. Vit en avril et mai, après avoir hiverné, sur les *Rumex, Taraxacum, Scabiosa, Plantago*. Elle se chrysalide dans une coque ovale, brune, mélangée de poils et assez ferme, à la manière des Bombycides.

A. Lotus corniculatus, *Lotier corniculé.*
B. Trifolium montanum, *Trèfle des montagnes.*
C. Vicia sepium, *Vesce des haies.*
D. Globularia vulgaris, *Globulaire.*

TROISIÈME FAMILLE. — LES NOCTURNES, Latr.

TRIBU DES LITHOSIDES ; *LITHOSIDÆ.* — Pl. XXII.

GENRE EMYDIA, Bdv.

Emydia Grammica, Lin. *Ecaille Chouette*, Engr., *fig.* 1. — Europe. Clairière des bois secs, depuis les derniers jours de juin jusqu'à la fin de juillet.

Chenille noirâtre, avec une ligne dorsale jaune, et des petits bouquets de poils bruns sur chaque anneau. Vit en avril et mai sur les graminées, et autres plantes basses.

GENRE DEIOPEIA, Steph.

Deiopeia Pulchella, Lin. La *Gentille*, Engr., *fig.* 2, *a, b.* — Europe méridionale, plus rarement dans le centre, en juin et juillet.

La chenille vit en avril et mai sur les *Myosotis, Plantago, Solanum, Heliotropium.*

Cette jolie espèce, répandue en Afrique et en Asie, doit avoir plusieurs générations dans les contrées méridionales.

GENRE SETINA, Bdv.

Setina Irrorella, Lin. *Callimorphe arrosée*, God., *fig.* 4. — France, Allemagne, etc. Bois herbus, prairies des montagnes, de juin en août.

La chenille vit en mai et juin sur plusieurs espèces de lichens du genre *Parmelia.* Se chrysalide sous un fin tissu.

Setina Aurita, Esp. *Callimorphe jaune d'or*, God., *fig.* 6. — **Setina Ramosa,** Fab. *Callimorphe rameuse,* God., *fig.* 7. — Alpes de la Suisse, en juillet et août.

Ces deux lithosies, aujourd'hui réunies en une seule espèce dont le type est *Aurita,* et *Ramosa* la variété, habitent les pentes rocheuses des montagnes exposées au soleil et volent en plein jour, surtout le matin. *Ramosa* se trouve au-dessus de la limite des arbres.

GENRE LITHOSIA, Bdv.

Lithosia Mesomella, Lin. *Eborine*, Engr., *fig.* 5. — Europe, en juin et juillet. Clairières des bois au milieu des broussailles.

La chenille vit en avril et mai sur les lichens des arbres, *Sticta, Jungermannia.* Se chrysalide dans les lichens.

Lithosia Aureola, Hub. *Callimorphe jaunette*, Goo., *fig.* 8.—Dans une grande partie de l'Europe. Au bord des bois dans les broussailles, en mai et juin.

Chenille noire, avec deux raies longitudinales jaunes ponctuées de rouge. Vit en avril et mai sur les lichens des arbres, *Parmelia, etc.*

Lithosia Complana, Lin. *Lithosie aplatie*, Goo., *fig.* 9. — Europe, en juin et juillet. Commune dans les clairières des bois secs, les endroits couverts de genêts.

Chenille noire, avec des aigrettes de poils très-courts d'un gris roussâtre sur chaque anneau, et des taches orangées, accompagnées de points blancs, disposées en lignes longitudinales. Tête d'un noir brillant. Se trouve, d'avril en juin, sur les lichens des arbres, *Parmelia, etc.* Se chrysalide le plus ordinairement dans les fissures des écorces.

Lithosia Depressa, Esp. *Lithosie déprimée*, Dup., *fig.* 10. — Europe centrale. Fin juin, juillet, dans les bois de pins. Se tient en repos sur les branches ou dans le feuillage des pins.

La chenille vit sur les lichens qui croissent sur les arbres résineux. Se chrysalide, au commencement de juin, dans une coque légère d'un brun clair.

Lithosia Rubricollis, Lin. La *Veuve*, Geoff. et Engr., *fig.* 11.— Dans toute l'Europe. Mai, juin, dans les bois au milieu des broussailles.

La chenille vit en août et septembre sur les lichens des arbres, *Parmelia, etc.* Se chrysalide à l'automne, soit à fleur de terre ou bien dans la mousse.

Lithosia Quadra, Lin. *Lithosie quadrille*, Goo., *fig.* 12, *a, b,* ♀, *c,* ♂.—France, Allemagne, etc. Dans les grands bois en juillet.

La chenille se trouve de préférence sur les chênes, dont elle mange les lichens. Se chrysalide vers la fin de juin, le commencement de juillet, dans les rides de l'écorce ou bien entre les feuilles, entourée seulement d'un léger réseau.

Lithosia Rosea. Fab. *Callimorphe rosette*, Goo., *fig.* 14, *a, b, c.* — Europe centrale. Dans les grands bois au milieu des broussailles, entre les hautes herbes, en juin.

La chenille vit en mai sur les lichens des arbres, *Parmelia* et autres, et se rencontre souvent au pied des chênes.

GENRE NUDARIA, Steph.

Nudaria Mundana, Lin. *Callimorphe mondaine*, Goo., *fig.* 13. — France, Allemagne, etc. Cette petite espèce se trouve en juillet sur les murs et contre les rochers où croissent certains lichens *Anthoceros*, *etc.*, qui servent de nourriture à sa chenille. Elle paraît en juin et s'élève facilement.

———

Pour élever avec succès les chenilles qui se nourrissent de lichens, il faut avoir soin d'humecter matin et soir les petites branches ou morceaux d'écorces couverts de ces cryptogames qu'on leur donne comme nourriture.

Les lithosies volent surtout le matin dès la première heure dans les allées des bois et sur les lisières au milieu des longues herbes, et se tiennent le jour dans les brous-sailles en repos sur les feuilles.

———

TRIBU DES CHÉLONIDES; *CHELONIDÆ*.

GENRE EUCHELIA, Bdv.

Euchelia Jacobeæ, Lin. Le *Carmin*, Engr., *fig.* 3, *a*, *b*.— Europe. Commune dans les jardins et les endroits où croissent en abondance les seneçons, en mai et juin.

La chenille vit spécialement sur les *Senecio*, en juillet et août. Se chrysalide à fleur de terre dans un léger tissu.

A. Parmelia stellaris, *Parmélie étoilée.*
B. Usnea florida, *Usnée fleurie.*
C. Pulmonaria officinalis, *Pulmonaire.*
D. Senecio jacobæa, *Jacobée.*
E. Myosotis palutris, *Myosotis des marais.*

CHELONIDÆ. — Pl. XXIII.

GENRE ARCTIA, Bdv.

Arctia Menthastri, Fab. *Écaille de la Menthe*, God., *fig.* 1.—Dans toute l'Europe, en mai et juin.

Chenille brune, avec une ligne dorsale rousse, et des bouquets de poils bruns sur chaque anneau. Vit sur un grand nombre de plantes basses, depuis les derniers jours de juillet jusqu'à la fin de septembre, et se plaît dans les décombres et le long des murs, dans les jardins, au bord des chemins et des bois.

GENRE CHELONIA, Latr. Bdv.

Chelonia Hebe, Lin. *Écaille rose*, Engr., *fig.* 2. — Europe centrale et méridionale. Coteaux arides, endroits sablonneux, depuis la fin de mai jusqu'en juillet, suivant les localités.

Chenille d'un beau noir, avec de longs poils soyeux : gris cendré sur le dos, jaunâtre sur les côtés et roux foncé près du ventre. Il faut la chasser en avril, par un beau soleil, dans les sablonnières, au bord des chemins où croît en abondance la mille-feuille *Achillæa millefolium*. Cette chenille mange très-bien le seneçon, la chicorée sauvage ; mais elle est très-délicate à élever, et les papillons qu'on en obtient, sont souvent étiolés. Pour les avoir dans tout leur éclat il ne suffit que de visiter vers le soir, à l'époque des éclosions, les endroits où l'on a remarqué les chenilles en avril ; on est sûr de rencontrer l'insecte parfait, éclos du jour, soit en repos sur le sable ou bien accroché après quelques tiges de plantes basses. Ce système de chasse, que nous avons toujours employé avec succès, a le double avantage de ne point détruire inutilement une belle espèce à l'état de larve, mais de se la procurer comme aucune éducation ne pourrait la donner.

Chelonia Caja, Lin. *Écaille martre*, Geoff. et Engr., *fig.* 3, *a*, *b*, *c*.— Dans toute l'Europe, plus commune dans le centre et le nord. Partout, de juin en août.

La chenille vit sur une infinité de plantes basses, parfois sur les arbres, et se rencontre dès le mois d'avril jusqu'en juillet.

L'écaille *Caja* est peut-être le papillon qui varie le plus, surtout comme dessin des ailes, on peut même ajouter qu'il est difficile de rencontrer deux individus exactement semblables. L'ouvrage d'Engramelle est celui dans lequel sont figurées les plus curieuses variétés.

Chelonia Villica, Lin. *Écaille fermière*, God. *Écaille marbrée*, Geoff. et Engr., *fig.* 5. — Dans toute l'Europe. A peu près partout, depuis les derniers jours de mai jusqu'en juillet.

Chenille noire, avec des poils d'un brun roux moins longs que ceux de la caja. Une partie de la tête et pattes rougeâtres. Vit sur un grand nombre de plantes basses, et se rencontre en mars et avril, le long des haies et des murs exposés au midi, courant çà et là sur les sentes dans les champs.

Chelonia Purpurea, Lin. *Écaille mouchetée*, Geoff. et Engr., *fig.* 6. — Dans une grande partie de l'Europe. Juin et juillet.

La chenille se trouve en mai sur plusieurs plantes basses et arbustes. Elle n'est pas rare sur les genêts qui croissent dans les endroits arides bien exposés au soleil.

Chelonia Matronula, Lin. *Grande écaille brune*, Engr., *fig.* 8.— Est de la France, Allemagne, quelques cantons de la Suisse. Juin, juillet, dans les buissons.

La chenille de cette grande et belle écaille vit deux ans, et passe deux hivers. Dans sa jeunesse on la rencontre sur divers arbrisseaux : *Rhamnus, Corylus, Xylosteum;* plus grande elle descend à terre et se nourrit de plantes basses : *Achillæa, Plantago, Leontodon,* mais elle se tient cachée le jour, alors, et devient plus rare à trouver. Se chrysalide en mai. La chercher de préférence dans les vallées humides des forêts. Cette chenille est très-velue, brune, et ses poils sont d'un brun grisâtre s'éclaircissant au sommet.

GENRE CALLIMORPHA, Latr. Bdv.

Callimorpha Dominula, Lin. *Écaille marbrée rouge*, Engr., *fig.* 9, *a, b.*—Dans une grande partie de l'Europe, mais plus communément dans le centre et le nord. Bois, lieux humides et marécageux, depuis les derniers jours de juin jusqu'à la fin de juillet.

La chenille se trouve vers la fin d'avril, le commencement de mai, sur les orties, la ronce, et surtout sur la grande consoude, *Symphytum officinale.*

On obtient quelquefois d'éclosion une variété de cette callimorphe à ailes inférieures jaunes.

Callimorpha Hera, Lin. La *Phalène chinée*, Geoff. Engr., *fig.* 10, *a, b.* — Europe centrale et méridionale. De juillet en août, dans les endroits arides et pierreux, les clairières des bois secs.

Chenille en avril, mai, commencement de juin, sur plusieurs espèces de plantes basses, de préférence le lierre terrestre, les orties, les boraginées ; se tient cachée dans les feuilles sèches ou sous les plantes qui lui servent de nourriture.

GENRE NEMEOPHILA, Steph.

Nemeophila Plantaginis, *Écaille du plantain.* God., *fig.* 4, *a, b,* ♀, *c,* ♂. — Dans une grande partie de l'Europe, surtout dans les endroits montagneux et les ravins couverts de buissons, de juin en août.

La chenille se trouve en avril et mai sur les plantains, et quelques autres plantes basses.

La figure 4, *c*, représente une variété mâle de *Plantaginis* se rapprochant beaucoup de l'*Hospita* W. V. Le type ordinaire a le fond des ailes jaunes.

Nemeophila Russula, Lin. *Écaille roussette*, Goд., *fig. 7*. — Europe. Clairières des bois secs. Dans les broussailles, au milieu des longues herbes, à la fin de mai, juin ; reparaît une seconde fois en août. Chenille d'un brun noir, velue, avec une ligne dorsale jaune, et sur les côtés une série de points blanchâtres. Ses poils sont ou roussàtres ou jaunàtres. Vit en avril et mai, puis en juillet, sur les *Plantago*, *Rumex*, *Taraxacum*, et se cache pendant le jour sous les feuilles.

Les callimorphes et les néméophiles volent fréquemment en plein jour. La plupart des chenilles de chélonides se métamorphosent à la surface de la terre ou bien entre des feuilles, dans une coque lâche et spacieuse entremêlée de leurs poils.

A. PLANTAGO LANCEOLATA, *Plantain lancéolé*.
B. RUBUS FRUTICOSUS, *Ronce*.
C. GLECHOMA HEDERACEA, *Lierre terrestre*.

TRIBU DES LIPARIDES; *LIPARIDÆ*. — Pl. XXIV.

GENRE LIPARIS, Och., Bdv.

Liparis Salicis, Lin. *Apparent*, Geoff. et Engr., *fig.* 1, *a, b, c.* — Europe. Très-commun sur les saules et les peupliers à la fin de juin, en juillet.

La chenille vit en mai, juin, sur les saules, les peupliers. Se chrysalide entre quelques feuilles ou dans les crevasses de l'écorce.

Liparis Dispar, Lin. *Bombyx disparate*, God., *fig.* 2, *a, b,* ♂, *c,* ♀. — Europe. Très-commun de juillet en août : le mâle volant le jour, et la femelle se tenant appliquée contre le tronc des arbres.

La chenille se trouve de mai en juillet sur la plupart des arbres, auxquels elle fait beaucoup de tort, et se retire le jour dans les rides de l'écorce. On rencontre dans ces mêmes crevasses ou sous les corniches des murs la chrysalide à peine retenue par quelques fils de soie. Cette chenille est un fléau pour les bois de chênes-liéges, *Quercus suber*, dans le midi de la France.

Liparis Monacha, Lin. *Bombyx moine,*, God. *fig.* 5. — Centre et nord de l'Europe, en juillet et août. Surtout dans les forêts, en repos le jour contre le tronc des arbres.

Chenille d'un brun obscur en dessus, avec les côtés variés de blanchâtre et de verdâtre, et des bouquets de poils grisâtres sur chacun de ses tubercules. Elle a sur le deuxième anneau une tache noire suivie de deux autres taches blanches, et sur l'arrière deux vésicules rougeâtres précédées d'un oval clair. Tête grosse, pattes écailleuses brunes, ventre d'un vert pâle. Vit en mai et juin sur différents arbres : *Pinus, Quercus, Populus, Pyrus, Betula*. Se chrysalide dans les fentes de l'écorce. Cette chenille, peu répandue en France, est quelquefois si commune dans certaines forêts de pins de l'Allemagne, qu'elle dépouille entièrement les arbres de leurs feuilles.

Liparis Auriflua, Fab. *Bombyx cul doré*, God., *fig.* 3, *a, b.* — Europe. Bois, haies d'aubépines, en juillet.

Les chenilles, après avoir hiverné petites sous une tente soyeuse, se trouvent en mai et juin sur différents arbres, de préférence sur l'aubépine, le saule et le noisetier.

Liparis Chrysorrhæa, Lin. *Bombyx cul brun*, God., *fig.* 4. — Dans toute l'Europe. Partout. Juillet, commencement d'août.

La chenille de cette espèce est tellement abondante qu'on l'a surnommée la *Commune*. Vit sur tous les arbres et arbustes, et devient parfois un véritable fléau pour les bois et les jardins qu'elle dépouille de leur verdure. Les jeunes larves passent l'hiver en commun sous un abri soyeux fixé aux branches des arbres, et se filent en juin, entre les feuilles ou dans les bifurcations des branches, une coque molle et serrée, d'un gris brun plus ou moins clair, pour se changer en chrysalides.

GENRE ORGYA, Bdv.

Orgya V. Nigrum, Fab. *V. noir*, Engr., *fig.* 7. — Europe centrale. Bois. Fin juin, juillet.

Chenille variée de brun-noir et de fauve, avec des pinceaux de poils sur chaque anneau : roux foncé sur les 1er, 2e, 5e, 6e, 7e et 11e, et blancs sur les autres. A l'arrière deux vésicules jaunâtres. Vit en avril et mai sur le chêne, le tilleul, le hêtre et le bouleau. Se chrysalide vers la fin de mai dans un léger réseau de soie entre quelques feuilles. [1]

> A. Salix pentandra, *Saule odorant.*
> B. Rosa rubiginosa, *Églantier odorant.*
> C. Carpinus betulus, *Charme.*

1. Voir dans les descriptions de la planche XXXII, pour celle de *Cœnobita* (fig. 6 de cette planche).

LIPARIDÆ. — Pl. XXV.

Orgya Pudibunda, Lin. *Patteétendue*, Geoff. et Engr., *fig.* 6, *a*, *b*, ♂, *c*, ♀. — Europe. Mai.

Chenille en automne sur les ronces, le noisetier, le noyer, le chêne, le pommier, etc. File entre les feuilles ou dans les bifurcations des branches une coque molle, serrée, d'un gris jaunâtre pour se changer en chrysalide.

Orgya Fascelina, Lin. *Bombyx porte-brosses*, God, *fig.* 7, *a*, *b*, *c*. — Europe centrale. Juillet et août, dans les endroits arides couverts de genêts.

Chenille de mai en juin, de préférence sur le genêt que sur toute autre plante. Se chrysalide entre les feuilles dans une coque d'un gris cendré.

Orgya Abietis, Esp. *Bombyx du sapin*, God., *fig.* 8, *a*, *b*. — Allemagne, mais toujours rare, et dans quelques contrées seulement, en juin et juillet.

La chenille, après avoir hiverné, se trouve en avril et mai sur les sapins. Se métamorphose dans une coque grisâtre de forme ovale.

Orgya Antiqua, Lin. L'*Étoilée*, Engr., *fig.* 3, *a*, *b*, ♂, *c*, ♀. — Dans presque toute l'Europe. De juin en octobre dans les bois, les vergers, les jardins, le mâle volant en plein jour. Très-commun.

La chenille se rencontre de mai en octobre sur une infinité d'arbres et arbustes. Se file entre les feuilles ou dans les gerçures des écorces une coque ovale d'un gris jaunâtre. La figure 3 *a* représente la chenille du mâle pour la couleur, et comme taille celle de la femelle ; les chenilles qui produisent les papillons femelles sont d'une teinte beaucoup plus claire.

Orgya Gonostigma, Fab. La *Soucieuse*, Engr., *fig.* 4, ♂. — Centre et nord de l'Europe. Fin mai, juin ; août, septembre et octobre. Habite à peu près les mêmes endroits que l'*Orgya antiqua*, mais se trouve bien moins communément. La femelle est aptère.

La chenille porte les mêmes ornements que celle du précédent, moins les deux aigrettes médianes, et le fond de sa couleur est d'un rouge orangé, avec deux larges bandes latérales noires sur lesquelles sont placés les tubercules. Vit en mai, août et septembre, sur le chêne, le tilleul et le peuplier ; le prunier, le pommier ; l'aubépine, la ronce et l'églantier, les genêts. Coque ovale, d'un brun clair, placée entre des feuilles ou dans les fentes des écorces.

Orgya Selenetica, Esp., *fig.* 5, ♂. — Allemagne. Clairières boisées des forêts montagneuses, en mai. Le mâle vole le matin à la recherche de la femelle qui reste en repos dans les herbes, quoique non aptère.

La chenille, après avoir hiverné, se trouve en mars et avril sur les *Onobrychis*, les *Lathyrus*, et autres légumineuses. Elle est noire, très-velue, garnie d'aigrettes noires, et de cinq brosses d'un gris jaunâtre. Coque ovale d'un gris brun plus ou moins foncé.

TRIBU DES BOMBYCIDES; *BOMBYCIDÆ*.

GENRE BOMBYX, Bdv.

Bombyx Processionea, Lin. La *Processionnaire*, Réaum., *fig. 2, a, b.* — Dans une grande partie de l'Europe. Bois de chênes.

Les chenilles vivent en société sur le chêne en mai, juin, et se retirent le jour dans un nid fixé contre le tronc ou les grosses branches de l'arbre. Elles se chrysalident également en commun dans le même nid, vers le mois de juillet, et les éclosions ont ordinairement lieu dans le courant d'août. Tous les papillons d'une même habitation éclosent dans l'espace de quelques heures. Pour avoir les chrysalides, on ne doit toucher à ces nids qu'avec la plus grande attention car il s'en échappe une poussière fine, formée des dépouilles sèches de la larve, occasionnant à la peau de vives démangeaisons, et sur les parties les plus sensibles du corps une inflammation souvent très-dangereuse [1].

A. Erica vulgaris, *Bruyère commune.*

B. Abies pectinata, *Sapin commun.*

C. Trifolium incarnatum, *Trèfle incarnat.*

D. Quercus robur, *Chêne ordinaire.*

1. Voir dans les descriptions de la planche XXXI, celle d'*Anachoreta* (fig. 1 de cette planche).

BOMBYCIDÆ. — Pl. XXVI.

Bombyx Quercus, Lin. *Minime à bande*, Geoff. et Engr., *fig.* 1, *a, b, c, d*, ♂, *e*, ♀. — Europe. Partout, en juillet et août. Le mâle vole le jour avec une grande rapidité.

La chenille, après avoir hiverné, se rencontre au printemps sur l'aubépine, le prunellier, le lilas, l'osier, et autres arbustes. Elle place sa coque à la surface de la terre soit dans les feuilles sèches, sous les pierres ou parmi les broussailles.

Bombyx Rubi, Lin. *Polyphage*, Engr., *fig.* 2, *a, b*, ♂, *c*, ♀. —Europe. Bois, prairies, de mai en juin. Le mâle vole vers le soir à la recherche de la femelle qui se tient dans les herbes ou parmi les broussailles.

La chenille vit sur les trèfles, les ronces, les genêts, et se montre très-communément à l'automne, surtout dans les champs et les prairies, se roulant en anneau dès qu'on s'en approche ou qu'on y touche. Elle passe l'hiver parvenue à toute sa taille, et se chrysalide au premier printemps ; mais on la trouve alors très-rarement, car elle se cache avec soin dans la mousse, sous les pierres, les touffes d'herbes, etc. Sa coque est allongée, molle, et d'une couleur grisâtre.

Bombyx Dumeti, Lin. *Bombyx des buissons*, God., *fig.* 3, ♂. — Europe centrale. Dans les bois secs, première quinzaine d'octobre : le mâle volant le jour à la recherche de la femelle qui se tient ordinairement dans les buissons.

Chenille d'un brun obscur velouté, garnie de quelques poils roux, avec les anneaux marqués d'une tache et de deux raies noires. Stigmates blancs bordés de noir. Cette chenille, qui n'éclôt qu'au printemps, doit être cherchée du 15 mai au 15 juin sur l'épervière piloselle, *Hieracium pilosella*, les *Léontodon*. Elle se cache pendant le jour avec soin sous les plantes qui la nourrissent ou dans la mousse aux environs. Se creuse profondément en terre une cavité sans former de coque pour sa métamorphose. Le papillon avorte souvent en captivité.

Bombyx Catax, Lin. *Laineuse du chêne*, Engr., *fig.* 4, *a, b*, ♀.—Est de la France, Allemagne, rare aux environs de Paris. Fin septembre, octobre.

La chenille vit en mai et juin sur le chêne, dans les grands bois. Quelques éclosions n'ont lieu qu'après un an et plus.

Bombyx Lanestris, Lin. *Bombyx laineux*, God., *fig.* 5, *a, b*, ♀.—Dans une grande partie de l'Europe. Bois, pacages, champs entourés de haies.

La chenille vit en société sur l'aubépine, le prunellier, le tilleul, le bouleau, les *Cerasus*, et se retire la nuit dans une grosse poche ou tente soyeuse fixée après les branches. Sortie de l'œuf à la fin d'avril, elle atteint toute sa taille dans le courant de juin, et se métamorphose dans une petite coque d'un tissu très-serré. Il est fort rare d'avoir des éclosions la même année. Une partie des papillons naissent en mars et avril, et les autres successivement les années suivantes; on en a vu rester sept ans à l'état de nymphe.

A. Prunus spinosa, *Prunellier*.
B. Rubus idæus, *Framboisier*.
C. Quercus robur, *Chêne ordinaire*.

BOMBYCIDÆ. — Pl. XXVII.

Bombyx Everia, Fab. *Bombyx évérie*, God., *fig.* 7, *a*, ♂, *b*, ♀.—Europe centrale, surtout le midi de l'Allemagne, assez rare aux environs de Paris. Haies d'épines.

Chenille brune, avec des poils inégaux, et les incisions noires. Sur le devant de chaque anneau, en dessus, règnent deux bandes transverses d'un jaune-fauve, et sur les côtés une série de taches bleues chagrinées de jaune-soufre. Vit en société, ainsi que *Lanestris*, sur l'aubépine et le prunellier, et se rencontre dans nos contrées d'avril en juin. Éclot en octobre. Dans certains pays plus au nord, une partie des chrysalides passent l'hiver, éclosent en mai, et les chenilles qui proviennent de leurs papillons ne se trouvent que de juillet en septembre.

Bombyx Populi, Lin. *Phalène du peuplier*, Engr., *fig.* 5, ♀.—Europe. Bois. Octobre et novembre.

Chenille d'un gris plus ou moins blanchâtre, finement mouchetée de noir, avec le dos tacheté de fauve-pâle à partir du troisième anneau jusques et y compris le onzième; le premier est marqué d'un croissant ferrugineux. Ventre aplati, verdâtre, avec une tache noire entre les pattes membraneuses. Vit solitaire, en mai, sur le peuplier, le bouleau, le chêne, le hêtre, l'aubépine, le prunellier, et se tient ordinairement appliquée contre l'écorce. Coque fort petite, par rapport à la chenille, dure, et très-adhérente aux corps contre lesquels elle est fixée.

Bombyx Neustria, Lin. La *Livrée*, Réaum., *fig.* 6, *a*, *b*. — Dans toute l'Europe. Partout, en juillet.

Les chenilles éclosent au printemps et vivent en société sous une tente soyeuse sur les arbres fruitiers, et autres, ainsi que sur différents arbustes. Elles filent en juin, soit entre les feuilles ou sous les corniches des murs, une coque ovale, molle, blanche, et d'où s'échappe au toucher une poussière d'un jaune-soufre.

Cette espèce est, avec la chenille *Commune*, celle qui fait le plus de tort aux arbres des jardins et des vergers.

Bombyx Castrensis, Lin. *Livrée des prés*, de Geer., *fig.* 8, *a*, *b*, ♂, *c*, ♀.—Dans une grande partie de l'Europe. Fin juillet, août. Lieux arides et sablonneux, bruyères.

La chenille vit dans sa jeunesse en commun sous un abri soyeux, et se disperse adulte sur diverses plantes basses telle que : *Helianthemum guttatum* et *vulgare*, *Erodium cicutarium*, et surtout *Euphorbia cyparissias*. Elle atteint toute sa croissance vers la fin de juin, et file sa coque à terre ou sous les feuilles des plantes qui lui ont servi de nourriture.

TRIBU DES LASIOCAMPIDES ; *LASIOCAMPIDÆ.*

GENRE ODONESTIS, Germar.

Odonestis Potatoria, Lin. *Bombyx buveur*, God., *fig.* 3, *a*, *b*, ♂, *c*, ♀.— Dans une grande partie de l'Europe, surtout le centre et le nord, de juillet en août. Bois, prairies.

La chenille, après avoir passé l'hiver, se trouve en mai, juin, sur diverses graminées, les *Bromus* et *Dactylis* de préférence, et se plaît dans les endroits humides et ombragés, au bord des allées, des fossés et des petits ruisseaux, le long des haies. C'est le matin à la rosée, le soir au coucher du soleil, qu'on la chasse avec le plus de succès. S'accommode très-bien en captivité des feuilles du froment, *Triticum hibernicum.*

GENRE LASIOCAMPA, Lat.

Lasiocampa Quercifolia, Lin. *La feuille morte*, Geoff. et Engr., *fig.* 1, *a*, *b*, *c.*— Europe. Juillet, août.

La chenille vit en mai, juin, sur les arbres fruitiers, et se rencontre principalement dans les jardins, les vergers. Elle se tient le jour appliquée contre les branches, se confondant, par sa couleur, avec l'écorce, ce qui la rend difficile à découvrir. Assez commune.

Lasiocampa Pruni, Lin. *Feuille morte du prunier*, Engr., *fig.* 2. — Europe centrale. Juin et juillet. Bois, vergers, bords des routes ; jamais abondante.

Chenille d'un gris cendré ou rougeâtre, avec deux raies latérales d'un bleu pâle liserées de jaunâtre. Appendices pédiformes moins saillants que ceux de ses congénères. Elle n'a qu'un seul collier, aurore et bleu, placé sur le deuxième anneau, et sur le onzième un tubercule aplati, un peu bifide, garni de poils roux. Vit en mai sur le prunier, l'orme, le chêne, le tilleul, le prunellier. Se chrysalide entre les feuilles dans une coque allongée d'un jaune clair. Cette chenille, ainsi que celle de *Quercifolia*, passe l'hiver petite, collée contre les branches ou réfugiée dans les gerçures des écorces.

Lasiocampa Pini, Lin. *Feuille morte du pin*, Engr., *fig.* 4, *a*, *b*, *c.*— Est et midi de la France, Allemagne. De la fin de juin en août, dans les forêts de pins.

La chenille, après avoir hiverné, se trouve en mai et juin sur les pins, de préférence le *Sylvestris*. File entre les feuilles, ou dans les rides de l'écorce, une coque allongée, d'un gris jaunâtre, entremêlée de poils.

La feuille morte du pin est de tout le genre celle qui varie le plus, autant pour la couleur que par la forme du dessin des ailes.

A. Euphorbia esula, *Ésule.*
B. Prunus domestica, *Prunier.*
C. Pinus sylvestris, *Pin silvestre.*

TRIBU DES SATURNIDES; *SATURNIDÆ*. — Pl. XXVIII.

GENRE SATURNIA, Schrank.

Saturnia Pyri, Bork. *Grand paon*, Geoff. et Engr., *fig.* 1, *a*, *b*. — Europe méridionale et centrale. Jardins, routes et promenades bordées d'arbres. De la fin d'avril en juin.

La chenille vit en juillet et août sur les arbres fruitiers, ainsi que sur l'orme, le frêne et l'aune. Fixe sa coque, faite en forme de poire, sous les corniches des murs, aux bifurcations des branches, dans les herbes au bas du tronc des gros arbres. Reste quelquefois deux ou trois ans en chrysalide.

Cette espèce, une des plus grandes de l'Europe, ne dépasse guère la latitude de Paris, vers le nord.

Saturnia Carpini, Bork. *Petit paon de nuit*, Engr., *fig.* 2, *a*, *b*, *c*, *d*, ♂, *e*, ♀. — Dans toute l'Europe. Lisières des bois, haies, bruyères, en avril et mai. Le mâle vole le jour à la recherche de la femelle.

Chenille en juin et juillet sur les ronces, les bruyères, les saules, le prunellier, les jeunes pousses d'orme et de charme. Les petites chenilles vivent en société jusqu'à leur troisième mue, et se dispersent ensuite dans les environs du lieu de leur naissance. Se chrysalident au milieu des broussailles.

TRIBU DES ENDROMIDES; *ENDROMIDÆ*.

GENRE ENDROMIS, Och.

Endromis Versicolora, Lin. *Versicolor*, Engr., *fig.* 3, *a*, *b*, ♂, *c*, ♀. — Dans une grande partie de l'Europe, surtout le centre et le nord. Bois plantés de bouleaux. Derniers jours de mars, avril. Le mâle vole en plein jour avec une grande rapidité.

La chenille vit en juin et juillet sur le tilleul, le noisetier, mais de préférence sur le bouleau, *Betula alba*. Se chrysalide dans la mousse à la surface de la terre. Les chenilles du bombyx versicolore vivent par petits groupes ne dépassant guère huit à dix individus, mais on les trouve difficilement, par la raison que ces petites familles sont disséminées dans les massifs de bouleaux, et qu'il faut porter ses recherches sur un grand nombre d'arbres. Un moyen qui nous a souvent réussi consiste à chercher ces chenilles, soit dans les clairières ou bien au bord des allées traversant les massifs de bouleaux, sur ceux de ces arbres les plus avancés comme végétation au moment de la ponte des femelles — dans la pensée qu'elles les choisissaient de préférence à tous autres pour y déposer leurs œufs — et que nous avions eu le soin de marquer afin de les reconnaître en temps opportun.

9

En terminant sur les bombycides dont les mâles recherchent leurs femelles pendant le jour, il est bon d'indiquer, pour qui l'ignore, la manière de se les procurer en nombre et sans la moindre peine ; d'autant plus qu'on ne rencontre certaines espèces que de loin en loin, ou bien, quoique les apercevant, la rapidité de leur vol empêche la plupart du temps de les saisir. Lorsqu'on aura une femelle nouvellement éclose, et non fécondée, de l'un ou l'autre de ces nocturnes, il faut la mettre dans une petite boîte recouverte d'une gaze, ou d'un morceau de tulle, et la porter, par un temps propice, un beau soleil, dans les endroits que l'on sait être habités par des bombyx de la même espèce. On est sûr de voir arriver bientôt, de divers côtés, les papillons mâles, qui se laissent prendre même à la main. Nous avons souvent capturé, en moins de deux heures, et sans quitter la place, plus de cent individus de maintes espèces dont nous n'aurions seulement pu prendre dix sans le secours de la femelle.

A. Pyrus communis, *Poirier cultivé*.
B. Betula alba, *Bouleau ordinaire*.
C. Rosa canina, *Églantier de chien*.

TRIBU DES COSSIDES ; *COSSIDÆ*. — Pl. XXIX.

GENRE COSSUS, Bdv.

Cossus Ligniperda, Fab. Le *Cossus*, Geof. et Engr., *fig.* 4, *a*, *b*, *c*. — Dans toute l'Europe. Routes et promenades bordées d'ormes. En repos le jour contre le tronc des arbres. Fin juin, juillet.

La chenille vit dans l'intérieur du tronc des *Ulmus*, *Populus*, *Salix*, et se chrysalide en mai, après deux hivers, près du pourtour du bois vif sous l'écorce.

GENRE ZEUZERA, Latr.

Zeuzera Æsculi, Lin. *La coquette*, Engr., *fig.* 5, *a*, *b*. — Europe. Promenades et jardins, en juillet et août.

La chenille vit dans l'intérieur du tronc et des branches de différents arbres, surtout les *Fraxinus*, *Syringa*, *Tilia*, *Æsculus* et *Malus*. Passe deux hivers. Se transforme, en mai et juin, après avoir recouvert d'un opercule de soie l'ouverture pratiquée pour la sortie du papillon. On trouve parfois sur le sol, après de fortes bourrasques, des branches cassées, minées par la chenille, renfermant sa chrysalide.

TRIBU DES HÉPIALIDES ; *HEPIALIDÆ*.

GENRE HEPIALUS, Fab.

Hepialus Hectus, Lin. *Patte en masse*, Engr., *fig.* 1, *a*, *b*. — Europe. Juin et juillet. Le mâle vole le soir, en balancier, dans les herbages forestiers et humides.

La chenille vit de racines de bruyères, *Erica*, et autres.

Hepialus Lupulinus, Lin. *Louvette*, Engr., *fig.* 2. — Dans toute l'Europe. Prairies. Fin mai, juin.

La chenille ronge les racines du chiendent, *Triticum repens*.

Hepialus Humuli, Lin. *Phalène du houblon*, Engr., *fig.* 3, *a*, ♂, *b*, ♀. — Europe septentrionale. Au crépuscule dans les prairies humides en juin et juillet.

Chenille d'un blanc jaunâtre, avec la tête, le premier et une partie du second anneau, ainsi que les pattes écailleuses, d'un brun luisant. Sur le corps quelques points ou verrues fauves d'où s'échappe un poil court et noirâtre. Elle ronge, en avril et mai, les racines du houblon, *Humulus lupulus*, et celles de la bryone ou couleuvrée, *Bryonia dioica*.

TRIBU DES PSYCHIDES; *PSYCHIDÆ.*

GENRE PSYCHE, Schrank.

Psyche Viciella, Fab. *Bombyx de la vesce*, God., *fig.* 7. — France, Allemagne. Fin juin, juillet.

La chenille adulte vit d'avril en juin sur les *Vicia, Euphorbia*, et les graminées.

Psyche Graminella, W. V. *Bombyx du gramen*, God., *fig.* 8, *a, b.* — France, Allemagne. Juin et juillet.

La chenille vit de graminées, et se chrysalide en mai et juin, après avoir hiverné deux fois.

Psyche Muscella, Fab. *Bombyx moucheron*, God., *fig.* 9. — France, Allemagne, Italie. En mai.

La chénille vit sur les graminées, et se chrysalide en avril.

———

Les chenilles de *Psyche*, glabres ou très-peu pubescentes, vivent constamment dans un fourreau, composé de soie et de fragments de végétaux, qu'elles transportent dans leur marche, ainsi que les colimaçons leurs coquilles, et dans lequel s'opère leur métamorphose après l'avoir fixé sur les plantes ou contre les murailles.

TRIBU DES LIMACODIDES; *LIMACODIDÆ.*

GENRE LIMACODES, Lat.

Limacodes Testudo, God. *Tortue* et *Cloporte*, Engr., *fig.* 6. — Europe. Bois de chênes, en juin.

Chenille glabre, verte, un peu chagrinée, avec deux lignes dorsales jaunes pointillées de rouge. Ses pattes membraneuses sont remplacées par des mamelons luisants et visqueux. Vit en septembre et octobre sur le chêne, et se chrysalide dans une petite coque brune, assez solide.

A. Leontodon taraxacum, *Pissenlit.*
B. Salix caprea, *Saule marceau.*
C. Malus communis, *Pommier.*

TRIBU DES PLATYPTÉRIDES; *PLATIPTÉRIDÆ.* — Pl. XXX.

GENRE CILIX, Leach.

Cilix Spinula, Hub. *Petite épine*, God., *fig.* 1. — Europe. Haies d'épines, en mai, juillet et août.

Chenille d'un brun rouge plus ou moins foncé, avec les deuxième et avant-dernier anneaux garnis de tubercules à pointes brunâtres. Vit en juin, août et septembre, sur l'aubépine et le prunellier. Se chrysalide entre les feuilles.

GENRE PLATYPTÉRYX, Lasp.

Platypteryx Falcula, Hub. *Faucille*, Engr., *fig.* 2. — Europe centrale. Plantations d'aunes et de bouleaux, en mai et août.

Chenille d'un rouge brun foncé sur le dos, avec les côtés et le ventre d'un vert pâle, et deux tubercules coniques sur chacun des cinq premiers anneaux. Vit en juin et septembre sur l'aune et le bouleau.

Platypteryx Hamula, Esp. *Hameçon*, Engr., *fig.* 3. — Europe centrale. Bois de chênes, en mai et août.

Chenille ayant le dessus des trois premiers et des deux derniers anneaux d'un brun verdâtre, et les autres d'un brun-jaunâtre, avec le troisième anneau surmonté d'un tubercule bifide entouré de points blancs à la base. Vit en juin et septembre sur le chêne.

Les chenilles de *Platypteryx* vivent dans des feuilles roulées, et s'y changent en chrysalides après s'être entourées d'un léger réseau de soie.

TRIBU DES DICRANURIDES; *DICRANURIDÆ.*

GENRE DICRANURA, Latr.

Dicranura Vinula, Lin. *Queue fourchue*, Geoff. et Engr., *fig.* 4, *a, b, c.* — Dans toute l'Europe. Plantations de saules et de peupliers, en mai et juin.

La chenille vit de juin à la fin d'août, sur les saules et les peupliers.

Dicranura Erminea, Esp. *Hermine*, Engr., *fig.* 5. — France, Allemagne. Paraît à la même époque que *Vinula*, et se rencontre de préférence dans les grands bois.

La chenille ressemble beaucoup à celle de sa congénère, avec la différence que la bande foncée du dos n'est pas interrompue par la bosse pyramidale du troisième anneau, mais seulement rétrécie, et qu'elle projette de chaque côté du corps un appendice atteignant les pattes membraneuses. Vit de juin en août sur les peupliers, surtout le tremble, *Populus tremula*.

Dicranura Bifida, Hub. *Petite queue fourchue*, Engr., *fig*. 6. — Europe. Plantations de saules et de peupliers, bords des rivières, depuis les derniers jours d'avril jusqu'à la fin de mai, ensuite en juillet.

Chenille analogue à celle de *Vinula* comme forme. Elle est verte pointillée de ferrugineux, avec une bande dorsale d'un brun-pourpre, bordée de jaune, rétrécie à la bosse pyramidale et palmée vers son milieu. Se trouve en juin, puis de la fin d'août au commencement d'octobre, sur les *Salix* et *Populus*.

Les chenilles de Dicranoures se métamorphosent dans des coques fort dures construites presque en entier de la partie enlevée de l'écorce du tronc ou des branches de l'arbre, contre lesquelles ces larves les ont placées.

GENRE HARPYIA, Och.

Harpyia Milhauseri, Fab. *Dragon*, Engr., *fig*. 7, *a*, *b*. — France, Allemagne. Bois de chênes, en mai, juin, mais rare partout.

La chenille vit de juillet en septembre sur le chêne. Se chrysalide dans une coque de la couleur de l'écorce du tronc de l'arbre, contre lequel elle est placée.

Harpyia Fagi, Lin. *Écureuil*, Engr., *fig*. 8, *a*, *b*, *c*. — Nord et centre de la France, Allemagne. Bois de hêtres et de chênes, en mai, juin.

La chenille se trouve de juillet en septembre, principalement sur le hêtre, le chêne et le bouleau. Se chrysalide à la surface de la terre dans une coque de soie molle entre des feuilles sèches ou dans la mousse.

TRIBU DES NOTODONTIDES ; *NOTODONTIDÆ*.

GENRE PTILOPHORA, Steph.

Ptilophora Plumigera, Fab. *Porte-Plume*, Engr., *fig*. 9.—Nord et est de la France, Suisse, Allemagne etc. Haies d'érables, lisières des bois.

La chenille vit de mai en juillet sur l'érable, et se chrysalide en terre. Éclôt en octobre et novembre.

  A. Quercus robur, *Chêne ordinaire* ou *pédonculé*.
  B. Salix viminalis, *Osier blanc*.
  C. Carpinus betulus, *Charme*.

NOTODONTIDÆ. — Pl. XXXI.

GENRE DRYMONIA, H. S.

Drymonia Chaonia, Hub. *Bombyx chaonien*, God., *fig.* 1. — France, Allemagne, forêts de chênes, avril, mai.

Chenille effilée, lisse, d'un vert clair et luisant, avec deux lignes jaunes le long du dos, et deux autres lignes de même couleur près des pattes. Vit en juin sur le chêne, et se chrysalide en terre.

GENRE LEIOCAMPA, Steph.

Leiocampa Dictæa, Lin. *Porcelaine*, Engr., *fig.* 2. — Europe. Lieux plantés de peupliers, en mai, juillet et août.

Chenille glabre, verte sur les côtés, blanchâtre sur le dos, avec une ligne latérale jaune, et le onzième anneau relevé en bosse. Vit en juin et dans les derniers jours de septembre, sur les peupliers, quelquefois le saule et le bouleau. Entre en terre pour se métamorphoser.

GENRE NOTODONTA, Och.

Notodonta Tritophus, Fab. *Dromadaire*, Engr., *fig.* 3. — France, Allemagne, etc. Sur les peupliers, mais toujours assez rare. Paraît en mai, juin ; puis en août. Sa chenille a le faciès de celle du *Ziczac*, avec une bosse en plus sur le dos. Vit solitaire en juillet, septembre et octobre, sur les peupliers. File à la surface de la terre, entre les feuilles sèches, un léger réseau de soie pour se chrysalider.

Notodonta Ziczac, Lin. *Bois veiné*, Geoff. et Engr., *fig.* 4, *a, b, c, d.* — Europe. Oseraies, bords des rivières, en mai, juin, et août.

La chenille se trouve de juin en juillet, puis en septembre et octobre, sur les saules, osiers, et sur les jeunes pousses de peupliers.

GENRE PERIDEA, Steph.

Peridea Bicolora, Fab. *Bicolor*, Engr., *fig.* 5. — Nord de la France, Allemagne, rare aux environs de Paris. Massifs de bouleaux, en mai, juin.

Chenille verte, avec plusieurs lignes longitudinales jaunes. Vit en juin et juillet sur le bouleau, *Betula alba*, et se chrysalide à la surface de la terre.

GENRE LOPHOPTERIX, Steph.

Lophopteryx Carmelita, Esp. *Bombyx carmélite*, God., *fig.* 6. — Allemagne, très-rare aux environs de Paris. Fin avril, mai. Se tient habituellement le jour en repos contre le tronc ou bien au pied des arbres.

Chenille verte, chagrinée de jaune, avec une ligne latérale blanche, marquée de rose, près des pattes. Vit en juin et juillet sur le bouleau.

Lophoptcryx Camelina, Lin. *Bombyx chameau,* Goɒ., *fig.* 7, *a, b,* — Dans une grande partie de l'Europe. Mai, juin, moins commun en août.

La chenille se trouve de juillet en novembre sur la plupart des arbres forestiers. Se chrysalide en terre.

GENRE PTILODONTIS, Sᴛᴇᴘʜ.

Ptilodontis Palpina, Lin. *Museau,* Eɴɢʀ., *fig.* 8. — Dans une grande partie de l'Europe. Mai ; fin juillet, août.

Chenille d'un vert pâle, avec quatre lignes blanches, granuleuses, sur le dos, et près des stigmates une raie longitudinale jaune, finement bordée de noir en dessus aux trois premiers anneaux. Se trouve de juin en juillet, et de septembre à la fin d'octobre, sur les saules, osiers, peupliers *Salix* et *Populus.*

GENRE PYGÆRA, Bɒv.

Pygæra Bucephala, Lin. *Lunule,* Gᴇᴏff. et Eɴɢʀ., *fig.* 9. — Europe. Bois, oseraies, jardins, en mai, juin.

Chenille un peu molle, légèrement velue, avec des raies longitudinales noires, jaunes et blanches, les premières piquées de blanc ; chaque anneau est en outre transversalement rayé de jaune roussâtre finement pointillé de jaune clair. Tête grosse, noire, et marquée d'un V jaune. Vit en petite société, de juillet en octobre, sur les *Salix, Betula, Tilia, Quercus* et autres. Se chrysalide en terre sans former de coque.

GENRE CLOSTERA, Hᴏffᴍ.

Clostera Anachoreta, Fab. *Hausse-Queue fourchue,* Eɴɢʀ., *pl.* XXV, *fig.* 1. — Europe. Oseraies, bords des ruisseaux, en avril et mai ; juillet et août.

Chenille légèrement velue, d'un gris cendré clair en dessus, plus foncé sur les côtés, avec trois lignes noires, un peu interrompues, dans la région dorsale, celle du milieu, ou vasculaire, mieux indiquée que les deux autres. Dans la région latérale : une série de gros points noirs et deux rangées de petits tubercules fauves d'où s'échappent les poils. Le quatrième anneau, d'un noir velouté, est surmonté d'un mamelon rouge brun, accompagné de deux gros points blancs ; un pareil tubercule existe sur le onzième anneau, mais sans points blancs. Tête et pattes écailleuses noires. Se trouve en juin et juillet ; août et septembre, sur les saules et les peupliers, le blanc de préférence, *Populus alba.*

———

Les chenilles de *Clostera* vivent solitaires entre deux feuilles réunies par quelques fils de soie, et se chrysalident dans les feuilles ou sous les écorces.

GENRE ASTEROSCOPUS, Bdv.

Asteroscopus Cassinia, W. V. *Cassini*, Engr., *pl.* XXXIII, *fig.* 7. — Europe. Bois, promenades et routes bordées d'ormes. Derniers jours d'octobre, première quinzaine de novembre. En repos le jour contre le tronc des arbres.

Chenille verte, avec une ligne dorsale blanche et quatre raies latérales jaunes. Vit de mai en juin sur différents arbres, principalement l'orme, le tilleul, le chêne et le saule marceau. Se chrysalide en terre. Cette chenille, au repos, relève la partie antérieure de son corps, et, dans cette attitude, semble contempler le ciel : de là le nom de Cassini, célèbre astronome du dix-septième siècle, qui lui a été donné.

A. Salix præcox, *Saule précoce.*
B. Betula alba, *Bouleau.*
C. Malus communis, *Pommier.*

TRIBU DES NOCTUO-BOMBYCIDES; *NOCTUO-BOMBYCIDÆ*.
Pl. XXXII.

GENRE THYATYRA, Och.

Thyatyra Batis, Lin. *Batis*, Engr., *fig.* 4, *a*, *b*. — Europe. Bois un peu humides et couverts de ronces.

La chenille se trouve de juin en juillet, mais surtout de septembre en octobre, sur les *Rubus*. Celles de la première génération donnent leurs papillons vers la fin de juillet de la même année, et celles de la seconde en mai suivant. File sa coque entre les feuilles ou dans la mousse.

GENRE CYMATOPHORA, Tr.

Cymatophora Flavicornis, Esp. *Flavicorne*, Engr., *fig.* 1, *a*, *b*. — Dans une grande partie de l'Europe. Bois de bouleaux, en mars et avril. Commune.

La chenille vit, en mai et juin, sur le bouleau, *Betula alba*, et se tient entre deux feuilles liées avec de la soie. Se chrysalide entre les feuilles ou dans la mousse.

Cymatophora Ridens, Fab. *Noctuelle rieuse*, Dup., *fig.* 2, *a*, *b*. — Dans une grande partie de l'Europe. Bois de chênes, en avril. En repos le jour sur le tronc des arbres.

La chenille se trouve, en mai, juin, sur les chênes, et ses mœurs sont celles de la flavicorne.

Cymatophora Or, W. V., *fig.* 3, *a*, *b*. — Dans presque toute l'Europe, de la fin d'avril au commencement de juin.

La chenille vit, en juillet et août, sur les *Populus*. Se renferme également entre deux feuilles, et se transforme le plus ordinairement au pied de l'arbre.

TRIBU DES BOMBYCOÏDES; *BOMBYCOIDÆ*.

GENRE ACRONYCTA, Och.

Acronycta Leporina, Lin. *Flocon de laine*, Engr., *fig.* 5. — Europe. Bois, oseraies, en mai, juin et août. Jamais abondante.

Chenille verte, garnie de poils soyeux, très-longs et le plus ordinairement blancs, dirigés à l'avant ainsi qu'à l'arrière du corps dont ils couvrent toute la surface. Se trouve, depuis les derniers jours de juin jusqu'à la fin d'octobre, sur les *Populus*, *Salix*, *Alnus*, *Betula ;* se chrysalide sous les écorces dans une coque très-solide entremêlée de soie, de poils et de parcelles de bois.

Acronycta Psi, Lin. *Psi,* Engr., *fig.* 6, *a, b.* — Dans toute l'Europe, et l'Amérique du Nord. Très-commune, de juin en août, sur le tronc des ormes qui bordent les routes.

La chenille se trouve sur l'orme, le tilleul, les peupliers, ainsi que sur les arbres fruitiers, depuis août jusque fin octobre, et file sa coque sous les écorces.

Acronycta Alni, Lin. *Aunette,* Engr., *fig.* 7, *a, b.* — Europe septentrionale et centrale. Paraît en avril et mai, parfois en juillet, mais toujours très-rare.

Chenille, de juin en septembre, sur les *Salix, Alnus, Populus, Betula, Quercus* et *Castanea ;* on la trouve aussi sur les feuilles tombées du noyer, *Juglans regia,* après le gaulage des noix. Se chrysalide entre les feuilles, les gerçures des écorces, ou dans les détritus du bois mort.

Acronycta Auricoma, Rœs. *Chevelure dorée,* Engr., *fig.* 8, *a, b.* — France, Angleterre, Allemagne, Suisse, etc. Dans les bois, en mai, juillet et août.

La chenille vit, en juin et septembre, sur beaucoup d'arbres et d'arbrisseaux, entre autres : *Populus, Salix, Betula, Prunus, Corylus, Rubus, Erica.* File entre les feuilles ou dans les écorces une légère coque de soie pour se changer en chrysalide.

Acronycta Aceris, Lin. *Omicron ardoisé,* Engr., *fig.* 9. — Dans toute l'Europe. Bois, jardins publics, promenades plantées de marronniers, en mai et juin.

Chenille d'un beau jaune-citron, avec une série de taches blanches bordées de noir le long du dos, et de chaque côté desquelles s'élèvent, perpendiculairement, de longs pinceaux de poils jaunes en partie lavés de rose. Les côtés sont également garnis de poils jaunâtres qui divergent avec ceux du dos. Tête et pattes écailleuses d'un brun noir luisant. Se trouve, de juillet en septembre, sur l'orme, l'érable, mais surtout sur le marronnier d'Inde, *Æsculus hippocastanum.* File sa coque sous les corniches des murs ou dans les écorces.

A. Rubus fruticosus, *Ronce.*
B. Populus tremula, *Tremble,*
C. Betula alba, *Bouleau,*
D. Quercus robur, *Chêne.*

BOMBYCOIDÆ. — Pl. XXXIII.

GENRE DIPHTERA, Och.

Diphtera Cœnobita, Esp. *Cénobite*, Engr., *pl*. XXIV, *fig.* 6. — Allemagne, Suisse, Italie. Plantations de sapins. En avril, mai; toujours peu répandue.

La chenille vit sur les sapins, en août et septembre, et se chrysalide à terre dans une coque brune et ferme.

Quelques auteurs indiquent aussi juillet, comme époque d'apparition pour l'insecte parfait, ce qui ferait penser que cette espèce a deux générations par an dans certaines contrées.

Diphtera Orion, Sepp., Esp. *Avrilière*, Engr., *fig.* 1, *a, b.* — Nord et centre de l'Europe. Bois de chênes, en mai, juin. Se tient le jour en repos sur le tronc des arbres.

La chenille vit, de juillet en septembre, sur les chênes, *Quercus,* et se métamorphose dans une coque d'un tissu serré.

Diphtera Ludifica, Lin. *Joyeuse*, Engr., *fig.* 2. — Assez commune dans certaines parties de l'Allemagne, mais rare en France, où parfois on la prend dans l'est. Paraît au printemps; bois et jardins.

Chenille légèrement velue, pâle en dessous, d'un bleu cendré sur le dos, avec trois lignes longitudinales fauves, et les côtés marqués également de fauve et de taches noires. Les premier, quatrième et onzième anneaux sont en partie blancs en dessus, et ce dernier est surmonté d'un mamelon bleu, bifide, dirigé en arrière. La tête est bleuâtre; les pattes écailleuses sont grises et les membraneuses fauves. Vit, en septembre et octobre, sur les *Sorbus, Prunus, Cratægus, Salix* et *Quercus.* File entre les feuilles ou dans les interstices des pierres, à la surface du sol, une coque blanchâtre d'un tissu serré.

GENRE SIMYRA, Och.

Simyra Venosa, De Geer, Bork. *Noctuelle veineuse*, Dup., *fig.* 3. — Nord et centre de l'Europe. Endroits marécageux, en mai, juin et août.

Chenille demi-velue, noirâtre et chagrinée de gris-perle, avec quatre bandes longitudinales d'un blanc jaunâtre tachetées de fauve. Vit de juin en juillet, septembre et octobre, sur les graminées dans les prairies humides. Se chrysalide à la surface de la terre, dans une légère coque de soie blanche mêlée de brins d'herbe coupés.

TRIBU DES BRYOPHILIDES ; *BRYOPHILIDÆ*.

GENRE BRYOPHILA, Tr.

Bryophila Perla, W. V. *Glandifère*, Engr., *fig.* 4. — Europe. Vieux murs, rochers couverts de lichens, en juillet et août.

La chenille se nourrit de lichens, *Parmelia* et autres, et de préférence habite les endroits exposés au midi, retirée le jour sous un abri soyeux. Se chrysalide dans une coque recouverte en partie de parcelles de lichen et construite dans une fente, un petit creux de la pierre. Ces chenilles se rencontrent depuis les derniers jours d'avril, mais sont très-difficiles à élever ; il est donc préférable d'en chasser le papillon qu'on trouve communément où sa chenille a vécu.

Bryophila Algæ, Fab. *Chloé*, Engr., *fig.* 5. — France, Allemagne. Sur les arbres qui bordent les routes, de juillet en août.

La chenille a les mœurs de celle de *Perla*. Se nourrit des lichens qui croissent sur les arbres, dernière quinzaine de mai.

TRIBU DES CARADRINIDES ; *CARADRINIDÆ*.

GENRE CARADRINA, Och.

Caradrina Cubicularis, W. *Gentille*, Engr., *fig.* 11. — Dans une grande partie de l'Europe. Commune. Juillet et août.

La chenille se nourrit de plantes basses, surtout *Stellaria media*, et se trouve au printemps dans les feuilles sèches. Construit sa coque sur terre, en mai, et ne s'y change en chrysalide qu'après un mois environ.

TRIBU DES COSMIDES ; *COSMIDÆ*.

GENRE COSMIA, Och.

Cosmia Affinis, Lin. *Analogue*, Engr., *fig.* 12. — Europe. Sur les ormes qui bordent les routes, en juillet.

Chenille d'un vert bleuâtre, avec lignes dorsale et latérales blanches. Tête et pattes d'un vert pâle. Vit, en mai, sur l'orme, *Ulmus campestris*, entre des feuilles liées. Se chrysalide entre des feuilles ou dans la mousse à la surface du sol.

TRIBU DES ORTHOSIDES ; *ORTHOSIDÆ.*

GENRE TRACHEA, Och.

Trachea Piniperda, Esp. *Pityphage*, Engr., *fig.* 6, *a, b.* — France, Allemagne, etc.
Dans les forêts de pins, fin mars, avril. Vole le soir sur les chatons du *Salix caprea*.
La chenille vit, de juin en août, en société sur les *Pinus*, auxquels parfois elle cause
un grand dommage. Se métamorphose, en septembre, le plus ordinairement au pied
de l'arbre dans les feuilles sèches ou dans la mousse[1].

GENRE TÆNIOCAMPA, Gn.

Tæniocampa Gothica, Lin. — Var. *Gothique*, Engr., *fig.* 8, *a, b.* — Dans toute l'Europe. Bois, prairies, en mars et avril; quelquefois en septembre. Vole le soir sur les
chatons des saules.
La chenille se trouve principalement, en mai, juin, sur les *Genista*, *Prunus*, *Rumex*,
et *Galium*. Se chrysalide en terre.

Tæniocampa Stabilis, W. V. *Ambiguë*, Engr., *fig.* 9. — Europe. Très-commune en
mars et avril, dans les bois, etc., en repos le jour sur le tronc des arbres.
Chenille d'un vert jaunâtre, chagrinée de blanc jaunâtre, avec lignes dorsale et latérales d'un jaune-citron, et sur le onzième anneau un trait transversal de même couleur. Vit en mai et juin sur différents arbres, mais de préférence sur l'orme et le
chêne, *Ulmus* et *Quercus*.

GENRE ANCHOCELIS, Gn.

Anchocelis Rufina, Lin. *Dorée*, Engr., *fig.* 10. — Dans une grande partie de l'Europe. Bois, d'août en octobre.
Chenille d'un jaune fauve, avec une raie longitudinale blanche au-dessous des stigmates. Vit, en mai, sur les *Erica*, *Vaccinium*, et autres, cachée le jour sous les feuilles
ou bien au bas des tiges. Se chrysalide en terre.

GENRE MESOGONA, Bdv.

Mesogona Acetosellæ, W. V., *fig.* 13. — Hongrie, Allemagne, centre de la France.
Août et septembre.
Chenille d'un gris incarnat moucheté de noirâtre, avec une ligne dorsale, et, près des

1. Voir dans les descriptions de la planche **XXXI**, pour celle de *Cassinia* (*fig.* 7 de cette planche).

pattes, une bande longitudinale d'une teinte plus claire. Tête et plaque du cou d'un brun foncé. Vit, en mai et juin, sur plusieurs plantes basses, *Rumex*, etc., et se tient cachée le jour dans les feuilles sèches.

Avant de continuer sur les noctuélites, nous croyons bon de rappeler que le mode de chasse qui convient le mieux pour se procurer celles de leurs chenilles qui se nourrissent de plantes basses, et se cachent le jour entre les feuilles sèches, est de faire des amas de ces mêmes feuilles sèches autour des plantes mangées, les secouer en divers sens, sur une nappe ou dans un parapluie à cet usage, et les rejeter ensuite par poignées : les chenilles réfugiées dans les feuilles ramassées, et que les secousses auront fait tomber, se trouveront alors facilement au fond de la nappe ou du parapluie.

A. Quercus robur, *Chêne.*
B. Spartium scoparium, *Genêt à balai.*
C. Pinus sylvestris, *Pin sauvage.*

ORTHOSIDÆ. — Pl. XXXIV.

GENRE XANTHIA, Och.

Xanthia Cerago, W. V. *Sulphurée*, Engr., *fig.* 1. — Europe. Bois et lieux où croît le saule marceau, en septembre et octobre.

Chenille d'un brun violâtre marbré, avec une ligne longitudinale grisâtre près des pattes. Vit dans son jeune âge, en avril, dans les chatons du *Salix capræa*; plus grande, elle descend à terre et se nourrit de plantes basses, *Plantago*, etc. Parvenue à toute sa croissance dans les derniers jours de mai, cette chenille entre en terre pour se chrysalider.

Nous avons toujours élevé avec succès les chenilles de *Xanthia*, dans l'âge adulte, en les nourrissant de feuilles de saules et de peupliers.

GENRE HOPORINA, Bdv.

Hoporina Croceago, W. V. *Safranée*, Engr., *fig.* 7, *a*, *b*. — Dans une grande partie de l'Europe. Bois de chênes. Éclôt en septembre, octobre, et se tient le jour au repos sur les branches; quelques individus hivernent et reparaissent, en mars, sur les chatons du saule marceau.

La chenille vit, en mai et juin, sur le chêne, *Quercus robur*, et se chrysalide en terre.

GENRE DASYCAMPA, Gn.

Dasycampa Rubiginea, W. V. *Tigrée*, Engr., *fig.* 9. — Angleterre, Allemagne, nord et centre de la France. Paraît en septembre et octobre, mais jamais en nombre. Mœurs de *Croceago*.

Chenille d'un brun roux, un peu velue, avec le premier anneau plus foncé et tous les autres, sauf le second, marqués d'une tache noire en dessus. Tête d'un noir luisant. Vit en mai, juin, sur le pommier, le chêne, parfois sur les plantes basses, surtout les chicoracées. Se chrysalide à la surface du sol dans une coque lâche mêlée de terre.

GENRE CERASTIS, Och.

Cerastis Vaccinii, var. Lin. *Noctuelle de l'airelle*, Dup., *fig.* 8. — Europe. Dans les bois, de septembre en novembre; hiverne ainsi que les deux espèces précédentes. Commune.

Chenille d'un brun plus ou moins rougeâtre marbré de gris sale, avec les lignes ordinaires plus claires, mais peu apparentes, et la plaque de la nuque d'un noir velouté, marquée de trois lignes blanches longitudinales. Cette chenille vit dans son jeune âge sur le chêne, le saule marceau; plus grande, elle descend à terre pour se nourrir de plantes basses, et se cache alors dans les feuilles sèches ; on la rencontre depuis mai jusqu'au commencement de juillet.

Cerastis Serotina, Tr., *fig.* 10, *a, b.*—Hongrie, Autriche, et quelques contrées de l'Allemagne, mais peu répandue. En septembre et octobre.

La chenille vit, de mai en juillet, sur les graminées dans les endroits élevés, arides et pierreux, et se cache pendant le jour sous les pierres. Construit sa coque en terre.

TRIBU DES GORTYNIDES; *GORTYNIDÆ.*

GENRE GORTYNA, Och.

Gortyna Flavago, W. V. *Drap d'or*, Engr., *fig.* 2, *a, b.* — Angleterre, Allemagne, nord et centre de la France, etc. Fin août, septembre, dans les endroits où croissent les sureaux. Assez commune.

La chenille vit, de mai en juillet, dans l'intérieur des tiges de diverses plantes dont elle ronge la moelle : *Verbascum*, *Arctium*, et autres, mais principalement dans celles de l'yèble et du sureau, *Sambucus ebulus* et *nigra*. Ne vit sur cet arbrisseau que dans les jeunes pousses.

Difficile à élever, ainsi que la plupart des chenilles vivant dans l'intérieur des plantes, il est préférable de chasser la *Flavago* à l'état de chrysalide, qu'on trouvera, en août, dans l'intérieur des tiges où la larve a vécu. Cette chrysalide est toujours placée à ras de terre, si la chenille se nourrit dans l'yèble ou tout autre plante de peu d'élévation, quant au sureau, il n'y a pas d'endroit déterminé; dans tous les cas, pour s'assurer de la présence de cette nymphe, il suffira de courber les tiges ou les branches, et s'il y a cassure, on peut être à peu près certain de la rencontrer, par la raison que la chenille a rongé ou aminci l'endroit du végétal qu'elle a choisi pour sa transformation.

TRIBU DES NONAGRIDES; *NONAGRIDÆ.*

GENRE NONAGRIA, Och.

Nonagria Typhæ, Esp. *Massette*, Engr., *fig.* 3. — Dans une grande partie de l'Europe, surtout le centre et le nord. Vole le soir, d'août en octobre, au bord des étangs parmi les roseaux.

Chenille allongée, d'un gris livide, avec une ligne longitudinale jaunâtre près des pattes. Vit dans les tiges du *Typha latifolia*, et s'y change en chrysalide dans la dernière quinzaine de juillet.

Ne chercher les chrysalides que dans les roseaux d'un aspect languissant, et dont les feuilles médianes sont jaunes et desséchées.

Nonagria Cannæ, Tr. La *Fauve*, ENGR., *fig.* 4. — Angleterre, nord de la France et de l'Allemagne. Août et septembre. Ses mœurs sont celles de la *Typhæ*.

La chenille vit également dans les roseaux, et ses mœurs sont aussi les mêmes que celles de la précédente.

TRIBU DES LEUCANIDES; *LEUCANIDÆ*.

GENRE LEUCANIA, OCH.

Leucania Pallens, Lin. La *blême*, ENGR., *fig.* 5, *a, b*. — Dans toute l'Europe, surtout le centre et le nord. Fin mai, juin, août et septembre. Très commune, volant au crépuscule sur les herbes dans les champs et les prairies.

La chenille se trouve en mars et avril, après avoir hiverné, puis de juillet en août, sur les graminées, les *Rumex*. Se chrysalide sur terre dans un léger tissu.

Leucania Obsoleta, Hub. *Crochet blanc*, ENGR., *fig.* 6. — Angleterre, nord de la France, Allemagne. Le soir, au bord des étangs, dans les endroits marécageux, en juin.

Chenille d'un gris jaunâtre avec les lignes ordinaires plus claires. Se nourrit, en août, et septembre, des feuilles de l'*Arundo phragmites*, dans les anciennes tiges duquel elle se réfugie pendant le jour. C'est aussi dans une de ces retraites qu'elle passe l'hiver et s'y change en chrysalide, mais seulement au printemps, et sans avoir repris de nourriture.

TRIBU DES AMPHIPYRIDES; *AMPHIPYRIDÆ*.

GENRE AMPHIPYRA, OCH.

Amphipyra Pyramidea, Lin. *Pyramide*, ENGR., *fig.* 11. — Europe. Bois, etc. En juillet et août, réfugiée pendant le jour dans les trous d'arbres, derrière les volets des maisons à la campagne, etc.

Chenille rase, verte, avec la ligne dorsale et les latérales blanches ou jaunâtres, et le onzième anneau relevé en pyramide. Vit, en mai et juin, sur différents arbres et arbustes, surtout : *Quercus*, *Ulmus*, *Salix*, *Prunus*, *Lonicera*. Se chrysalide entre les feuilles ou dans la mousse entourée d'un léger tissu.

    A. Sambucus ebulus, *Yèble*.
    B. *Graminée des prés*.
    C. Fragaria vesca, *Fraisier des bois*.
    D. Quercus robur, *Chêne*.

TRIBU DES NOCTUIDES; *NOCTUIDÆ*. — Pl. XXXV.

GENRE TRIPHÆNA, Och.

Triphæna Fimbria, Lin. *Frangée*, Engr., *fig.* 1, *a*, *b*, *c*. — Europe. Bois, fin juin, juillet.

La chenille vit de plantes basses, et se trouve, au printemps, cachée dans les feuilles sèches. Se chrysalide en terre.

Ce papillon varie beaucoup comme teinte des ailes supérieures.

Triphæna Pronuba, Lin. *Fiancée*, Engr., *fig.* 2, *a*, *b*. — *c*, var. **Innuba**, Tr. — Dans toute l'Europe. Très-commune, en juin et juillet, dans les bois, les champs et les jardins.

La chenille vit en mars et avril, sur les plantes basses, et se cache pendant le jour avec soin sous les feuilles, parfois même à demi enterrée.

Triphæna Janthina, W. V. *Casque*, Engr., *fig.* 3, *a*, *b*. — Europe. Surtout dans les haies, les bois frais où croît l'*Arum* ou pied de veau, à la fin de juin, en juillet.

La chenille vit principalement sur l'*Arum maculatum*, dans les derniers jours d'avril, le commencement de mai, et se tient cachée pendant le jour sous les feuilles sèches. Se chrysalide en terre. Les trous orbiculaires que fait cette chenille dans les feuilles de la plante dont elle se nourrit décèlent sa présence.

Triphæna Orbona, Fab. **Comes**, Hub. *Suivante*, Engr., *fig.* 4, *a*, *b*. — Dans toute l'Europe. Partout, aussi communément que *Pronuba*, de la fin de juin en août.

La chenille vit, en avril et mai, sur les plantes basses, et se cache pendant le jour au bas des touffes ou sous les feuilles. Se métamorphose en terre.

Varie beaucoup aussi des ailes supérieures.

Triphæna Subsequa, W. V. *Suivante*, God., *fig.* 5. — Habite le nord, ainsi qu'une partie du centre de l'Europe, en juillet. Rare aux environs de Paris.

Chenille grise, avec lignes dorsale et latérales blanchâtres, et sur le dessus de chaque anneau, longeant les deux lignes latérales, deux petits traits d'un brun noir. Vit, en mai, sur les plantes basses et se tient cachée pendant le jour, ainsi que ses congénères. Se chrysalide en terre.

GENRE HIRIA, Dup.

Hiria Linogrisea, W. V. *Lignée*, Engr. *fig.* 6. — Europe centrale et méridionale. Haies, lisières des bois, en juillet.

Chenille d'un gris vineux, veloutée, avec la ligne dorsale et les latérales interrompues, peu visibles, ces dernières bordées de traits noirs formant comme des chevrons sur les neuf premiers anneaux et sur les deux suivants des taches cunéiformes. Vit en février et mars, sur les plantes basses, surtout le lierre terrestre, *Glecoma hederacea*, et se tient cachée pendant le jour entre les feuilles sèches. Se chrysalide en terre.

Les *Tryphènes*, à l'état parfait, sont crépusculaires : pendant le jour elles se tiennent sur les arbres, au milieu des broussailles et dans les feuilles sèches; d'où elles s'envolent avec rapidité, mais pour se poser à peu de distance, dès qu'elles sont inquiétées par une cause quelconque. Le chasseur doit mettre à profit cette particularité de leurs mœurs, et frapper légèrement les buissons et les feuilles sèches dans les bois taillis, etc., pour se les procurer.

A. PRIMULA OFFICINALIS, *Primevère* ou *Coucou*.
B. ARUM MACULATUM, *Pied de veau*.
C. LAMIUM PURPUREUM, *Lamier pourpre*.

NOCTUIDÆ. — Pl. XXXVI.

GENRE NOCTUA, Lin.

Noctua Sigma, W. V. *Ombre*, Engr., *fig.* 1. — Nord de la France et de l'Allemagne. Juin, juillet. Rare en France.

La chenille se nourrit de plantes basses, *Atriplex*, et autres, cachée pendant le jour sous les feuilles, se métamorphose en terre, au printemps, après avoir passé l'hiver.

Noctua C. Nigrum, var. Lin. *C. Noir*, Engr., *fig.* 2. — Dans toute l'Europe. Prairies et jardins, de mai en juin, et de juillet en août, volant au crépuscule sur les fleurs.

Chenille glabre, d'un brun jaunâtre clair, quelquefois d'un gris verdâtre, avec des traits noirs longitudinaux, surmontés chacun de deux points de même couleur, de chaque côté du corps, et, près des pattes, une ligne longitudinale orangée. Vit en avril, et de juin en juillet, sur différentes plantes basses : *Urtica*, *Verbascum*, *Rumex*, etc., cachée pendant le jour sur terre ou sous les feuilles.

Noctua Festiva, W. V. *Noctuelle parée*, God., *fig.* 3. Angleterre, nord et centre de la France et de l'Allemagne. Bois, en juillet.

Chenille glabre, d'un jaune rougeâtre plus ou moins clair, avec deux chevrons noirâtres sur chaque anneau, depuis le quatrième jusqu'à l'avant-dernier. Tête et pattes concolores. Vit, au printemps, sur les plantes basses, cachée pendant le jour entre les feuilles ou dans la mousse; se chrysalide en terre.

Noctua Plecta, Lin. *Cordon blanc*, Engr., *fig.* 4, *a*, *b*. — Europe. Prairies, jardins, en juin et août.

La chenille se nourrit de plantes basses, en juillet et septembre, et se tient cachée pendant le jour sous les feuilles ou dans la mousse. Entre en terre pour se chrysalider.

GENRE AGROTIS, Och.

Agrotis Segetum, W. V. *Moissonneuse*, Engr., *fig.* 5. Très-commune dans toute l'Europe, ainsi qu'au Cap de Bonne-Espérance. Dans les champs, de juin en août.

La chenille ronge les racines des graminées, de l'été en automne, hiverne adulte en terre ou sous les pierres, et s'y chrysalide en avril et mai. Ces chenilles sont parfois un fléau pour les moissons dans certaines contrées, surtout les années chaudes, propices à leur développement.

Agrotis Præcox, Lin. *Précoce*, Engr., *fig.* 7. — Angleterre, Allemagne, ouest et centre de la France. En juillet et août, cachée pendant le jour sous les touffes d'herbes,

La chenille ronge les racines de diverses plantes basses : *Euphorbia* , *Anchusa*, *Echium*, *Sonchus*, *Artemisia*, se tient durant le jour en terre, et s'y chrysalide vers le commencement de juin.

GENRE AXYLIA, Hub.

Axylia Putris, Lin. *Putride*, Engr., *fig.* 6.—Allemagne, France, Angleterre. Dans les champs, en mai, juin.

Chenille d'un gris d'écorce, avec une ligne dorsale jaunâtre et, près des pattes, une autre ligne longitudinale d'un blanc sale. Un point jaune et deux points blancs sur le dessus de chaque anneau, ainsi que deux taches d'un brun verdâtre sur les quatrième et cinquième, et le onzième relevé en bosse. Vit en été sur les plantes basses, cachée pendant le jour sous les feuilles, et se chrysalide à l'automne dans une coque très-fragile, en terre.

TRIBU DES HADÉNIDES; *HADENIDÆ.*

GENRE PACHETRA, Gn.

Pachetra Leucophæa, W. V. *Coureuse*, Engr., *fig.* 8, *a*, *b*. — Europe. Dernière quinzaine de mai, juin, sur les arbres dans les bois secs.

La chenille éclôt en été, vit jusqu'à la fin de l'automne au milieu des touffes de graminées ou sous les plantes basses qui croissent parmi les genêts, les bruyères; et ne se chrysalide qu'en avril, à la surface de la terre, après avoir passé l'hiver entre les feuilles sèches ou dans la mousse.

GENRE APLECTA, Gn.

Aplecta Tincta, Brahm. *Cachée*, Engr., *fig.* 9. — Allemagne, France, Angleterre, De la fin de mai en juillet, dans les bois. Rare aux environs de Paris.

Chenille d'un gris cendré, finement mouchetée de noir, avec lignes dorsale et latérales plus claires, Tête jaunâtre. Vit en automne sur l'arrête bœuf, *Ononis spinosa*, les *Vaccinium*, et autres plantes basses, réfugiée pendant le jour entre les feuilles sèches; et ne se métamorphose qu'en avril et mai, dans une légère coque de terre, après avoir passé l'hiver à l'état de larve.

Aplecta Nebulosa, Hufn. *Brodée*, Engr., *fig.* 10. — Dans une grande partie de l'Europe. En juin et juillet; dans les bois, appliquée contre le tronc des arbres.

Chenille d'un gris brun plus ou moins clair, avec une série de losanges noires sur le dos à partir du troisième anneau, et, sur les côtés, une autre série de traits obliques de même couleur. Tête jaunâtre rayée de brun. Vit au printemps, après avoir hiverné, sur différentes plantes basses, les *Rumex* de préférence, et se cache pendant le jour dans les feuilles sèches.

GENRE MAMESTRA, Och.

Mamestra Brassicæ, Lin. *Brassicaire*, Engr., *fig.* 11, *a*, *b*. — Dans toute l'Europe. Très-commune partout, en mai, juin et août.

La chenille se trouve, depuis juin jusqu'à la fin d'octobre, sur un grand nombre de plantes, principalement sur les *Brassica*, les *Chenopodium*, les *Atriplex*, cachée entre les feuilles, ou bien à la base près de la tige. Se chrysalide en terre.

Mamestra Persicariæ, Lin. *Polygonière*, Engr., *fig.* 12, *a*, *b*. — Nord et centre de l'Europe. Bois, jardins, depuis les derniers jours de mai jusqu'à la fin de juillet.

La chenille vit à découvert, en septembre et octobre, sur les *Polygonum*, les *Urtica*, les *Rubus*, les *Sambucus*, et autres plantes. Se métamorphose en terre, et passe l'hiver à l'état de chrysalide.

A. Poa pratensis, *Paturin des prés.*
B. Brassica oleracea, *Chou cultivé.*
C. Chicorium intybus, *Chicorée sauvage.*
D. Polygonum persicaria, *Persicaire.*

12

HADENIDÆ. — Pl. XXXVII.

GENRE HADENA. Och.

Hadena Pisi, Lin. *Pisivore*, Engr., *fig*. 1, *a*, *b*, — Nord et centre de l'Europe. Mai, juin, dans les champs.

La chenille vit à découvert, en août et septembre, sur diverses plantes basses, ainsi que sur le *Myrica gale*. Se métamorphose en terre, et passe l'hiver en chrysalide.

Hadena Oleracea. Lin. *Potagère*, Engr., *fig*. 2. — Dans toute l'Europe. Très-commune dans les champs et les jardins, surtout en mai et août.

Chenille quelquefois verte, le plus souvent d'un brun rougeâtre plus ou moins clair, avec une ligne longitudinale jaunâtre près des pattes, et quatre points noirs sur chaque anneau. Se trouve, de juin en octobre, sur les plantes potagères, ainsi que sur beaucoup de plantes basses. Se tient pendant le jour au bas des tiges ou sous les feuilles, et se transforme en terre. Passe l'hiver en chrysalide.

Hadena Dentina, W. V. *Vagabonde*, Engr., *fig*. 3. — Europe. En mai, juin et août, dans les champs. Vole le soir sur les fleurs des prairies et des jardins.

Chenille d'un gris terreux, avec deux raies longitudinales plus claires sur les côtés et près des pattes, et, sur le dos, une série de losanges brunes bordées de noir dans leur partie antérieure. Se trouve de juin en juillet, puis en octobre, sur plusieurs plantes basses, de préférence les *Taraxacum*, dont elle ronge le plus ordinairement les racines.

GENRE DIANTHOECIA. Bdv.

Dianthœcia Compta, W. V. *Arrangée*, Engr., *fig*. 4, *a*, *b*. — Dans une grande partie de L'Europe. Bois, jardins, le jour en repos contre les arbres, le soir volant sur les fleurs dans les jardins. Fin mai, juin.

La chenille, en juillet et août, sur différentes espèces d'œillets dont elle mange la graine. Se tient cachée pendant le jour au pied de la plante ou sous les débris des végétaux. Se chrysalide en terre.

Dianthœcia Albimacula, Bork. *Parée*, Engr., *fig*. 5, *a*, *b*, *c*. — France, Allemagne, Angleterre, etc. Fin mai, juin, dans les endroits où croît le *Silene nutans*.

La chenille, en juillet, sur le *Silene nutans* dont elle mange la graine. Les petites chenilles se logent dans les capsules du *nutans*, plus grandes et adultes, elles se cachent avec soin sous les touffes de la plante et même souvent en terre à quelque distance, ce qui les rend très-difficiles à trouver. Il faut les chasser le matin de très-bonne heure, au lever du soleil, alors qu'elles sont encore en train de dévorer les graines, le corps à demi engagé dans les capsules.

Nous prenions autrefois communément cette jolie espèce au bois de Boulogne : sur le talus et dans les fossés des fortifications, à l'état de chenille, l'insecte parfait, en battant les arbres aux bords des allées.

GENRE HECATERA, Gn.

Hecatera Dysodea, W. V. *Cerisière*, Engr., *fig.* 6, *a*, *b*. — Europe. Dans les champs, les jardins, en juin, juillet, parfois septembre. En repos le jour contre les murs, le tronc des arbres, le soir volant sur les fleurs.

La chenille se trouve principalement en juillet et août sur les laitues, *Lactuca sativa*, *perennis* et *virosa*, dont elle mange les fleurs, et contre les rameaux desquelles elle se tient allongée pendant le jour. Se chrysalide en terre.

GENRE POLIA, Och.

Polia Chi, Lin. *Glouteronne*, Engr., *fig.* 7. — Dans une grande partie de l'Europe. Juillet et septembre, dans les bois secs.

Chenille verte, très-finement chagrinée de jaunâtre, avec deux lignes longitudinales jaunes de chaque côté du corps. Tête verte. Vit à découvert, en juin et août, sur la sauge des prés, *Salvia pratensis*, l'ancolie, *Aquilegia vulgaris*, les *Sonchus*, les *Lactuca*, le genêt. Se métamorphose, à la surface de la terre, dans une coque de soie blanche d'un tissu transparent.

GENRE AGRIOPIS, Bdv.

Agriopis Aprilina, Lin. *Runique*, Engr., *fig.* 8, *a*, *b*. — Habite le Nord, ainsi qu'une partie du centre de l'Europe. Dans les bois de chênes, en septembre et octobre, en repos le jour contre le tronc des arbres.

La chenille vit, en mai, sur le chêne, et se réfugie pendant le jour entre les rides des écorces. Se chrysalide assez profondément en terre.

GENRE MISELIA, Och.

Miselia Oxyacanthæ, Lin. *Aubépinière*, Engr., *fig.* 9. — Europe. Bords des bois, haies d'épines, en septembre et octobre.

Chenille d'un gris de lichen marbré de brun, de noir et de blanc, avec des chevrons noirâtres sur les côtés; ventre, d'un gris verdâtre, marqué de taches noires. Tête roussâtre, marbrée de blanc, avec un trait noir. Se trouve, adulte, dans la première quinzaine de juin, sur l'aubépine et le prunellier, contre les branches ou les tiges desquels elle se tient appliquée pendant le jour. Se chrysalide en terre dans une coque ovoïde des plus consistantes. Assez délicate à élever.

GENRE LUPERINA, Bdv.

Luperina Virens, Lin. *Verdoyante*, Engr., *fig.* 10. — Allemagne, Suisse, Nord de la France. Vole le soir sur les fleurs de la centaurée scabieuse, et autres, en juillet et août. Rare aux environs de Paris.

Chenille entièrement d'un vert sale, avec la tête noire. Vit, en mai, juin, sur les *Plantago*, les *Stellaria*, dans les endroits secs, montueux, cachée pendant le jour sous les feuilles de la plante ou sous les pierres environnantes. Se métamorphose dans une légère coque en terre.

GENRE XYLOPHASIA, Steph.

Xylophasia Polyodon, Lin. *Monoglyphe*, Engr., *fig.* 11. — Dans toute l'Europe. En repos, le jour, contre le tronc des arbres, en juin et juillet.

Chenille d'un gris blanchâtre sale, avec plusieurs points noirs sur le dos et les côtés, et deux bandes dorsales d'un rougeâtre livide. Tête, écusson du premier anneau et plaque anale d'un noir luisant. Ronge les racines des graminées, et se chrysalide, en avril, après avoir passé l'hiver sous la mousse ou dans la terre.

A. Lathyrus pratensis, *Gesse des prés.*
B. Dianthus carthusianorum, *OEillet des chartreux.*
C. Lactuca sativa, *Laitue cultivée.*
D. Silene inflata, *Cucubale behen.*
E. Quercus robur, *Chêne ordinaire.*

HADENIDÆ. — Pl. XXXVIII.

Xylophasia Petrorhiza, Bork. *Grisonne*, Engr., *fig*. 4. — Allemagne, Suisse, Alpes et est de la France. Juillet et août.

Chenille d'un brun terreux, finement rayée de noirâtre, avec lignes dorsale et latérales plus claires : la première, bordée de brun, et l'intervalle existant entre les dernières et les pattes plus foncé que le dessus du corps. Tête d'un brun luisant. Vit, en avril et mai, après avoir hiverné, sur diverses plantes basses, mais de préférence sur l'épine-vinette, *Berberis vulgaris*. Se métamorphose en terre dans une profonde cavité.

GENRE DYPTERYGIA, Steph.

Dypterygia Pinastri, Lin. *Phalène du pin*, Engr., *fig*. 3. — Nord et centre de l'Europe. Jardins et champs cultivés, vers la fin mai, juin et août. En repos, le jour, dans les rides des écorces, contre les murs et les palissades.

Chenille d'un brun châtain plus ou moins clair, avec une ligne dorsale foncée, divisée par un filet clair, et, près des pattes, une bande longitudinale blanchâtre. Quelques anneaux sont marqués de deux points blancs plus visibles sur les quatrième et cinquième. Tête brune, rayée de noir. Vit, de juillet en octobre, sur les *Rumex*, cachée pendant le jour sous les feuilles. Se chrysalide dans une légère coque à la surface du sol.

GENRE XYLOMYGES, Gn.

Xylomyges Conspicillaris, W. V. *Perspicillaire*, Engr., *fig*. 13. — Europe. Dans les champs et les bois, en avril et mai, en repos, le jour, sur les arbres.

Chenille d'un gris verdâtre plus ou moins foncé ou d'un brun rougeâtre, marbrée de brun et de blanchâtre, avec une ligne latérale, et, près des pattes, une bande plus claire. Tête concolore et rayée de noir. Vit, en juin et juillet, de préférence, sur les *Lotus*, les *Astragalus*, et se cache avec soin sous les feuilles pendant le jour. Entre en terre pour se chrysalider.

Cette espèce varie beaucoup comme teinte des ailes supérieures : le noir disparaît tout à fait chez le plus grand nombre.

GENRE APAMEA, Och.

Apamea Oculea, Lin. **Didyma**, Bdv. *Variable*, Engr., *fig*. 1. — Dans toute l'Europe. Commune dans les prés et les bois secs, en juillet et août, réfugiée le jour dans les crevasses ou sous les écorces.

La chenille vit de graminées, dont elle mange le bas des feuilles ou ronge les racines, et se chrysalide en mai après avoir passé l'hiver.

La Didyme est une des noctuelles offrant le plus de variétés.

GENRE MIANA, Steph.

Miana Strigilis, Lin. *Cizelée*, Engr., *fig.* 2. — Dans toute l'Europe. Mai, juin.
Chenille verdâtre ou d'un gris vineux, avec les lignes ordinaires plus claires, et le
ventre comme transparent. Sur le dessus et les côtés des anneaux quelques petits poils
noirs et roides. Tête et plaques cornées d'un jaune roussâtre. Vit, en mars et avril,
dans l'intérieur de la partie basse des tiges de graminées. Se chrysalide au bas de la
tige ou sous la mousse.
La noctuelle strigille varie beaucoup ainsi que la précédente.

GENRE VALERIA, Germ.

Valeria Oleagina, W. V. *Olive*, Engr., *fig.* 6, *a*, *b*. — Hongrie, Allemagne, Angleterre et Écosse. Haies d'épines, lisières des bois, en mars et avril.
La chenille vit, en mai et juin, sur le prunellier, *Prunus spinosa*, et se chrysalide en
terre, à la fin de ce dernier mois, dans une coque habilement construite. Cette chenille
est très-vive et se laisse tomber à terre au moindre contact.

GENRE CHARIPTERA, Gn.

Chariptera Culta, W. V. *Soignée*, Engr., *fig.* 5. — Allemagne, centre de la France,
Jardins, haies d'épines en mai, jamais en nombre.
Chenille d'un gris verdâtre, avec une bande d'un bleu ardoisé, découpée en forme de
losanges et liserée de noir ou de vert foncé, sur le dos ; et, près des pattes, une double ligne, très-ondulée, de même couleur que le liseré de la bande dorsale. Le dos et
les côtés sont, en outre, marqués de points blancs régulièrement placés sur chaque
anneau ; ces derniers surmontés de quatre tubercules coniques dirigés en arrière. Tête
concolore avec deux points fauves. Vit, en août et septembre, sur les *Cratægus* et les
Prunus, réfugiée pendant le jour dans les rides des écorces ou sous les lichens et les
mousses qui tapissent les branches. Se chrysalide en terre dans une coque ovoïde très-
consistante.

GENRE PHLOGOPHORA, Och.

Phlogophora Scita, Hub. *Noctuelle jolie*, Dup., *fig.* 9, *a*, *b*. — Allemagne, Suisse,
Dauphiné. Dans les bois, en juin et juillet.
La chenille vit, en avril et mai, sur les *Viola*, les *Fragaria*, cachée pendant le jour
sous les feuilles. Se métamorphose en chrysalide dans une légère coque de terre.

Phlogophora Meticulosa, Lin. *Craintive*, Engr., *fig.* 7. — Dans toute l'Europe.
Bois, champs, jardins, se trouve communément durant une partie de l'année.

Chenille veloutée, verte ou brune, finement piquetée de plus clair, avec une ligne dorsale blanche, interrompue, et, près des pattes, une raie blanchâtre renfermant les stigmates ; sur le dos quelques chevrons plus foncés que le fond, mais peu tranchés. Vit sur un grand nombre de plantes basses, cachée pendant le jour sous les feuilles, et se rencontre pendant une partie de la belle saison. Se chrysalide dans une légère coque de terre presque à la surface du sol.

GENRE EUPLEXIA. Steph.

Euplexia Lucipara, Lin. *Brillante*, Engr., fig. 8. — Dans une grande partie de l'Europe. Dans les bois et les jardins, en mai, juin et juillet, mais jamais très-commune.

Sa chenille ressemble à celle de *Meticulosa*, sauf un vert plus foncé, et le dernier anneau légèrement relevé en bosse, avec deux points blancs de chaque côté. Vit d'août en octobre, sur différentes plantes basses, ainsi que sur les *Rosacées*. Se métamorphose en terre, et passe l'hiver en chrysalide.

TRIBU DES ÉRIOPIDES ; *ERIOPIDÆ*.

GENRE ERIOPUS, Och.

Eriopus Pteridis, Fab. *Juventine*, Engr.; *fig.* 10. — Dans quelques parties de l'Allemagne, centre et midi de la France, en Suisse, en Italie. Bois couverts de fougères, en juin.

Chenille d'un beau vert velouté, quelquefois rougeâtre, avec une raie d'un jaune pâle, en forme de demi-cercle, sur le dessus de chaque anneau, et sur les côtés, près des pattes, une ligne longitudinale de même couleur. Vit en août sur les pieds mâles de la fougère, *Pteris aquilina*, se tenant ordinairement au-dessous des feuilles. Cette chenille croît très-rapidement, mais ne se change en chrysalide qu'au [printemps, après avoir passé l'automne ainsi que l'hiver en terre dans une petite coque oblongue.

TRIBU DES XYLINIDES ; *XYLINIDÆ*.

GENRE XYLINA, Och.

Xylina Rhizolitha, W. V. *Nébuleuse*, Engr., *fig.* 11. — Europe boréale et centrale. Dans les bois, au repos le jour contre le tronc des arbres, en septembre et octobre. Quelques individus passent l'hiver et reparaissent, en mars et avril, volant le soir sur les chatons du saule marceau.

13

Chenille d'un vert bleuâtre, finement chagrinée de blanc, avec la ligne dorsale et les latérales blanches, et, sur chaque anneau, quatre petits tubercules d'où sort un poil blanc et court. Tête concolore. Vit, de mai en juillet, sur le chêne, *Quercus robur*, les *Prunus*, et se chrysalide en terre.

GENRE CALOCAMPA, Steph.

Calocampa Exoleta, Lin. *Antique*, Engr., *fig.* 12, *a*, *b*. — Europe, mais plus répandue dans la partie méridionale. Dans les champs et les prairies, depuis les derniers jours d'août jusqu'à la fin d'octobre. Quelques individus hivernent et reparaissent en mars.

La chenille vit à découvert sur une infinité de plantes basses, et se trouve du commencement de juin à la mi-juillet. Entre profondément en terre pour se chrysalider.

A. Prunus spinosa, *Prunellier*.
B. Pisum arvense, *Pisaille*.
C. *Graminée des prés*.
D. Viola odorata, *Violette odorante*.

XYLINIDÆ. — Pl. XXXIX.

GENRE CUCULLIA, Och.

Cucullia Verbasci, Lin. *Brèche*, Engr., *fig.* 2, *a, b, c.* — Dans toute l'Europe. Très-commune partout, en avril et mai.

La chenille vit, de juin en août, sur les *Verbascum*, particulièrement sur le *V. thapsus*, dont elle mange les feuilles de préférence aux fleurs. Se chrysalide en terre dans une coque ovoïde très-consistante. Dans leur jeune âge les petites chenilles vivent en société au sommet des tiges ou des rameaux fleuris; plus grandes, elles se dispersent un peu, et se cachent quelquefois dans les feuilles basses de la plante, mais jamais à terre ni aussi soigneusement que beaucoup de chenilles de noctuélites.

Cucullia Lactucæ, Rœs. *Hermite*, Engr., *fig.* 3, *a, b.* — Dans une grande partie de l'Europe. De mai en juin, dans les champs, les jardins.

La chenille vit, de juillet à la mi-septembre, sur les *Lactuca*, les *Sonchus*, qui croissent surtout dans les vignes, et dont elle mange les fleurs et les graines de préférence aux feuilles. Se change en chrysalide en terre.

Cucullia Umbratica, Lin. *Ombrageuse*, Engr., *fig.* 4. — Dans toute l'Europe. Bois, prairies, en juin et juillet, quelquefois en septembre, au repos, le jour, sur les arbres, contre les clôtures en bois.

Chenille d'un brun noir, avec une double rangée longitudinale de points d'un jaune-orangé sur le dos, et deux autres sur les côtés composées chacune d'un plus gros point de même couleur. Vit, de juillet en septembre, sur les *Leontodon*, les *Sonchus*, cachée pendant le jour sous les feuilles, au bas de la plante ou dans les herbes environnantes. Se métamorphose en terre.

Cucullia Artemisiæ, W. V. *Artémise*, Engr., *fig.* 5, *a, b, c.* — Allemagne septentrionale. En mai, juin, quelquefois en août.

La chenille se trouve, de juillet en septembre, sur les *Artemisia*, dont elle mange les fleurs et les graines de préférence aux feuilles. Se chrysalide en terre, ainsi que toutes ses congénères.

GENRE CALOPHASIA, Steph.

Calophasia Linariæ, W. V. *Linariette*, Engr., *fig.* 1. — Dans toute l'Europe, commune, en mai, août et septembre, partout où croît la linaire, et vole le jour sur les fleurs.

Chenille d'un gris bleuâtre clair, avec la ligne dorsale et les latérales jaunes, et les intervalles entre ces lignes, rayés de noir sur le dos, ponctués de même couleur sur les côtés. Vit à découvert sur la linaire, *Linaria vulgaris*, dont elle mange les feuilles médianes des tiges de préférence à celles du bas ou du sommet, et se rencontre principalement en juin et juillet. Se chrysalide dans une petite coque composée de soie et de fragments de végétaux, le plus ordinairement fixée après les tiges de la plante qui lui sert de nourriture.

TRIBU DES HÉLIOTHIDES; *HELIOTHIDÆ.*

GENRE CHARICLEA, Steph.

Chariclea Delphinii, Rœs. *Incarnat*, Engr., *fig.* 7. Europe centrale. Dans les jardins, butinant sur les fleurs au crépuscule, en juin.

Chenille d'un blanc verdâtre ou violâtre, avec une ligne longitudinale jaune de chaque côté du corps, quelquefois une deuxième près des pattes, et couverte de points noirs dont ceux du dos presque confluents. Tête et pattes concolores, ponctuées de noir. Vit à découvert, en juillet, sur les pieds-d'alouette, principalement sur celui des jardins, *Delphinium Ajacis*, dont elle dévore la graine et les capsules encore vertes. Se chrysalide dans une légère coque en terre. Celles qui se métamorphosent des premières donnent quelquefois leurs papillons la même année, en août.

Les chenilles de cette jolie espèce sont très-voraces et se mangent entre elles lorsqu'on en réunit un certain nombre dans la même boîte.

GENRE HELIOTHIS, Och.

Heliothis Dipsacea, Lin. *Dipsacée*, Engr., *fig.* 6. — Europe. Vole fréquemment en plein soleil dans les champs de luzerne, en mai, juillet et août.

La chenille varie comme fond de couleur; parfois d'un gris rougeâtre, mais le plus ordinairement d'un vert mat, très-finement piquetée de noir, vue à la loupe, avec la région dorsale moirée de blanc verdâtre, et le ventre clair; la ligne vasculaire foncée; les sous-dorsales d'un blanc verdâtre, bien marquées; les stigmatales verdâtres, liserées supérieurement de jaunâtre et bordée inférieurement d'une raie blanche. Tête concolore, pointillée de noir. Vit à découvert, de juin en septembre, sur une infinité de plantes basses entre autres : les *Agrostemma, Delphinium, Ononis, Linaria, Medicago*, dont elle mange les fleurs et les graines de préférence aux feuilles. Se chrysalide dans une légère coque en terre.

GENRE HELIODES, Gn.

Heliodes Arbuti, Fab. *Polynome*, Engr., *fig.* 8. — Dans une grande partie de l'Europe. Vole le jour dans les prairies et les clairières herbues des bois, en mai.

Chenille verdâtre, avec la ligne dorsale plus foncée, liserée de blanc, et deux raies blanches près des pattes. Vit à découvert, en juin, sur le *Cerastium arvense*, dont elle mange les fleurs et les capsules encore vertes. Se chrysalide en terre.

TRIBU DES ACONTIDES; *ACONTIDÆ.*

GENRE ACONTIA, Och.

Acontia Luctuosa, W. V. *Funèbre*, Engr., *fig.* 9. — Europe. Vole communément le jour dans les champs, les clairières des bois, en mai, juin et août.

Chenille d'un gris jaunâtre finement strié et marbré, avec le ventre plus clair et marqué de taches noires confluentes. Vit, dans la première quinzaine de juillet, sur les liserons, *Convolvulus*, qui croissent au bord des chemins, et se tient pendant le jour, au bas de la plante. Se métamorphose en terre.

TRIBU DES GONOPTÉRIDES; *GONOPTERIDÆ.*

GENRE GONOPTERA, Latr.

Gonoptera Libatrix, Lin. *Découpure*, Geoff. et Engr., *fig.* 10. — Europe. Partout, et presque tous les mois de l'année, même ceux d'hiver.

Chenille très-effilée, verte, un peu transparente, avec la ligne dorsale plus foncée, et la sous-dorsale jaunâtre, liserée de noir inférieurement. Tête et pattes vertes. Vit, de mai en septembre, sur les jeunes pousses de peupliers, les osiers, *Salix*, et se tient le plus ordinairement à l'extrémité des branches. Se chrysalide dans une coque de soie blanche filée entre les feuilles.

TRIBU DES PLUSIDES; *PLUSIDÆ.*

GENRE ABROSTOLA, Och.

Abrostola Triplasia, Lin. *Les lunettes*, Engr., *fig.* 11. — Europe boréale et centrale. Bords des chemins et des bois, en juin et août. En repos le jour contre les murs, le tronc des arbres; le soir butinant sur les fleurs dans les jardins et les prairies.

Chenille verte, avec plusieurs petits traits blancs et obliques sur les côtés, et près des pattes une ligne longitudinale de même couleur. Les quatrième et cinquième anneaux sont, en outre, marqués chacun d'une tache triangulaire d'un brun verdâtre et bordée de blanc, parfois de jaune ou de rougeâtre. Vit en petite société sur les orties, en juillet, septembre et octobre. Se chrysalide à la surface de la terre, dans une coque de soie mêlée de débris de végétaux.

A. LACTUCA SATIVA, *Laitue*.
B. VERBASCUM THAPSUS, *Bouillon blanc*.
C. ARTEMISIA CAMPESTRIS, *Armoise des champs*.

PLUSIDÆ. — Pl. XL.

GENRE PLUSIA, Och.

Plusia Gamma, Lin. *Lambda*, Geoff. et Engr., *fig.* 1, *a*, *b*. — Dans toute l'Europe. Fort commune partout, depuis la fin de mai jusqu'en octobre. Vole le jour dans les champs de luzerne, etc.

La chenille vit sur un grand nombre de plantes basses, et se trouve durant toute la belle saison. File entre les feuilles une coque de soie blanche pour se chrysalider.

Plusia V. Aureum. *V. d'Or*, Engr., *fig.* 2. — Habite le Nord et quelques parties du centre de l'Europe, mais rare partout. Dans les prairies et les clairières des bois humides, marécageux, en juin.

La chenille ressemble à celle de *Gamma*. Elle vit, dans les derniers jours d'avril, le commencement de mai, après avoir hiverné, sur les orties et la grande consoude, *Symphytum officinale*. Se chrysalide ainsi que la précédente. Nous la prenions autrefois dans les bois du Désert, près de Versailles, vivant en compagnie des chenilles de la plusie chryside et callimorphe dominula.

Plusia Bractea, W. V. *Feuille d'or*, Engr., *fig.* 3. — Hongrie, Autriche, Tyrol, Suisse, nord de l'Angleterre. Dans les montagnes, en juillet et août.

La chenille vit, en mai et juin, sur les *Hieracium*, les *Taraxacum*, et se métamorphose dans une coque de soie filée entre des feuilles.

Plusia Divergens, Fab. *Divergente*, Engr., *fig.* 4. — Alpes de la Suisse, du Tyrol, Suède, Laponie. En juillet et août.

Chenille d'un brun rougeâtre, veloutée, avec les lignes ordinaires d'un blanc jaunâtre. Tête d'un brun clair; pattes noires. Vit, en juillet, sur différentes ombellifères, cachée pendant le jour sous les pierres.

Nous supposons que le velouté de cette chenille est produit par la même cause que pour celui qui s'observe chez une chenille de plusie voisine : *Devergens*, c'est-à-dire par une multitude de poils excessivement courts, seulement visibles à la loupe, couvrant le corps de la larve, — nous ne parlons pas des petits poils des points trapézoïdaux existant chez toutes les chenilles, — particularité très-remarquable pour une chenille de ce genre et découverte ces temps derniers par M. Guénée, un de nos plus savants entomologistes [1].

1. Voir dans les descriptions de la planche XLI, pour celles du *Glyphica* et *Mi* (*fig.* 5 et 6 de cette planche).

TRIBU DES TOXOCAMPIDES; *TOXOCAMPIPÆ*.

GENRE TOXOCAMPA, Gn.

Toxocampa Lusoria, Lin., *fig.* 8, *a*, *b*. — Autriche, Hongrie. Dans les prés et sur les lisières des bois, en repos le jour au milieu des broussailles, et volant au crépuscule dans les endroits herbus ; en juin et juillet.

La chenille vit en mai sur l'*Astragalus glyciphyllos*, et se tient pendant le jour le plus ordinairement au pied de la plante. Se chrysalide à la surface de la terre dans une coque de soie filée entre les herbes ou la mousse.

Toxocampa Craccœ. W. V. *Multiflore*, Engr., *fig.* 9. — France, Allemagne. Haies et lisières des bois, en juillet et août. Mœurs de la *Lusoria*.

Chenille d'un gris brun, plus foncée sur le dos, avec la ligne vasculaire blanche, moniliforme, divisée par un filet noir ; et sur les côtés trois lignes brunes ondulées et parallèles. Tête concolore, rayée de noir. Vit en juin et juillet, sur la *Vicia cracca*. Ses mœurs sont aussi les mêmes que celles de l'espèce précédente.

TRIBU DES OPHIUSIDES; *OPHIUSIDÆ*.

GENRE OPHIODES, Gn.

Ophiodes Lunaris, W. V. *Lunaire*, Engr., *fig.* 7, *a*, *b*, *c*. — Europe. Dans les bois secs, en mai. Vole pendant le jour et se pose fréquemment sur le sable dans les allées.

La chenille vit en juillet sur le chêne, *Quercus robur*, et se chrysalide entre les feuilles ou sous la mousse.

Ophiodes Tirrhæa, Cr., *fig.* 10. — Assez commune sur le littoral de la Méditerranée, partout où croissent les térébinthes, en juin.

La chenille de cette jolie noctuelle a beaucoup d'analogie avec celle de la *Lunaris*, sauf que la couleur du fond est plus rougeâtre, et que les lignes ordinaires, surtout celles près des pattes, sont moins apparentes. Vit, en septembre et octobre, sur les *Pistacia terebinthus* et *lentiscus*, parfois sur le sumac, *Rhus coriarius*, et se tient pendant le jour étroitement appliquée contre les branches. File entre les broussailles ou dans la mousse une légère coque brune dans laquelle sa transformation en chrysalide n'a lieu qu'après trois semaines environ.

A. Vicia cracca, *Vesce multiflore*.
B. Galeobdolon luteum, *Ortie jaune*.
C. Quercus robur, *Chêne ordinaire*.

TRIBU DES CATÉPHIDES, *CATEPHIDÆ*. — Pl. XLI.

GENRE CATEPHIA, Och.

Catephia Alchymista, Geoff. *Alchimiste*, Engr., *fig.* 2. — Europe septentrionale et centrale, mais rare partout. Dans les bois de chênes, en repos le jour contre le tronc des arbres qui bordent les allées, en mai, juin, quelquefois en août.

Chenille d'un gris cendré, avec les lignes ordinaires peu sensibles, et le bord du premier anneau jaune ainsi que les points trapézoïdaux, tous bien saillants et de plus entourés de noir. Ventre d'un gris bleuâtre clair taché de noir aux anneaux dépourvus de pattes. Les quatrième et onzième anneaux sont surmontés chacun d'un mamelon noir, bifurqué et pointillé de jaune aux extrémités, et maculés de blanc sur les côtés ; on remarque également une tache blanche triangulaire et latérale, commune aux septième et huitième segments. Vit, en juillet et août, sur le chêne, *Quercus robur*, de préférence sur ceux qui se trouvent isolés, et se retire entre les rides des écorces, surtout dans l'âge adulte. Se métamorphose dans une légère coque de soie.

TRIBU DES CATOCALIDES ; *CATOCÀLIDÆ*.

GENRE CATOCALA, Och.

Catocala Fraxini, Lin. *Likenée bleue*, Geoff. et Engr., *fig.* 3, *a*, *b*. — Europe boréale et centrale. Dans les endroits plantés de peupliers, depuis la fin d'août jusque dans les derniers jours d'octobre, en repos pendant le jour contre le tronc des arbres.

La chenille éclôt en mai, et parvient à toute sa croissance en juin et juillet. Vit sur les peupliers, (*Populus*), contre les branches desquels elle se tient étroitement appliquée durant le jour.

Cette belle espèce s'élève facilement de l'œuf : pour avoir la ponte il faut chasser le papillon en octobre, — un temps sombre et pluvieux est propice à ce genre de chasse en ce sens qu'il offre plus de chance de le rencontrer. — Garder les femelles qu'on aura prises libres dans une boîte, ou bien les piquer avec une épingle très-fine et les mettre, dans un vase quelconque, sur du grès légèrement humecté et recouvert d'une feuille de papier destinée à recevoir les œufs.

Catocala Nupta, Lin. *Likenée rouge*, Geoff. La *Mariée*, Engr., *fig.* 4. — Dans toute l'Europe. Commune dans les endroits plantés de saules et de peupliers, de juillet en septembre. Se tient au repos pendant le jour contre les murs, le tronc des arbres, mais s'envolant au moment de la prendre surtout par la grande chaleur.

Chenille très-atténuée aux extrémités, d'un gris cendré, avec deux bandes longitudi-

14

nales irrégulières, ondées, d'une teinte plus foncée, et plus ou moins apparentes. Ventre d'un gris bleuâtre clair maculé de noir. Vit, en mai et juin, sur les saules et les peupliers, appliquée contre les écorces. Se chrysalide, ainsi que ses congénères, dans une légère coque de soie filée entre les écorces ou les feuilles, sous la mousse ou dans les broussailles.

Catocala Sponsa, Lin. *Likenée rouge*, Engr., la *Fiancée*, *fig.* 5, *a*, *b*. — Dans une grande partie de l'Europe. Bois de chênes, en juillet et août. On rencontre cette espèce sur le tronc des gros chênes, et plus fréquemment dans l'après-midi qu'à toute autre heure de la journée.

La chenille vit en mai sur le chêne. On la prend en battant ces arbres dans les taillis, ou simplement à la vue en explorant avec attention les plus basses branches et les rides de l'écorce du tronc, lieux de refuge pour elle pendant le jour.

Catocala Electa, Rœs. *Accordée*, Engr., *fig.* 6. — Allemagne, France centrale. Bords des ruisseaux, oseraies, en août et septembre.

Chenille d'un gris jaunâtre, très-finement pointillée de noir, avec une rangée latérale de petits tuberbules fauves ou rougeâtres, et deux mamelons charnus de même couleur sur les huitième et onzième anneaux : le premier simple, et celui du onzième segment bifide et dirigé en arrière. Ventre clair et taché de noir. Vit, en mai et juin, sur les saules, particulièrement sur l'osier, *Salix viminalis*.

Catocala Paranympha, Lin. *Paranymphe*, Engr., *fig.* 7, *a*, *b*. — Centre et est de l'Europe, très-rare aux environs de Paris. Lisières des bois, haies et buissons de prunellier, en juillet; en repos pendant le jour contre les arbres ou les murs environnants.

La chenille vit en mai, le commencement de juin, sur les prunelliers, contre les branches et les tiges desquels elle se tient immobile pendant le jour.

TRIBU DES AMPHIPYRIDES ; *AMPHIPYRIDÆ*.

GENRE MANIA, Th.

Mania Maura, Lin. *Maure*, Engr., *fig.* 1. — Dans une grande partie de l'Europe. Juillet et août. Affectionne les endroits sombres et humides : se tient, durant le jour, sous les voûtes des ponts, contre les vieux murs, et pénètre jusque dans les habitations. Vole le soir sur les lierres, etc.

Chenille rase, un peu veloutée, d'un gris vineux plus foncé sur les côtés, avec la ligne dorsale jaunâtre, seulement bien apparente sur les premiers anneaux, et celle près des pattes sinuée et d'une couleur plus pâle. Sur les côtés, quelques petits traits obliques, blanchâtres, bordés de noir et traversés par une ligne longitudinale peu marquée. Stigmates rougeâtres, bordés de noir. Vit, en avril et mai, sur les *Salix*, les *Alnus*, mais principalement sur les *Rumex*, et autres plantes basses qui croissent dans les endroits humides, au bord des ruisseaux; et se cache avec soin, pendant le jour, sous les feuilles, entre la mousse ou les écorces. Se construit à la surface du sol une coque très-mélangée de terre et de quelques débris de végétaux pour se changer en chrysalide.

TRIBU DES PHALÉNOÏDES ; *PHALÆNOIDÆ.*

GENRE BREPHOS, Och.

Brephos Parthenias, Lin. *Intruse*, Engr., *fig.* 8. — Europe. Vole communément dans les allées et les clairières des bois de bouleaux dès les premiers soleils de mars. Par un temps couvert, ou le matin de bonne heure, il faut battre les arbres pour se la procurer.

Chenille verte, avec les lignes ordinaires d'un blanc jaunâtre, celle près des pattes plus large. Stigmates noirs. Vit, en juin, sur le bouleau, d'où elle se laisse tomber en se suspendant par un fil, ainsi que la plupart des géomètres, si l'on frappe l'arbre d'un coup sec. Quelque temps avant sa métamorphose en chrysalide, ayant ordinairement lieu dans une légère coque entre les mousses ou les écorces, cette chenille change de couleur et devient entièrement d'un gris rougeâtre.

TRIBU DES EUCLIDIDES ; *EUCLIDIDÆ.*

GENRE EUCLIDIA, Och.

Euclidia Glyphica, Lin. *Doublure jaune*, Geoff. et Engr., *pl.* XL, *fig.* 5. — Dans toute l'Europe. Très-commune, surtout dans les champs de luzerne, et vole en plein jour, en mai et août.

Chenille à douze pattes, longue, effilée, d'un brun jaunâtre clair ou rougeâtre, et rayée longitudinalement de brun dans la région dorsale. Vit, de juin en juillet, puis en septembre, sur les trèfles et les luzernes. Se chrysalide dans une coque ovale filée entre les mousses ou les herbes à la surface de la terre.

Euclidia Mi, Lin. *M Noire*, Engr., *pl.* XL, *fig.* 6. — Dans toute l'Europe. Commune dans les prairies sèches, les champs de luzerne, volant en plein jour, en mai, juin.

Chenille à douze pattes, effilée, d'un gris jaunâtre, et rayée longitudinalement de brun rougeâtre. Vit, ainsi que sa congénère *Glyphique*, sur les trèfles et les luzernes, et se chrysalide de même, parmi les herbes et les mousses, dans une coque assez consistante.

      A. QUERCUS ROBUR, *Chêne*.
      B. SALIX VIMINALIS, *Osier*.
      C. PRUNUS SPINOSA, *Prunellier*.

TRIBU DES ÉRASTRIDES ; *ERASTRIDÆ.* — Pl. XLII.

GENRE ERASTRIA, Och.

Erastria Atratula, W. V. *Érastrie noirâtre*, Dup., *fig.* 1. — Hongrie, Allemagne, est et centre de la France. Dans les endroits arides, montueux, les clairières des bois secs, en mai et juin.

La chenille est demi-arpenteuse, effilée, verte, et rayée longitudinalement de blanc. Vit, en été, sur les graminées. Se chrysalide dans une légère coque filée entre les herbes ou la mousse.

Erastria Fuscula, W. V. *Albule*, Engr., *fig.* 2. — Europe. Dans les bois, contre le tronc des arbres qui bordent les allées, ou parmi les broussailles, en mai et juin.

Chenille demi-arpenteuse, effilée, d'un gris jaunâtre, avec la ligne dorsale brune, large ; la sous-dorsale fine, interrompue ; et la stigmatale plus claire et bordée de rougeâtre. Vit, en août et septembre, sur les *Rubus.* Se métamorphose dans une légère coque filée entre les feuilles ou sous les mousses.

TRIBU DES AGROPHILIDES ; *AGROPHILIDÆ.*

GENRE AGROPHILA, Bdv.

Agrophila Sulphurea, W. V. **Sulphuralis**, Lin., *fig.* 3, *a*, *b*. — Dans toute l'Europe. Se rencontre communément, volant en plein soleil, dans les champs de luzerne, au bord des chemins couverts de liserons, de mai en août.

La chenille se trouve surtout au commencement de juillet, sur le *Convolvulus arvensis.* Se chrysalide dans une petite coque de terre à la surface du sol.

TRIBU DES ANTHOPHILIDES ; *ANTHOPHILIDÆ.*

GENRE ANTHOPHILA, Och.

Anthophila Amæna, Hub. *Anthophile agréable*, Dup., *fig.* 4. — Europe méridionale. Cette Anthophile paraît deux fois, en mai et août, dans les contrées méridionales ; plus au nord, elle n'a qu'une seule génération, et ne s'y rencontre qu'en juin.

La chenille vit sur l'*Onopordum acanthium*, et se trouve en mai, au commencement de juin, lorsqu'elle n'a qu'une seule apparition. Se chrysalide dans une légère coque fixée à la plante où elle a vécu.

Anthophila Rosina, Hub., *fig.* 5. — Oural, environs de Vienne en Autriche. Juin et juillet.

La chenille vit en mai sur la *Jurinea cyanoïdes* ou *mollis*. Se métamorphose dans une petite coque ovale d'un gris blanchâtre.

GENRE MICRA, Gn.

Micra Purpurina, W. V. *Purpurine,* Engr., *fig.* 6. — Russie méridionale, Hongrie, Autriche, Italie, midi de la France. Paraît en mai, août et septembre.

Chenille épaisse, d'un vert-pâle ou grisâtre, et couverte de petites verrues noires. Vit en terre, et mars en avril, sur les germes du *Cirsium arvense,* dont elle ronge les parties charnues ainsi que les jeunes pousses. Nous ignorons quelle est sa manière de vivre à sa seconde apparition, que nous supposons avoir lieu de juin en juillet, alors que la plante qui lui sert de nourriture a atteint tout son développement. Se chrysalide à terre dans le voisinage où elle a vécu[1].

A. Fagus silvatica, *Hêtre,*
B. Convolvulus arvensis, *Liseron des champs.*
C. Quercus robur, *Chêne.*

1. Voir dans les descriptions de la planche XLIX, pour celles de *Tentaculalis, Derivalis, Quercana* et *Prasinana* (*fig.* 7, 8, 9 et 10 de cette planche).

PHALÉNITES (Géomètres), *GEOMETRA*, Lin.

TRIBU DES URAPTÉRIDES; *URAPTERIDÆ*. — Pl. XLIII.

GENRE URAPTERYX, Leach.

Urapteryx Sambucata, Lin. *Phalène du sureau, fig.* 4, *a, b, c.* — Dans toute l'Europe, mais plus répandue dans le Nord. Vole au crépuscule dans les prairies et les champs entourés de sureaux, à la fin de juin, en juillet.

La chenille se trouve en mai, le commencement de juin, après avoir hiverné, sur le *Sambucus nigra*, le prunellier, les ronces, le tilleul. Se chrysalide dans un léger réseau de soie entremêlé de parcelles de feuilles, et suspendu comme un hamac après les branches de l'arbuste où elle a vécu.

TRIBU DES ENNOMIDES; *ENNOMIDÆ*.

GENRE METROCAMPA, Latr.

Metrocampa Margaritata, Lin. *Métrocampe gris de perle,* Dup. *fig.* 1, *a, b.* — Europe, surtout les parties boréales. La chercher dans les endroits couverts des bois frais, de la fin d'avril au commencement de juin; ensuite en août.

La chenille vit de juin et juillet, puis en septembre, sur les *Quercus, Carpinus* et *Alnus*. Se métamorphose dans une légère coque à la surface de la terre.

Cette phalène varie beaucoup pour la taille.

GENRE ENNOMOS, Tr.

Ennomos Alniaria, Lin. *Phalène de l'aune, fig.* 2, *a, b, c.* — Europe. Se rencontre assez fréquemment pendant le jour contre le tronc des arbres qui bordent les routes, les allées des bois, en août et septembre.

La chenille vit, en juin et juillet, sur l'orme, le chêne, le tilleul, l'aune et le noisetier. Se chrysalide dans un léger réseau filé entre des feuilles.

GENRE HIMERA, Dup.

Himera Pennaria, Lin. *Himère plume,* Dup., *fig.* 3. — Europe. Dans les bois de chênes, depuis la fin de septembre jusqu'en novembre.

Chenille grisâtre, marbrée de blanc et de noirâtre, avec deux pointes charnues, rougeâtres, sur le onzième anneau. Vit, en mai et juin, sur le chêne, le charme, le bouleau, les *Prunus*. Se chrysalide en terre.

GENRE SELENIA, Hub.

Selenia Illustraria, Alb. *Ennomos illustre*, Dup., *fig.* 5, *a, b, c.* — Dans toute l'Europe, mais jamais très-commune. Se rencontre dans les bois, en repos pendant le jour sur les arbres, vers la fin d'avril, en mai, juillet, et quelquefois dans les derniers jours de septembre, celles-ci provenant du nombre des chrysalides qui doivent passer l'hiver.

La chenille vit principalement sur le bouleau, *Betula alba*, et se trouve en juin, août et septembre. Se métamorphose entre des feuilles ou sous les mousses, entourée d'un léger réseau de soie grise.

Cette jolie phalène varie de couleur suivant qu'elle éclôt au printemps ou en été[1].

> A. ALNUS GLUTINOSA, *Aune.*
> B. BETULA ALBA, *bouleau.*
> C. RIBES GROSSULARIA, *Groseillier à maquereau,*
> D. FAGUS SILVATICA, *Hêtre.*

1. Voir dans les descriptions des planches XLIV et XLVI pour celles de *Notata* et *Betularia* (*fig.* 6 et 7 de cette planche).

ENNOMIDÆ. — Pl. XLIV.

Selenia Illunaria, Alb. *Ennomos illunaire*, Dup., *fig*. 1, *a*, *b*.— Dans toute l'Europe. Assez commune sur le tronc des arbres qui bordent les routes et dans les bois, en avril, mai, juillet, septembre et octobre.

Les éclosions de juillet donnent la variété *Juliaria*, Haw. : plus petite et d'une couleur plus jaunâtre.

La chenille vit sur un grand nombre d'arbres et d'arbustes, principalement : *Ulmus, Quercus, Tilia, Cerasus, Prunus* et *Cratægus*, sur lesquels on la trouve en juin, août et septembre. File entre les feuilles ou les mousses une légère coque pour sa métamorphose en chrysalide.

GENRE ANGERONA, Dup.

Angerona Prunaria, Lin., *fig*. 2, *a*, *b*, ♂, *c*, ♀. — Var. **Corylaria**, Esp., *fig*. 2, *d*, ♀. — Europe, surtout le Nord pour la variété. Dans les bois, en juin.

La chenille, après avoir hiverné, se trouve en avril et mai sur les *Prunus, Corylus, Carpinus, Ulmus*, etc. Se chrysalide dans une légère coque entre des feuilles.

GENRE RUMIA, Dup.

Rumia Cratægata, Alb. *Rumie de l'alisier*, Dup., *fig*. 3, *a*, *b*. — Dans toute l'Europe. Commune en mai, juillet et août, volant au crépuscule dans les bois, autour des haies d'épines.

La chenille vit principalement sur les *Prunus* et les *Cratægus*, sur lesquels on la rencontre au premier printemps, ensuite depuis juin jusqu'à l'arrière-saison.

Il en est de cette espèce comme de plusieurs autres larves de lépidoptères, dont une partie de la même ponte passe l'hiver à l'état de chrysalide, tandis que l'autre partie reste à l'état de chenille durant cette saison et ne se métamorphose qu'au printemps.

GENRE VENILIA, Dup.

Venilia Maculata, Lin. *Vénilie tachetée*, Dup., *pl*. XLV, *fig*. 7. — Toute l'Europe. Très-commune dans tous les bois en mai ; vole en plein jour.

Chenille verte, avec la ligne dorsale plus foncée, liserée de blanc, et les stigmatales de cette dernière couleur. Vit en août et septembre sur diverses plantes basses, surtout les *Lamium*. Se chrysalide en terre.

TRIBU DES MACARIDES ; *MACARIDÆ*.

GENRE MACARIA, Curt.

Macaria Notata, Lin. *Philobie marquée,* Dup., *pl.* XLIII, *fig.* 6. Europe. Dans les bois humides plantés d'aunes et de saules, surtout en mai et août.

Chenille lisse, parfois verte et marquée latéralement de points rougeâtres aux cinquième et sixième anneaux, d'autre fois rougeâtre avec une bande dorsale verte, interrompue, et composée de taches plus ou moins en forme de cœur. Tête verte et bordée de brun rougeâtre. Vit en juin et septembre sur les *Salix* et les *Alnus*. Se chrysalide entre les feuilles ou dans la mousse.

GENRE HALIA, Dup.

Halia Wavaria, Alb. *Halie double V*, Dup., *pl.* XLV, *fig.* 11. — Europe. Commune dans tous les lieux où croissent des groseilliers, en juillet.

Chenille verte, avec lignes ondulées et marbrures d'un blanc-jaunâtre occupant la région dorsale, et près des pattes une bande jaune d'inégale largeur. Tête verte, ponctuée de noir. Corps parsemé de points noirs, tuberculeux, de chacun desquels s'échappe un poil de même couleur. Se trouve en mai et juin, après avoir hiverné, sur les *Ribes grossularia* et *uva crispa*. Se métamorphose en terre.

TRIBU DES HIBERNIDES, *HIBERNIDÆ*.

GENRE HIBERNIA, Latr.

Hibernia Defoliaria, Alb. *Hibernie défeuillée*, Dup., *fig.* 4. — Toute l'Europe. Se trouve dans les bois et les jardins depuis les derniers jours d'octobre jusqu'à la fin de novembre ; quelques individus reparaissent dès les premiers beaux jours de février après avoir hiverné ou provenant de chrysalides qui ne sont pas écloses à l'automne.

Cette phalène varie beaucoup pour la couleur et le dessin des ailes, mais seulement le mâle, la femelle étant aptère, ainsi que toutes celles du genre.

Chenille ayant la région dorsale d'un brun rouge, avec la partie latérale des anneaux intermédiaires, c'est-à-dire depuis la troisième jusqu'à l'avant-dernier, jaune et marquée de taches rougeâtres. Tête et pattes de la couleur du dos. Vit, en mai et juin, sur les arbres fruitiers et forestiers, occasionnant à ceux-là beaucoup de tort certaines années. Se métamorphose en terre dans une petite cavité tapissée de quelques fils de soie.

Hibernia Aurantiaria, Hub. *Hibernie orangée*, Dup., *fig*. 5. — Europe boréale. Dans les bois aux mêmes époques que la précédente, mais plus rarement en février.

Chenille verdâtre, parfois d'un brun rougeâtre, avec une ligne longitudinale brune surmontée d'une autre ligne blanche, près des stigmates. Tête et pattes d'un jaune orangé. Vit sur le chêne, le charme, le bouleau et autres arbres des forêts, sur lesquels on la rencontre dans le courant du printemps. Se chrysalide en terre.

Hibernia Leucophæaria, W. V. *Hibernie grisâtre*, Dup., *fig*. 6.— Europe boréale. Cette espèce est la plus commune du genre. Le mâle vole fréquemment en plein jour dans tous les bois, en février et mars.

Chenille d'un vert jaunâtre marbré de blanchâtre, avec une ligne longitudinale jaune de chaque côté du corps. Vit en mai et juin sur le chêne. Entre en terre pour se changer en chrysalide[1].

GENRE ANISOPTERYX, Steph.

Anisopteryx Æscularia, W. V. *Hibernie du marronnier d'Inde*, Dup., *pl*. XLVII, *fig*. 13. — Dans toute l'Europe. Bois, haies d'épines, en février et mars. La femelle est aptère.

Chenille d'un vert pâle et marbré, avec une ligne blanche de chaque côté du dos, et près des pattes une autre ligne, un peu ondulée, plus claire que la couleur du fond. Vit, en mai, sur l'orme, le chêne, le tilleul, l'aubépine et le prunellier. Se chrysalide dans une petite coque ovoïde en terre.

A. Cratægus oxyacantha, *Aubépine.*
B. Spartium scoparium, *Genêt à balai.*
C. Prunus spinosa, *Prunellier.*

1. Voir dans les descriptions de la planche XLVII, pour celle d'*Amataria* (*fig*. 7 de cette planche).

TRIBU DES ZÉRÉNIDES; *ZERENIDÆ*. — Pl. XLV.

GENRE ABRAXAS, Leach.

Abraxas Grossnlariata, Lin. *Zerène du groseillier*, Dup., *fig.* 1, *a*, *b*, *d*, — *c*, variété. Dans toute l'Europe. Très-commune dans les jardins et les lieux où l'on cultive les groseilliers, en juillet.

La chenille vit sur les *Ribes*, le *grossularia* de préférence, quelquefois ie prunellier, sur lesquels on la rencontre fréquemment en société nombreuse en mai et juin, après avoir hiverné. Se métamorphose entre les feuilles, la chrysalide à peine retenue par quelques fils de soie.

Abraxas Pantaria, Lin. *Zerène du frêne*, Dup., *fig.* 3. — Espagne, France méridionale. Se trouve communément de mai en juillet sur le frêne, de même que sa chenille; celle-ci a beaucoup d'analogie pour la forme, avec la chenille de la phalène du groseillier.

Abraxas Ulmata, Fab. *Zerène de l'orme*, Dup., *fig.* 4. — Allemagne, Angleterre, nord et centre de la France, environs de Paris. Dans les bois, sur l'orme, de la fin de mai en juillet.

Chenille rayée de jaune pâle et de bleuâtre, avec plusieurs lignes longitudinales formées par des points noirs plus ou moins rapprochés et souvent confluents. Tête noire, Vit en août et septembre sur l'orme *Ulmus campestris*. Se chrysalide entre les feuilles ou dans la mousse.

GENRE LOMASPILIS, Hub.

Lomaspilis Marginata, Lin. *Mélanippe marginée*, Dup., *fig.* 2, *a*, *b*, *c*.—Dans toute l'Europe. Prairies et bois humides, parmi les broussailles, en avril, mai, juillet et août.

Sa chenille vit en mai, juin, août et septembre sur les *Salix*, les *Corylus*, etc. Se métamorphose en terre.

GENRE RHYPARIA, Hub.

Rhyparia Melanaria, Lin. *Fidonie tigrée*, Dup., *fig.* 6. — Suède, Allemagne septentrionale, Italie, Suisse, midi de la France. Cette belle géomètre se prend dans les clairières des bois marécageux, les terrains tourbeux, vers la fin de juin et juillet.

La chenille vit en mai et juin sur le *Vaccinium uliginosum*. File à la surface de la terre une coque de soie pour se changer en chrysalide [1].

1. Voir dans les descriptions de la planche XLIV pour celles de *Maculata* et *Wavaria* (*fig.* 7 et 11 de cette planche).

TRIBU DES CABÉRIDES; *CABERIDÆ.*

GENRE CORYCIA, Dup.

Corycia Taminata, W. V. *Corycie bimaculée,* Dup., *fig.* 5. — Dans une grande partie de l'Europe. Bois touffus, en juin.

La chenille vit en été sur les chênes, et passe l'hiver à l'état de chrysalide.

GENRE CABERA, Tr.

Cabera Exanthemaria, Alb. *Cabère pustulée,* Dup., *pl.* XLVII, *fig.* 1. — Toute l'Europe. Dans les bois, de mai en juin, puis en août.

Chenille verte, avec une ligne jaunâtre près des pattes, et quelques taches d'un vert-foncé sur le dos, placées au commencement de chaque anneau du milieu. Vit en juillet et septembre sur les *Salix*, *Betula*, *Alnus* et *Corylus*. Se métamorphose à la surface de la terre entre les feuilles sèches ou dans la mousse.

TRIBU DES FIDONIDES; *FIDONIDÆ.*

GENRE FIDONIA, Tr.

Fidonia Piniaria, Lin. *Fidonie du pin,* Dup., *fig.* 8, *a*, ♂, *b*, ♀. — Dans une grande partie de l'Europe. Bois de pins, depuis les derniers jours d'avril jusqu'en juin; le mâle vole en plein jour, et la femelle se tient au repos contre le tronc des arbres.

Chenille verte, avec la ligne dorsale blanche, divisée par un mince filet noir; les sous-dorsales d'un blanc jaunâtre, divisées de même; et les stigmatales jaunes, bien tranchées. Vit de juillet en septembre sur les *Pinus*. Se chrysalide dans une légère coque au pied de l'arbre où elle a vécu. Cette chenille est regardée comme insecte nuisible à cause des ravages qu'elle occasione, certaines années, dans les forêts de pins.

Fidonia Atomaria, Lin. *Fidonie picotée,* Dup., *fig.* 9. — Dans toute l'Europe. Extrêmement commune partout, et vole en plein jour; paraît en avril et mai, puis en juillet et août.

La chenille est parfois verte, d'autre fois rougeâtre ou brune, avec des losanges de la couleur du fond sur les côtés, et près des pattes une ligne longitudinale plus claire.

Vit en juin et septembre sur les *Centaurea*, *Artemisia*, *Lotus* et autres plantes basses. Se chrysalide en terre.

GENRE STRENIA, Dup.

Strenia Clathrata, Lin. *Strénie à barreaux*, Dup., *fig.* 10. — Dans toute l'Europe. Cette espèce est des plus communes, surtout en mai et juillet, volant en plein jour dans les champs de luzerne.

Chenille d'un vert pâle, avec un double filet dorsal blanc liseré de vert plus foncé, et deux lignes blanches de chaque côté du corps, la supérieure également double et bordée de vert. Vit en juin, août et septembre, sur les *Medicago, Trifolium, Hedysarum* et *Lotus.* Se métamorphose soit à la surface du sol, ou bien un peu enterrée.

GENRE LYTHRIA, Hub.

Lythria Purpuraria, Lin. *Aspilate pourprée*, Dup., *pl.* XLVII, *fig.* 14. — Toute l'Europe. Se trouve communément dans les endroits chauds et arides, surtout au printemps et en été.

Chenille d'un vert foncé ou rougeâtre, avec une ligne longitudinale blanche, près des pattes, séparant la couleur du dos et des côtés de celle du ventre qui est d'un vert clair. Vit à la fin du printemps et à l'automne sur les *Polygonum* et les *Rumex.* Se chrysalide dans une légère coque de la surface à la terre.

GENRE MINOA, Tr.

Minoa Euphorbiata, W. V. *Minoa de l'Euphorbe*, Dup., *pl.* XLVII, *fig.* 15. — Europe. En mai et juin; août et septembre, dans les endroits couverts d'euphorbes.

Chenille légèrement pubescente, verdâtre ou d'un gris noirâtre, avec la ligne dorsale plus foncée, interrompue, et quelques taches jaunes sur les côtés. Vit en juin et juillet; septembre et octobre, sur l'*Euphorbia cyparissias.* Se chrysalide dans une petite coque de terre à la surface du sol.

A. RIBES RUBRUM, *Groseillier rouge.*
B. CORYLUS AVELLANA, *Noisetier.*

TRIBU DES BOARMIDES ; *BOARMIDÆ.*—Pl. XLVI[1].

GENRE BOARMIA, Tr.

Boarmia Roboraria, Alb. *Boarmie du chêne*, Dup., *fig.* 2, *a, b, c.* — Europe. Dans les bois de chênes, en repos pendant le jour contre le tronc des arbres, surtout vers la fin de mai, le courant de juin.

La chenille vit particulièrement sur le chêne, où on la rencontre en mai. Se chrysalide en terre.

Boarmia Cinctaria, W. V. *Boarmie ceinte*, Dup., *fig.* 3. — Europe. Dans les bois, surtout en avril et mai.

La chenille vit en juin et juillet, sur les *Hypericum, Erica*, et autres plantes basses. Se métamorphose en terre où elle passe l'hiver à l'état de nymphe.

Boarmia Consortaria, Fab. *Boarmie parente*, Dup., *fig.* 5. — Centre de l'Europe. Bois de chênes, en mai et juin. Dans certaines années, comme dans certains pays, cette géomètre a deux générations.

Chenille le plus ordinairement d'un gris cendré ou verdâtre, ayant le cinquième anneau surmonté de deux appendices ou tubercules charnus, noirâtres, à extrémité blanche et rétractile, suivant la volonté de l'insecte ; et sur le onzième segment deux petites épines courtes, noires, donnant chacune naissance à un poil. Vit principalement sur le chêne en août et septembre. Se métamorphose dans la terre sans former de coque.

Boarmia Secundaria, W. V. *Boarmie secondaire*, Dup., *fig.* 6. — Allemagne, Hongrie. Dans les forêts de pins, de juin en août.

Chenille d'un gris brun, avec une losange noirâtre accompagnée de deux points blancs sur le dessus de chaque anneau, ou d'un jaune rougeâtre plus clair sur les côtés, avec une ligne brune près des stigmates. Tête et pattes concolores. Se trouve en mai et juin sur le pin silvestre, *Pinus silvestris*. Se chrysalide en terre.

GENRE TEPHROSIA, Bdv.

Tephrosia Crepuscularia, W. V. *Boarmie crépusculaire*, Dup., *fig.* 4. — Europe boréale et centrale. Dans les bois, en repos pendant le jour contre le tronc des arbres. Commune en avril et mai, moins abondante en juillet.

La chenille varie beaucoup pour la couleur du fond ; elle est parfois d'un vert plus

---

1. Voir dans les descriptions de la planche XLV pour celle d'*Exanthemaria* (*fig.* 1 de cette planche).

ou moins foncé, d'autre fois d'un gris brun ou d'un jaune roussâtre, avec une double raie dorsale brune, et sur les côtés une ligne plus claire, mais seulement à partir du neuvième anneau inclus jusqu'à l'avant-dernière paire de pattes postérieures. Les deuxième et onzième anneaux sont en outre : celui-là surmonté d'une protubérance charnue; celui-ci relevé en pointe obtuse. Vit en juin, août et septembre sur différents arbres et arbustes : *Quercus*, *Ulmus*, *Salix*, *Prunus*, *Rubus*, etc. Se chrysalide dans les mousses ou peu profondément en terre.

GENRE PSODOS, Tr.

Psodos Alpinata, W. V. **Equestraria,** Fab. *Psodos équestre*, Dup., *pl.* XLVII, *fig.* 1. Montagnes alpines de l'Europe, depuis les derniers jours de juin jusqu'en août. Voltige pendant le jour autour des touffes de *Rhododendron*.

Chenille d'un brun clair ou jaunâtre, avec les côtés et le ventre traversés par plusieurs lignes claires et foncées, et la région dorsale marquée d'un dessin plus ou moins en forme de feuilles. Se trouve au printemps, après avoir passé l'hiver, sur le *Leontodon taraxacum* et l'*Apargia autumnalis*.

TRIBU DES AMPHIDASYDES ; *AMPHIDASYDÆ.*

GENRE PHIGALIA, Dup.

Phigalia Pilosaria, Alb. *Phigalie velue*, Dup., *fig.* 7, *a, b,* ♂. — Presque toute l'Europe. Dans les bois, en février et mars, appliquée contre le tronc des arbres. La femelle est dépourvue d'ailes.

La chenille se trouve, de mai en juillet, sur le chêne, les *Prunus*, ainsi que sur quelques autres arbres et arbustes. Entre en terre pour sa métamorphose.

GENRE BISTON, Leach.

Biston Hirtaria, Alb. *Amphidase hérissée*, Dup., *fig.* 8, *a, b, c,* ♂. — Europe, surtout dans le Nord. Commune en mars et avril, sur le tronc des arbres dans les bois et le long des routes.

La chenille vit en juin sur différents arbres et arbustes : *Ulmus*, *Quercus*, *Tilia*, *Populus*, *Prunus* et *Cratægus*, et se tient habituellement pendant le jour entre les rides des écorces. S'enfonce en terre au pied de l'arbre où elle a vécu pour se changer en chrysalide. On peut chercher celle-ci à partir de l'arrière-saison.

GENRE AMPHIDASYS, Tr.

Amphidasys Prodromaria, W. V. *Amphidase précoce*, Dup., *fig.* 9 ♀. — Dans une grande partie de l'Europe, mais jamais abondante. Se rencontre, en mars, contre le tronc des arbres dans les taillis, et le long des allées.

Chenille brune ou d'un gris cendré, quelquefois rougeâtre, marbrée de fauve et de noirâtre, avec le corps parsemé de petits points blancs bordés de noir, et garni en outre de tubercules en forme de bourgeons répartis comme suit : deux placés latéralement sur chacun des 4ᵉ, 5ᵉ, 6ᵉ, 7ᵉ, 8ᵉ et 10ᵉ anneaux, — ceux des 7ᵉ et 8ᵉ plus saillants que les autres, — et deux très-rapprochés sur le onzième ou avant-dernier segment. Tête concolore, mais plus claire que le corps. Vit en juillet et août sur les *Quercus*, *Tilia*, *Betula*, *Populus* et *Salix*. Se métamorphose en terre sans former de coque.

Amphidasys Betularia, Alb. *Amphidase du bouleau*, Dup., *pl.* XLIII, *fig.* 7, *a, b, c,* ♀. — Dans toute l'Europe, surtout les contrées du Nord. Commune, de mai en juillet, dans les bois et sur le tronc des arbres qui bordent les routes.

La chenille vit en août et septembre sur différents arbres et arbustes : orme, bouleau, tilleul, chêne, saule et peuplier, *Prunus* et *Cratægus*. Se chrysalide en terre au pied de l'arbre où elle a vécu.

Le mâle de cette phalène est beaucoup plus petit de taille que sa femelle.

GENRE NYSSIA, Dup.

Nyssia Pomonaria, Alb. *Nyssie Pomone*, Dup., *fig.* 10 ♂. Allemagne, centre et est de la France. Dans les bois et les jardins, en mars et avril.

Chenille d'un gris jaunâtre, ayant le corps couvert de petits tubercules coniques, de chacun desquels s'échappe un petit poil noir, et le onzième anneau surmonté d'un mamelon bifide. Le premier segment est en outre marqué d'une tache ferrugineuse, les 2ᵉ et 3ᵉ le sont chacun d'un trait noir, et les 5ᵉ et 6ᵉ enfin sont marqués d'un chevron également noir. Tête ferrugineuse rayée de noir. Vit de mai en juillet sur le chêne, le charme, le noisetier, ainsi que sur les arbres fruitiers. Se métamorphose en terre.

Nyssia Zonaria, W. V. *Nyssie zone*, Dup., *fig.* 11 ♂. Nord et centre de l'Europe. Se trouve, du 15 mars au 15 avril, dans les prairies, en repos pendant le jour après les herbes ou les plantes basses. La femelle, ainsi que celles de ses congénères, est aptère, ou mieux n'a que des moignons d'ailes très-courts.

Chenille sans aucune éminence, verte, finement marbrée de blanc, avec la ligne dorsale formée d'atomes noirâtres, et celles près des stigmates larges, d'un jaune clair et liserées supérieurement de brun. Vit en mai et juin, sur la sauge des prés, *Salvia pratensis*, et la millefeuille, *Achillea millefolium*. Se chrysalide en terre.

A. Quercus robur, *Chêne ordinaire*.
B. Cratægus oxyacantha, *Aubépine*.
C. Alnus incana, *Aune gris*.

TRIBU DES GÉOMÉTRIDES; *GEOMETRIDÆ*. — Pl. XLVII[1].

GENRE PSEUDOTERPNA, Hub.

Pseudoterpna Cythisaria, Rœs. *Hémithée du genêt*, Dup., *fig*. 2, *a*, *b*. — Europe. Commune dans les endroits couverts de genêts, en juin et juillet; vole en plein jour.

La chenille vit à découvert sur les *Genista*, *Cytisus* et *Coronilla*, sur lesquels on la trouve en mai et juin. Se change en chrysalide dans un léger tissu entre les feuilles.

GENRE GEOMETRA, Lin.

Geometra Papilionaria, Lin. *Géomètre papilionaire*, Dup., *fig*. 3. — Europe centrale et boréale, mais jamais en nombre. Vole au crépuscule dans les endroits humides et ombragés des bois, dans les plantations d'aunes et de bouleaux, en juillet. Bien qu'on ne la rencontre que peu souvent, il n'est pas rare de voir le matin les allées sombres de certains bois jonchées d'ailes de cette jolie phalène, dont les corps ont été la proie des chauves-souris et des engoulevents, durant le crépuscule. Le bombyx V noir, dont on ne trouve également que peu, semble partager avec la Papilionaire, la fatale destinée d'être du *goût* des deux animaux crépusculaires que nous venons de citer, car on ne rencontre presque exclusivement, et souvent confondus, que les débris de ces deux papillons.

La chenille de *Papilionaria* est granuleuse, d'un vert clair en dessus, avec une ligne jaune latérale séparant les deux nuances, et la partie postérieure du corps tachetée de ferrugineux. Les 1er, 5e, 6e, 7e et 8e anneaux sont surmontés chacun de deux pointes charnues, rouges à l'extrémité, et très-rapprochées, sauf sur le sixième segment où il n'y en a qu'une, mais plus longue que les autres. Tête petite et jaune, cachée en partie entre les pattes écailleuses à l'état de repos. Cette chenille vit sur les *Betula*, *Alnus*, *Fagus*, et *Corylus*. Nous l'avons toujours chassée avec succès sur les jeunes bouleaux, à l'extrémité des branches desquels elle se tient de préférence. Se métamorphose dans un léger tissu filé entre les feuilles ou sous les mousses.

Geometra Smaragdaria, Fab. *Hémithée émeraudine*, Dup., *fig*. 5, *a*, *b*, *c*. — Hongrie, quelques parties de l'Allemagne, Russie méridionale, Italie. En juin; quelques-unes en août, du nombre des chrysalides qui doivent passer l'hiver.

La chenille vit en juillet sur la millefeuille, *Achillea millefolium*.

---

1. Voir dans les descriptions des planches XLIV, XLV, XLVI et XLVIII pour celle d'*Alpinata*, *Æscularia*, *Purpuraria*, *Euphorbiata*, et *Rectangulata* (*fig*. 1, 13, 14, 15 et 16 de cette planche).

GENRE IODIS, Hub.

Iodis Vernaria, Lin. *Hémithée printanière*, Dup., *fig.* 4. — France centrale et méridionale, Suisse, Italie, midi de l'Allemagne. Vole au crépuscule dans les bois humides, autour des haies et des buissons où croît la clématite, en mai et en juillet.

Chenille très-effilée, avec plusieurs raies longitudinales blanches, fines, et les anneaux cerclés de blanc; les six intermédiaires sont en outre marqués chacun de deux points de cette dernière couleur, séparés par une ligne dorsale d'un vert foncé. Vit principalement sur la clématite des haies, *Clematis vitalba*, et se trouve en juin, août et septembre. File entre les feuilles ou les mousses un léger réseau de soie pour sa métamorphose en chrysalide.

TRIBU DES ÉPHYRIDES; *EPHYRIDÆ*.

GENRE EPHYRA, Dup.

Ephyra Trilinearia, Bork. *Éphyre trilignée*, Dup., *fig.* 7. — Angleterre, plusieurs parties de l'Allemagne, Suisse, forêt de Fontainebleau. Dans les bois de hêtres, en mai et août.

La chenille vit en juin et septembre sur le hêtre, *Fagus silvatica*.

Les chenilles des *Ephyra* se métamorphosent à la manière des *Papilionides*, c'est-à-dire qu'elles se suspendent en plein air par la queue et s'attachent en outre par un lien transversal au milieu du corps.

TRIBU DES ACIDALIDES; *ACIDALIDÆ*.

GENRE ACIDALIA, Tr.

Acidalia Promutata, Rœs. **Immutata,** W. V. *Dosithée invariable*, Dup., *fig.* 8. — Dans toute l'Europe. Lisières des bois, endroits herbus, champs et jardins, en juillet et août. Nous n'avons aucun renseignement précis sur ses premiers états.

Acidalia Incauaria, Hub. *Acidalie vieillie*, Dup., *fig.* 9, *a, b.*— Dans toute l'Europe. Très-commune et se rencontre partout, parfois jusque dans les maisons, en juin, puis en août et septembre.

La chenille vit en avril, mai et juillet, sur le *Cerasus padus*, et probablement aussi sur d'autres arbres? le merisier à grappes n'étant pas répandu en proportion de la grande vulgarité de cette petite acidalie.

Acidalia Osseata, W. V. *Acidalie, couleur d'os*, Dup., *fig.*, 10.—Toute l'Europe. Très-commune dans les bois secs et herbus, en juin et juillet. Sa chenille n'est pas encore connue.

Acidalia Aversata, Lin. *Acidalie détournée*, Dup., *fig.* 11. — Toute l'Europe. Extrêmement commune dans les bois, en juillet et août.

La chenille se trouve en mai et juin sous les broussailles, et se nourrit de genêts. File une légère coque entre les feuilles pour se changer en chrysalide.

Acidalia Emarginata, Lin. *Épione émargée*, Dup., *fig.* 12. —Angleterre, France, Suisse et quelques parties de l'Allemagne. Dans les bois secs, en juillet et août.

Chenille très-effilée, d'un jaune d'ocre, avec une ligne dorsale brune se mêlant à la couleur du fond sur les premiers anneaux. Vit en juin sur les *Plantago*, *Galium*, et *Convolvulus*. Se chrysalide entre les feuilles de la plante où elle a vécu.

GENRE TIMANDRA, Dup.

Timandra Amataria, Lin. *Timandre aimée*, Dup., *pl.* XLIV, *fig.* 7. — Europe. Dans les prés et les endroits herbus, en mai, puis en juillet et août.

La chenille est remarquable par la grande dilatation de son quatrième anneau, ce qui lui donne assez de ressemblance avec certains serpents. Elle vit en juin et septembre sur les *Rumex* et les *Polygonum*, cachée sous la plante. Se chrysalide entre des feuilles liées avec des fils de soie.

GENRE PELLONIA, Dup.

Pellonia Vibicaria, Lin. *Pellonie flagellée*, Dup., *fig.* 6. — Dans toute l'Europe, mais jamais en nombre. Bois, lieux secs et herbus, en juin et juillet.

Chenille très-effilée, grisâtre, avec la ligne dorsale géminée, ondulée, et visible surtout sur les anneaux extrêmes. Vit sur les graminées, et se métamorphose en mai après avoir passé l'hiver.

A. RHAMNUS FRANGULA, *Bourdaine*.
B. CYTISUS NIGRICANS, *Cytise noir*.
C. ACHILLEA MILLEFOLIUM, *Millefeuille*.

TRIBU DES EUBOLIDES; *EUBOLIDÆ*. — Pl. XLVIII.

GENRE EUBOLIA, Dup.

Eubolia Palumbaria, W. V. *Phasiane plombée*, Dup., *fig. 1.* — Dans toute l'Europe. Très-commune dans les clairières herbues des bois secs, au milieu des bruyères, en mai, juillet et août, mais plus abondante à la première apparition.

La chenille vit sur les *Erica*, les *Cytisus*, etc. Se chrysalide en avril, après avoir hiverné. Reparaît en juin.

Eubolia Bipunctaria, W. V. *Eubolie biponctuée*, Dup., *fig. 2.* — Europe. Commune dans les terrains secs et pierreux, surtout montueux, en juillet et août.

Chenille courte et ramassée, de couleur sombre, avec les lignes ordinaires plus foncées, mais assez vagues. Se trouve en juin et juillet sur les *Trifolium*, les *Lolium*, et autres plantes basses.

TRIBU DES LARENTIDES; *LARENTIDÆ*.

GENRE SCOTOSIA, Steph.

Scotosia Certata, Hub. *Larentie certaine*, Dup., *fig. 3, a, b, c.* — Angleterre, Allemagne, Alpes de la France et de la Suisse. Lisières des bois montueux, en avril, juin et juillet.

La chenille vit en mai et juin, puis en août et septembre, sur l'épine-vinette, *Berberis vulgaris*. Se chrysalide dans une légère coque à la surface de la terre.

Scotosia Undulata, Lin. *Larentie ondulée*, Dup., *fig. 4.* — Europe boréale. Dans les bois humides et ombragés, en mai et juin, mais toujours assez rare.

Chenille légèrement pubescente vue à la loupe, brune ou d'un gris noirâtre, avec la ligne dorsale geminée, d'un blanc sale, et près des pattes une raie, assez large, de même couleur. Vit en août et septembre sur les *Salix*, au milieu de plusieurs feuilles liées avec des fils de soie. Se métamorphose à terre dans une légère coque filée sous les mousses.

GENRE CAMPTOGRAMMA, Steph.

Camptogramma Bilineata, Lin. *Larentie double ligne*, Dup., *fig. 5.* — Dans toute l'Europe. Très-commune partout et pendant tout l'été.

Chenille d'un vert blanchâtre, avec la ligne dorsale plus foncée, liserée de blanchâtre, et les autres lignes latérales de même couleur. Corps couvert, çà et là, de poils

17

assez gros. Tête et pattes concolores. Se trouve, en avril et mai, dans les champs et les bois sous les pierres et les plantes basses, et se nourrit de plantains, orties, primevères, etc. Se chrysalide en terre.

GENRE ANTICLEA, Steph.

Anticlea Berberata, W. V. *Cidarie de l'épine-vinette*, Dup., *fig.* 6. — Europe. Dans les bois et les grands jardins, en avril, juillet et août.

Chenille courte et ramassée, d'un brun jaunâtre ou rougeâtre, avec plusieurs taches irrégulières d'un brun foncé, dont quelques-unes bordées de blanc, dans la région dorsale. Vit en juin et juillet sur l'épine-vinette, *Berberis vulgaris*. Se chrysalide entre les feuilles entourée d'un léger réseau de soie, ou dans une coque mélangée de terre à la surface du sol.

Anticlea Derivata, Alb. *Cidarie dérivée*, Dup., *fig.* 8, *a, b, c*. — Dans une grande partie de l'Europe, surtout les contrées boréales. Lisières des bois, haies, jardins, en avril et mai.

La chenille vit en juin et juillet sur le rosier sauvage, *Rosa canina*. File entre les feuilles ou dans la mousse un léger tissu pour se métamorphoser en chrysalide.

GENRE MELANIPPE, Dup.

Mélanippe Fluctuata, Lin. *Mélanthie ondée*, Dup., *fig.* 7. — Toute l'Europe. Commune dans les bois et les jardins, en avril et mai, puis en juillet et août.

Chenille d'un brun terreux, avec un dessin dorsal noir, cruciforme, plus foncé sur les anneaux intermédiaires, et près des pattes une raie longitudinale, bien nette, d'un jaune rougeâtre. Vit en juin et juillet, ainsi qu'en automne, sur différentes espèces de plantes : *Brassica, Cochlearia*, etc. File une petite coque en terre pour sa transformation.

Melanippe Hastata, Lin. *Mélanippe hastée*, Dup., *fig.* 9. — Dans presque toute l'Europe. Bois feuillus, contre le tronc des arbres, ou parmi les broussailles, en mai et juin.

Chenille ridée transversalement, d'un brun noirâtre, avec des taches circulaires de couleur feuille morte près des stigmates. Vit en juillet et août sur le bouleau, *Betula alba*, renfermée dans une feuille dont elle ronge le parenchyme. Se métamorphose entre les feuilles ou dans une petite coque en terre.

Melanippe Tristata, Lin. *Mélanippe triste*, Dup., *fig.* 10. — Nord de l'Europe. Commune dans les bois un peu frais, en mai, juillet, et quelquefois en septembre.

Chenille jaune, avec plusieurs lignes longitudinales d'un brun rougeâtre, dont une large et parsemée de points blancs près des pattes. Les deux anneaux extrêmes sont en outre finement rayés de blanc. Vit en juin et août, sur le caille-lait jaune, *Galium verum*. Se construit une coque en terre pour se changer en chrysalide.

GENRE OPORABIA, Steph.

Oporabia Dilutata, Alb. *Larentie effacée,* Dup., *fig.* 11, *a, b.* — Europe boréale. Dans les bois de chênes, contre le tronc des arbres, en octobre et novembre.

La chenille vit en mai et juin sur le chêne, le hêtre, l'orme, le saule, le prunellier et l'aubépine. Se chrysalide en terre.

GENRE LARENTIA, Tr.

Larentia Pectinataria, Fuess. **Miaria,** Hub. *Cidarie verdâtre,* Dup., *fig.* 12. — Dans une grande partie de l'Europe. Bois feuillus et un peu frais, parcs, jardins, en mai et juin.

Sa chenille vit en avril et mai sur les *Galium*.

GENRE CIDARIA, Tr.

Cidaria Fulvata, Forst. *Cidarie fauve,* Dup., *fig.* 13. — Dans toute l'Europe. Lisières des bois, haies, jardins, en juin et juillet.

Chenille d'un vert clair en dessus, plus foncé sur les côtés, avec la ligne dorsale verte, les sous-dorsales blanches, et les stigmatales jaunes. Tête concolore. Vit en mai sur le rosier sauvage, *Rosa canina*.

GENRE CHEIMATOBIA, Steph.

Cheimatobia Brumata, Lin. *Larentie hyémale,* Dup., *fig.* 14, *a,* ♂, *b,* ♀. — Europe, surtout le centre et le nord. Très-commune dans les bois, les jardins et les vergers, sur les haies, en novembre et décembre. Le mâle vole pendant le jour, surtout par un temps brumeux.

Chenille d'un vert clair ou jaunâtre, parfois teintée de noirâtre, avec la ligne dorsale plus foncée, les sous-dorsales et les stigmatales d'un blanc jaunâtre, et dans l'intervalle de ces deux dernières une autre ligne de même couleur, mais très-interrompue. Vit en mai, en s'abritant entre les feuilles, sur les arbres fruitiers et forestiers, parmi ceux-là, de préférence sur le poirier. Se métamorphose en terre. Cette chenille est une de celles qui font le plus de tort à l'horticulture, puisqu'elle exerce ses ravages à l'époque où les feuilles sont très-tendres, et qu'elle n'épargne pas les bourgeons à fruit, ni les fruits eux-mêmes quand ils commencent à se former.

GENRE EUPITHECIA, Curt.

Eupithecia Rectangulata, Lin. *Larentie rectangulaire*, Dup., *pl.* XLVII, *fig.* 16. — Toute l'Europe. Commune dans les jardins et les vergers, en juin et juillet.

Chenille courte, atténuée aux extrémités, verte, avec une large ligne dorsale d'un brun rougeâtre : maculaire sur les premiers anneaux, linéaire sur les derniers, continue et irrégulière sur les autres segments. Tête noire, petite et luisante. Vit en avril et mai, sur les arbres fruitiers, dont elle ronge l'intérieur des fleurs aux dépens du fruit qui, par cette cause, ne peut se former ; aussi, cette chenille, de même que celle de l'espèce précédente, est-elle certaines années un véritable fléau pour les jardins et les vergers en les privant à l'avance d'une partie de leur récolte.

A. Berberis vulgaris, *Épine-vinette.*
B. Ulmus effusa, *Orme pédonculé.*
C. Rosa canina, *Églantier de chien* ou *Rosier sauvage.*

MICROLEPIDOPTERA.

DELTOÏDES, Latr. Gn.

TRIBU DES HERMINIDES; *HERMINIDÆ.* — Pl. XLIX.

GENRE HERMINIA, Latr.

Herminia Tentaculalis, Lin. var. *Herminie tâteuse,* Dup., *pl.* XLII, *fig.* 7. — Suède, Allemagne, Hongrie, Pyrénées. Dans les clairières des bois, en juin .
La chenille vit de graminées, et se trouve au printemps, cachée dans les feuilles sèches.

Herminia Derivalis, Hub. *Herminie dérivée,* Dup., *pl.* XLII, *fig.* 8. Dans une grande partie de l'Europe, surtout dans les contrées méridionales. Bois secs, en juin et juillet.
La chenille passe l'hiver, et se trouve au printemps dans les feuilles sèches, vit de plantes basses.

PYRALITES (*PYRALIS*, Linné, Gn.).

TRIBU DES ODONTIDES; *ODONTIDÆ.*

GENRE ODONTIA, Dup.

Odontia Dentalis, W. V. *Odontie dentelée,* Dup., *fig.* 2, *a, b.* — Europe centrale et méridionale. Dans les endroits sablonneux, en juin, puis en août. Vole dès le crépuscule autour des vipérines en fleur.
La chenille vit dans les tiges de la vipérine, *Echium vulgare.* Se chrysalide entre les feuilles dans une coque d'un tissu épais, en forme de sac, aigu par un bout, large et fendu par l'autre pour la sortie du papillon.

TRIBU DES PYRALIDES; *PYRALIDÆ.*

GENRE PYRALIS, Lin.

Pyralis Farinalis, Lin. *Asopie de la farine,* Dup., *fig.* 15. — Dans toute l'Europe.

Se trouve fréquemment dans l'intérieur des maisons, de juin en août. On ne possède encore que des données très-vagues sur les premiers états de cette *Pyrale*.

GÉNRE AGLOSSA, Latr.

Aglossa Pinguinalis, Lin. *Aglosse de la graisse*, Dup., *fig.* 14. — Dans toute l'Europe. Se rencontre souvent dans l'intérieur des habitations pendant une partie de la belle saison, mais surtout en juillet.

Chenille brune, avec la tête et les plaques cornées plus obscures. Vit, dans les endroits malpropres, de produits végétaux et de substances animales grasses.

TRIBU DES HERCYNIDES; *HERCYNIDÆ*.

GENRE THRENODES, Dup.

Threnodes Pollinalis, W. V. *Ennychie poudrée*, Dup., *fig.* 4. — Dans une grande partie de l'Europe, surtout les régions méridionales. Vole, en plein soleil, dans les clairières herbues des bois, en mai, puis en août.

La chenille vit, en juin et juillet, sur les *Genista* et les *Cytisus*, et se renferme dans une longue galerie tubuleuse en soie filée à la base des tiges et jusqu'en terre.

TRIBU DES ENNYCHIDES; *ENNYCHIDÆ*.

GENRE PYRAUSTA, Schr.

Pyrausta Purpuralis, Lin. *Pyrauste pourprée*, Dup., *fig.* 5. — Toute l'Europe. Vole avec vivacité, par un soleil ardent, dans les clairières des bois remplies de bruyères, en mai, juillet et août.

Suivant Hubner, la chenille de ce charmant *Micro* vivrait sur la menthe des champs, *Mentha arvensis*, s'enfermant, ainsi que ses congénères, dans un léger réseau de soie filé entre les feuilles des extrémités.

GENRE ENNYCHIA, Tr.

Ennychia Anguinalis, Hub. *Ennychie cordelière*, Dup., *fig.* 3. — Presque toute l'Europe. Se montre par un beau soleil dans les lieux secs et herbus, en mai et juillet. Nous ne connaissons rien de ses premiers états.

TRIBU DES HYDROCAMPIDES; *HYDROCAMPIDÆ*.

GENRE HYDROCAMPA, Latr.

Hydrocampa Nymphæalis (le ♂) **Potamogalis** (la ♀). Lin. *Hydrocampe du Potamo-géton*, Dup., *fig.* 1, *a, b*. — Europe. Commune autour des étangs et des marais, en juin et juillet.

La chenille vit, en avril, sous les feuilles flottantes ou submergées des *Nymphæa alba* et *Lutea*, et du *Potamogeton natans*, enfermée dans un fourreau qu'elle s'est fabriqué avec la feuille de ces plantes. Se métamorphose dans un de ces mêmes fourreaux après l'avoir fixé à la plante et tapissé de soie à l'intérieur.

TRIBU DES BOTYDES; *BOTYDÆ*.

GENRE BOTYS, Latr. Dup.

Botys Urticalis, Lin. *Botys de l'ortie*, Dup., *fig.* 6, *a, b*. — Dans toute l'Europe, en juin et juillet. Vole, surtout au crépuscule, autour de la plante dont il s'est nourri quand il était à l'état de larve. On trouve celle-ci en septembre sur l'ortie, abritée dans une feuille repliée ou roulée en cornet.

Cette chenille quitte sa retraite vers les premiers jours d'octobre, et va se filer, entre quelque fente de mur ou gerçure d'écorce, une légère coque de soie blanche dans laquelle elle passe l'hiver, et ne s'y change en chrylide qu'en avril.

Botys Flavalis, W. V. *Botys jaune serin*, Dup., *fig.* 7. — Dans une grande partie de l'Europe. Vole, en juillet, sur les prairies sèches et montueuses. On présume que sa chenille vit sur le caille-lait blanc.

Botys Hyalinalis, Hub. *Botys hyalin*, Dup., *fig.* 8. — Angleterre, France, Allemagne, Hongrie, etc. Vole, en juin et juillet, dans les prairies et sur les lisières des bois, recherchant les ronces en fleur.

CRAMBITES (Teignes a trompe).

TRIBU DES CRAMBIDES; *CRAMBIDÆ*.

GENRE CRAMBUS, Fab.

Crambus Selasellus, Hub. Dup., *fig.* 9. — Dans une grande partie de l'Europe, surtout les contrées boréales. Se trouve, en juillet et août, dans les prairies humides et boisées. Nous ne connaissons point sa chenille.

Crambus Pauperellus, Tr. *Crambus pauvre*, Dup., *fig.* 10. — Italie, Suisse. Commun dans les montagnes du Jura, où on le voit voler dans la dernière quinzaine de juin.

GENRE ILYTHIA, Latr., Dup.

Ilythia Carnella, Lin. *Ilythie incarnat*, Dup., *fig.* 11, *a*, *b*. — Europe. Se trouve très-communément dans les prairies sèches, en juillet et août. Battre les herbes pour le faire partir.

La chenille vit sous les mousses au pied des graminées.

GENRE GALLERIA, Fab., Dup.

Galleria Cerella, Tr. *Gallerie de la cire*, Dup., *fig.* 13, ♀. — Europe, partout où l'on élève des abeilles, mais plus répandue dans les provinces méridionales. On la trouve, en avril et juillet, appliquée pendant le jour contre les murs ou les enclos qui avoisinent les ruches.

Chenille vermiforme, d'un blanc sale, avec quelques points bruns de chacun desquels s'échappe un poil très-fin. Vit, en juin et en automne, au milieu des ruches ; se loge de préférence dans les gâteaux vides, en s'abritant dans une espèce de tube ou galerie composé en partie de soie et de cire, et dans lequel, quand vient l'époque de sa métamorphose, elle se file une coque d'un tissu très-serré. Cette *Teigne* cause parfois de grands ravages dans une ruche, surtout si on la laisse impunément se multiplier.

TORTRICIDES, Lin. (Tordeuses.)

TRIBU DES PLATYOMIDES ; *PLATYOMIDÆ.*

GENRE HALIAS, Tr.

Halias Quercana, W. V. *Pyrale verte du chêne*, *pl.* XLII, *fig.* 9, *a*, *b*, *c*, *d*. — Dans toute l'Europe. Bois de chênes, en juin.

La chenille vit en mai sur le chêne.

Halias Prasinana, Lin. *Pyrale du hêtre*, St-Farg., *pl.* XLII, *fig.* 10, *a*, *b*, *c*, *d*. — Toute l'Europe, mais moins répandue que *Quercana*. Dans les bois, en mai et juin.

La chenille vit, en août et septembre, sur le hêtre, le bouleau, l'aune, le noisetier et quelquefois sur le chêne.

GENRE TORTRIX, Lin. Dup.

Tortrix Viridana, Lin. *Tordeuse verte*, Dup., *fig.* 18, *a, b*. — Europe. Dans les bois de chênes, en juin.

La chenille vit en mai sur le chêne *Quercus robur*, et se chrysalide dans les mêmes feuilles roulées où elle a vécu.

Les chenilles de cette *Tordeuse* se multiplient tellement certaines années, qu'elles dépouillent en entier les arbres de leurs feuilles à l'époque où celles-ci viennent à peine de se développer.

Tortrix Sorbiana, Hub. *Tordeuse du sorbier*, Dup., *fig.* 17. — Europe. Se trouve en juin dans les vergers et les bois.

La chenille, d'après Rœsel, est d'un gris bleuâtre foncé, avec des points plus pâles; tête et pattes écailleuses d'un noir luisant. Vit en mai sur les sorbiers, *Sorbus aucuparia* et *domestica*, le cerisier et le chêne.

GENRE TERAS, Tr. Dup.

Teras Caudana. Fab. var. *Teras rongée*, Dup., *fig.* 16. — Allemagne, nord de la France, environs de Paris. Dans les bois, les vergers, sur les haies, en juillet et août.

La chenille vit en juin sur les chênes, les saules et les peupliers.

A. Nymphæa alba, *Nénuphar blanc.*
B. Echium vulgare, *Vipérine.*
C. Carduus nutans, *Chardon à tête penchée.*
D. Trifolium pratense, *Trèfle cultivé.*
E. Urtica urens, *Ortie grièche.*
F. Quercus robur, *Chêne ordinaire.*

PLATYOMIDES; *PLATYOMIDÆ.* — Pl. L.

GENRE ANTITHESIA, Steph.

Antithesia Salicana, Lin. *Penthine du Saule,* Dup., *fig.* 1. — Europe. Dans les endroits plantés de saules, en juin et juillet.

Chenille épaisse, d'un brun foncé, avec le corps parsemé de petits points en saillie ou verrues blanches. Tête et écusson noirs. Vit en mai et juin, sur le saule au milieu de plusieurs feuilles réunies, et s'y change en chrysalide.

GENRE PENTHINA, Tr., Dup.

Penthina Pruniana, Hub. *Penthine du prunier,* Dup., *fig.* 3. — Europe. Commune, en juin, sur les buissons de prunellier.

Chenille d'un vert grisâtre, parfois noirâtre, ayant le corps parsemé de petites verrues d'un noir luisant et surmontées, chacune, d'un poil brun. Tête et écusson du cou, ainsi que les pattes écailleuses d'un noir brillant. Vit en avril et mai sur les *Prunus,* au milieu de feuilles réunies. Se chrysalide dans ces mêmes feuilles ou sous la mousse à la surface du sol.

GENRE COCCYX, Tr., Dup.

Coccyx Resinana, Fab. *Coccyx de la résine,* Dup., *fig.* 2, *a, b.* — Dans une grande partie de l'Europe. Forêts de pins, en mai et juin.

La chenille vit à l'extrémité des branches du pin silvestre, dans des excroissances ovoïdes formées par l'accumulation de la résine, et qui sont le résultat d'une ouverture faite aux jeunes pousses par la larve elle-même dès sa sortie de l'œuf. Cette chenille parvient à toute sa taille avant l'hiver, et se construit dans sa demeure résineuse une petite coque d'un tissu serré, blanc, dans laquelle sa transformation en chrysalide n'a lieu qu'au printemps suivant.

GENRE CARPOCAPSA, Tr., Dup.

Carpocapsa Pomonana, W. V. *Carpoçapsa des pommes,* Dup., *fig.* 5, *a, b.* — Europe, partout où l'on cultive le pommier et le poirier. Paraît en mai et juin, dans les jardins et les vergers.

La chenille vit, en juillet et août, dans l'intérieur des pommes et des poires, dont elle mange les pépins avant d'entamer les autres parties du fruit. Elle en sort en septembre, pour aller se construire, entre les écorces ou dans la terre, une petite coque de soie mélangée de débris de végétaux, dans laquelle sa métamorphose en chrysalide n'a lieu qu'au printemps d'après.

GENRE COCHYLIS, Tr., Dup.

Cochylis Citrana, Hub. *Cochylis citrine*, Dup., *fig.* 4. — France, Suisse, Allemagne, etc. Vole, au printemps, sur les bruyères des lisières des bois. Nous ne connaissons point ses premiers états.

TINÉITES Latr. (Teignes.)

TRIBU DES TINÉIDES; *TINEIDÆ.*

GENRE DIURNEA, Kirby, Dup.

Diurnea Fagella, Fab. *Diurnée du hêtre*, Dup., *fig.* 14. ♂. — Europe. Vole en mars et avril, sur le tronc des arbres, dans les bois taillis. La femelle a les ailes comme avortées et très-pointues.

Chenille aplatie, d'un blanc mat, avec la ligne dorsale grise ou d'un vert pâle, et quelques petites verrues surmontées chacune d'un poil. La troisième paire de pattes écailleuses est allongée en forme de palette. Vit, en août et septembre, sur le hêtre, le chêne et le tremble, et se tient entre deux feuilles réunies par des fils de soie. Se chrysalide dans un léger tissu entre les feuilles mêmes où elle a vécu.

GENRE HARPIPTERYX, Tr., Dup.

Harpipteryx Harpella, W, V. *Harpiptérix harpon*, Dup., *fig.* 11. — France, Allemagne, Suisse, etc. Dans les bois et les parcs, en juillet.

Chenille très-atténuée, verte, avec la région dorsale couleur lie de vin, et divisée dans sa longueur par une ligne en relief; celle-ci est bordée de chaque côté par une raie jaunâtre, au-dessous de laquelle on remarque quelques traits obliques et maculaires de la même couleur. Le corps est en outre parsemé de petits points noirs donnant chacun naissance à un poil. Vit, en mai et dans les premiers jours de juin, sur le *Lonicera periclymenum* et le *Xylosteum vulgare*. Se chrysalide dans une petite coque blanchâtre ayant la forme d'une nacelle.

GENRE INCURVARIA, Steph., Dup.

Incurvaria Masculella, W V. *Incurvarie courageuse*, Dup., *fig.* 8, ♀. — Europe. Vole communément sur les feuilles des chênes en avril et mai.

La chenille vit d'abord dans le parenchyme des feuilles du chêne, dont elle se forme ensuite un fourreau portatif; se chrysalide [dans ce même fourreau après l'avoir fixé contre les feuilles ou les écorces.

GENRE NEMOPHORA, Hub., Dup.

Nemophora Swammerdammella, Lin. *Adèle de Swammerdamm*, Dup., *fig.* 9. — France, Allemagne, etc. Dans les bois, en avril, mai et juillet; vole vers le soir. Sa chenille nous est inconnue.

GENRE ADELA, Latr., Dup.

Adela De Geerella, Lin. *Adèle de De Geer*, Dup., *fig.* 10. — Europe. Vole, en plein soleil, dans les bois taillis, autour des buissons et sur les fleurs des prairies, en mai et juin.

La chenille vit sur la Sylvie, *Anemone nemorosa*, dans un fourreau portatif composé de débris de feuilles.

GENRE EUPLOCAMUS, Latr., Dup.

Euplocamus Anthracinellus, Dup., Hub. *Euplocame noir*, Dup., *fig.* 7, ♂. — Europe. Dans les grands bois plantés de très-vieux arbres, en mai et juin. Jamais en nombre.

La chenille ressemble à la larve d'une *Sesie* : elle est de couleur d'os, avec la tête, la plaque cornée du cou et les pattes anales brunes. Vit, en avril, — sans doute après avoir hiverné, — dans les racines pourries des vieux arbres abattus, surtout celles du hêtre. Ces larves se construisent de longues galeries tapissées en soie, qu'elles habitent constamment, et dans lesquelles elles se transforment en chrysalides, après en avoir fermé l'orifice.

GENRE TINEA, Auct.

Tinea Tapezella, Lin. *Teigne des tapisseries*, Dup., *fig.* 6. — Dans toute l'Europe. Intérieur des habitations, surtout de mai en juillet.

La larve de cette *Teigne*, qui n'est que trop répandue, se montre à partir de juin, et ronge les étoffes de laine, les fourrures, les plumes et même les insectes desséchés. Elle habite un fourreau fixe, dans lequel elle passe l'hiver, et ne s'y change en chrysalide que dans les premiers jours du printemps.

TRIBU DES YPONOMEUTIDES; *YPONOMEUTIDÆ.*

GENRE MYELOPHILA, Tr., Dup.

Myelophila Cribrella, Hub. *Myélophile tamis*, Dup., *pl.* XLIX, *fig.* 12, *a, b, c.* — Europe. Vole, en juin, autour des chardons.

La chenille se nourrit de la moelle de diverses espèces de chardons, et passe l'hiver engourdie dans les tiges desséchées. Se métamorphose, en avril et mai, dans ces mêmes tiges, après avoir eu le soin de placer sa coque près d'une ouverture qu'elle a faite d'avance afin de faciliter sa sortie pour quand elle sera devenue papillon.

GENRE ÆDIA, Dup.

Ædia Pusiella; Fab. *Aédie mignonnette*, Dup., *fig.* 15. — Europe, surtout les contrées méridionales. En juin et juillet.

Chenille noire, avec une ligne dorsale jaune géminée, projetant sur chaque anneau deux crochets blancs, et, près des stigmates, une autre ligne longitudinale blanche et jaune. Vit, en mai, sur les orties, le *Lithospermum purpuro-cæruleum*, et la pulmonaire, *Pulmonaria vulgaris*. Se chrysalide au commencement de juin, dans une coque de soie blanche fixée après les feuilles de la plante qui l'a nourrie.

Ædia Echiella, W V. *Aédie de la Vipérine*, Dup., *fig.* 16. — Dans presque toute l'Europe. En mai et août, appliquée pendant le jour contre le tronc des arbres qui bordent les allées des bois.

Chenille noire, avec plusieurs taches disposées en raies longitudinales : blanches sur les premiers anneaux, et grisâtres sur les autres. Vit, en juillet et octobre, entre les touffes de fleurs de la vipérine. Se métamorphose de même que *Pusiella*. Les chenilles de la seconde génération hivernent, et ne se chrysalident qu'au printemps.

GENRE YPONOMEUTA, Latr.

Yponomeuta Evonymella, Lin. *Yponomeute du fusain*, Dup., *fig.* 12. — Europe. En juillet et août, dans les bois, sur les haies et les buissons.

Chenille d'un jaune d'ocre, avec quatre points noirs sur chaque anneau. Tête, écusson du cou et pattes écailleuses d'un brun noir. Se trouve, de mai en juillet, principalement sur le fusain, *Evonymus Europæus*. Les larves de cette *Yponomeute* vivent en société très-nombreuse sous une tente soyeuse filée en commun après les branches, et dans laquelle, pour leur métamorphose en chrysalide, elles se construisent, chacune séparément et l'une près de l'autre, une petite coque blanche de consistance papyracée.

Yponomeuta Cognatella, Hub. *Yponomeute parente*, Dup., *fig.* 13, *a*, *b*. — Toute l'Europe. Commune dans les vergers, sur les haies, etc., en juillet et août.

La chenille se trouve à la fin de juin, dans les premiers jours de juillet, sur différents arbres fruitiers et arbustes des jardins et des bois. Ses mœurs sont celles de l'espèce précédente, sauf que les coques sont plus isolées les unes des autres sous la tente commune.

PTÉROPHORITES. Latr.

TRIBU DES PTÉROPHORIDES; *PTEROPHORIDÆ.*

GENRE PTEROPHORUS, Fab., Geoff., Dup.

Pterophorus Pterodactylus, Fab. *Ptérophore ptérodactyle*, Dup., *fig.* 17. — Europe.
Paraît en juin et juillet, puis en septembre et octobre.

Chenille pubescente, verte, parfois d'un brun clair, avec une ligne dorsale blanche
bordée d'une raie pourpre, celle-ci bordée elle-même par une ligne blanche. Vit, en
mai et juin, puis en août, sur le *Convolvulus arvensis.* Se métamorphose à la manière
des chenilles des diurnes, c'est-à-dire en s'attachant par les pattes anales et par un
lien transversal au milieu du corps. La chrysalide conserve à peu près la même livrée
qu'à l'état de larve.

Pterophorus Carphodactylus, Zell. *Ptérophore carphodactyle, fig.* 18. — Autriche,
Hongrie. Vole en mai. Nous ne possédons aucun renseignement sur les premiers états
de ce *Ptérophore.*

Pterophorus Pentadactylus, Lin. *Ptérophore pentadactyle*, Dup., *fig.* 19. — Dans
toute l'Europe. Vole surtout au crépuscule dans les lieux frais, le long des haies, en
juin et juillet. Cette espèce, bien caractérisée, doit être considérée comme le type du
genre.

Chenille pubescente, d'un vert pâle, avec la ligne dorsale blanche, les sous-dorsales
vertes, et les stigmatales jaunes. Vit en avril et mai sur les *Convolvulus.* Se chrysalide
ainsi que ses congénères, contre un corps quelconque, en se fixant par la partie postérieure et par un fil de soie transversal.

A. Pinus silvestris, *Pin silvestre ou sauvage.*
B-C. Malus communis, *Pommier domestique.*

TABLE DES PLANCHES COLORIÉES

AVEC ÉNUMÉRATION DES GENRES QU'ELLES REPRÉSENTENT.

TABLE DES GENRES.

Le chiffre romain indique la planche, et le chiffre arabe la page.

TABLE ALPHABÉTIQUE DES ESPÈCES

NOMS FRANÇAIS.

9078 — Imprimerie générale de Ch. Lahure, rue de Fleurus, 9, à Paris.

A B

5.
4.
3.
2 a
2 b
1 c.
1 d
1 b
1 a
A B C

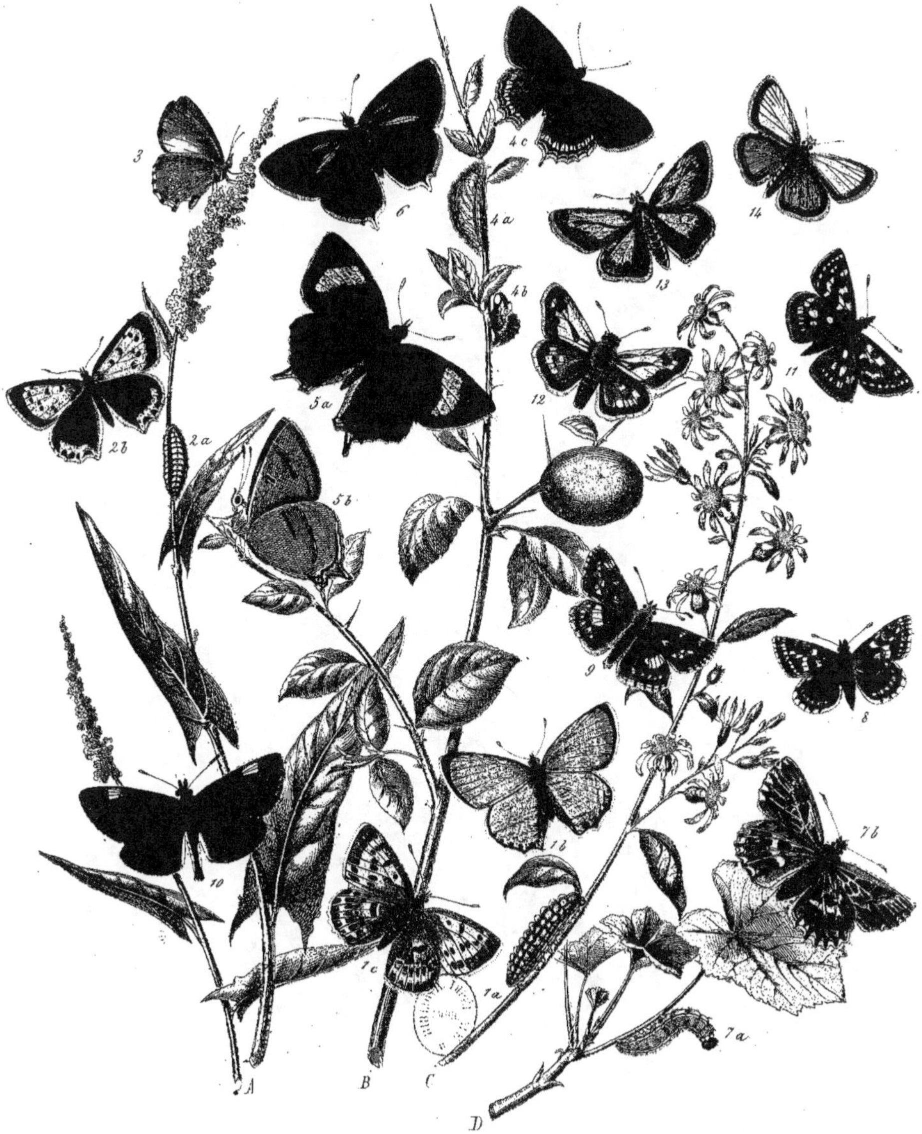
3
6
4c
4a
4b
14
13
12
11
2b
2a
5a
5b
9
8
10
1b
7b
1c
1a
7a
A
B
C
D

4
1d
1c
3
2a
2b
2c
1a
5
1b
A. B.

1. a.
1. b.
2. b.
2. a.
1. d.
1. c.
1. e.
A.
B.

10.
3.d.
1.a.
3.c.
4.
5.
3.a.
1.d.
1.c.
6.
3.b.
2.
1.b.
1.

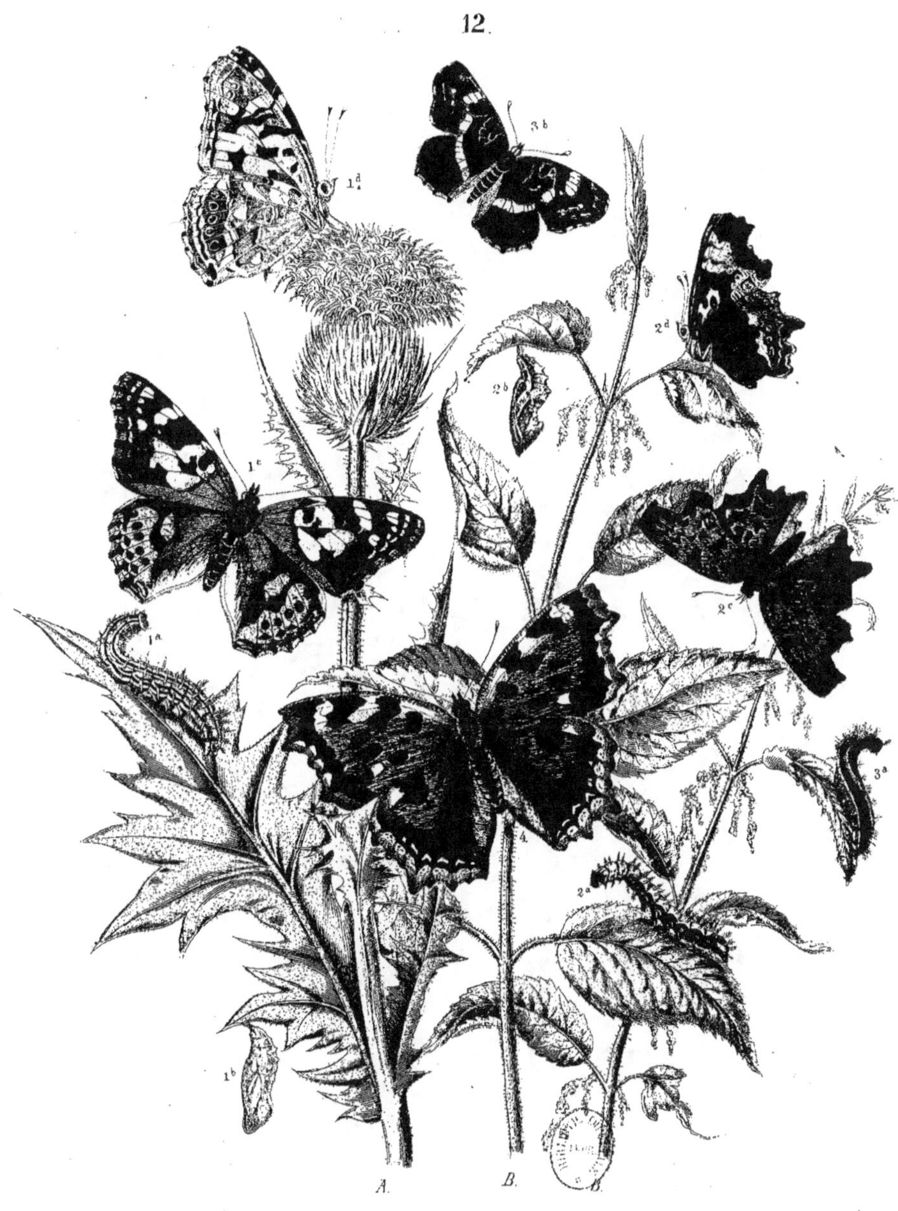
12.
1 d
3 b
2 d
2 b
1 c
2 c
1 a
3 a
2 a
1 b
A.
B.

16
10.
4.
b.
8.
7.
1.
13.
9.
2.
11.
12 c.
14.
3.
6 a.
6 b.
12 a.
15 a.
15 c.
A.
B.
C.
12 b.
15 b.

19.
3.b.
1.a.
3.a.
A.
B.
1.c.
C.
2.b.
1.b.
2.a.

20.
1.
1b.
2a.
3c.
3a.
1a.
2b.
A.
C.
3b.
B.

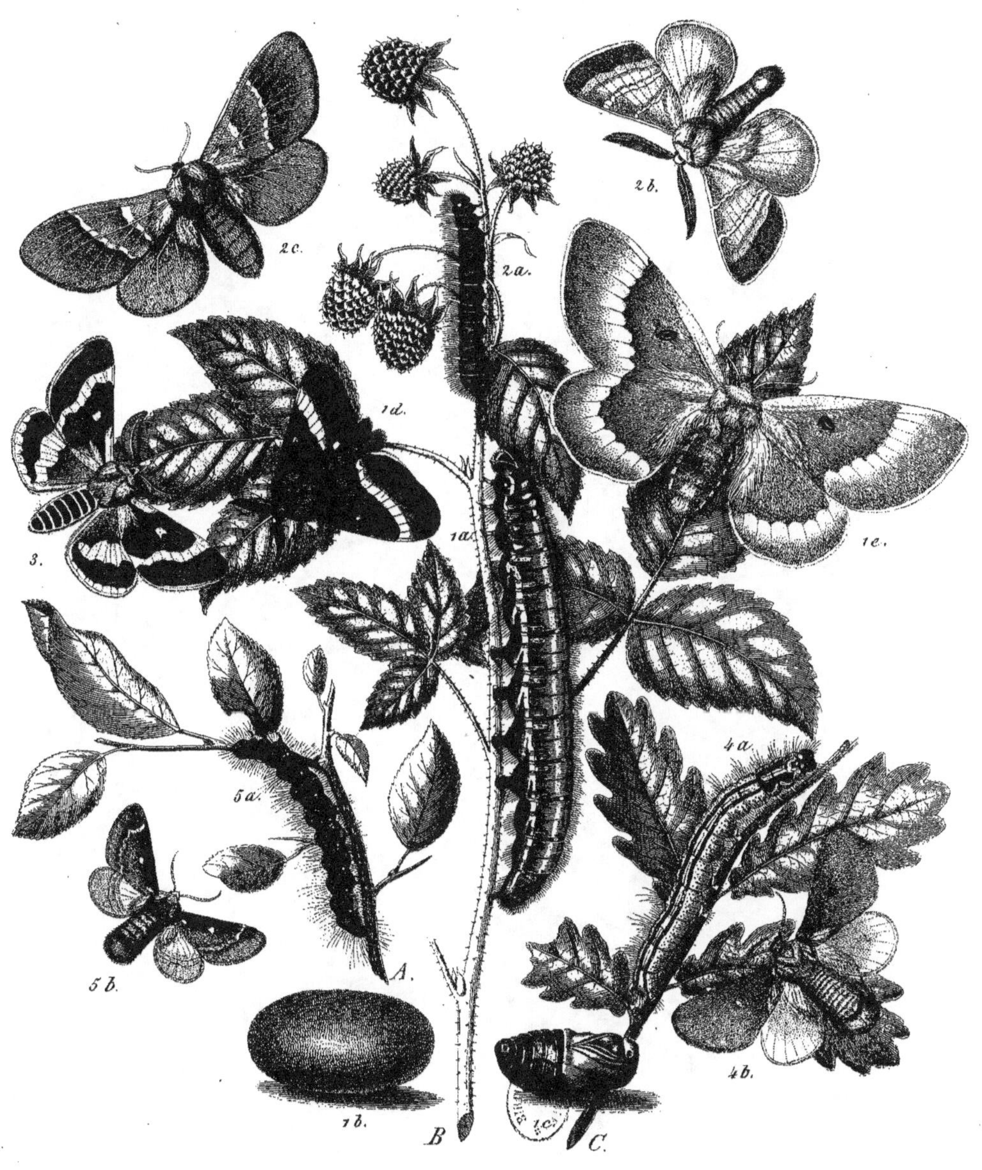

2 c.
2 b.
2 a.
1 d.
3.
1 a.
1 e.
5 a.
4 a.
5 b.
1 b.
A.
B.
C.
4 b.

27.
7a.
6b.
3c.
6a.
2
5.
3b.
7b.
1c.
3a.
8c.
4c.
8a.
2a.
1a.
8b.
4b.
1b.
C.
B.
A.

28.
3c.
3b.
1a.
A.
1b.
2e.
2d.
3a.
2a.
2c.
C.
B.

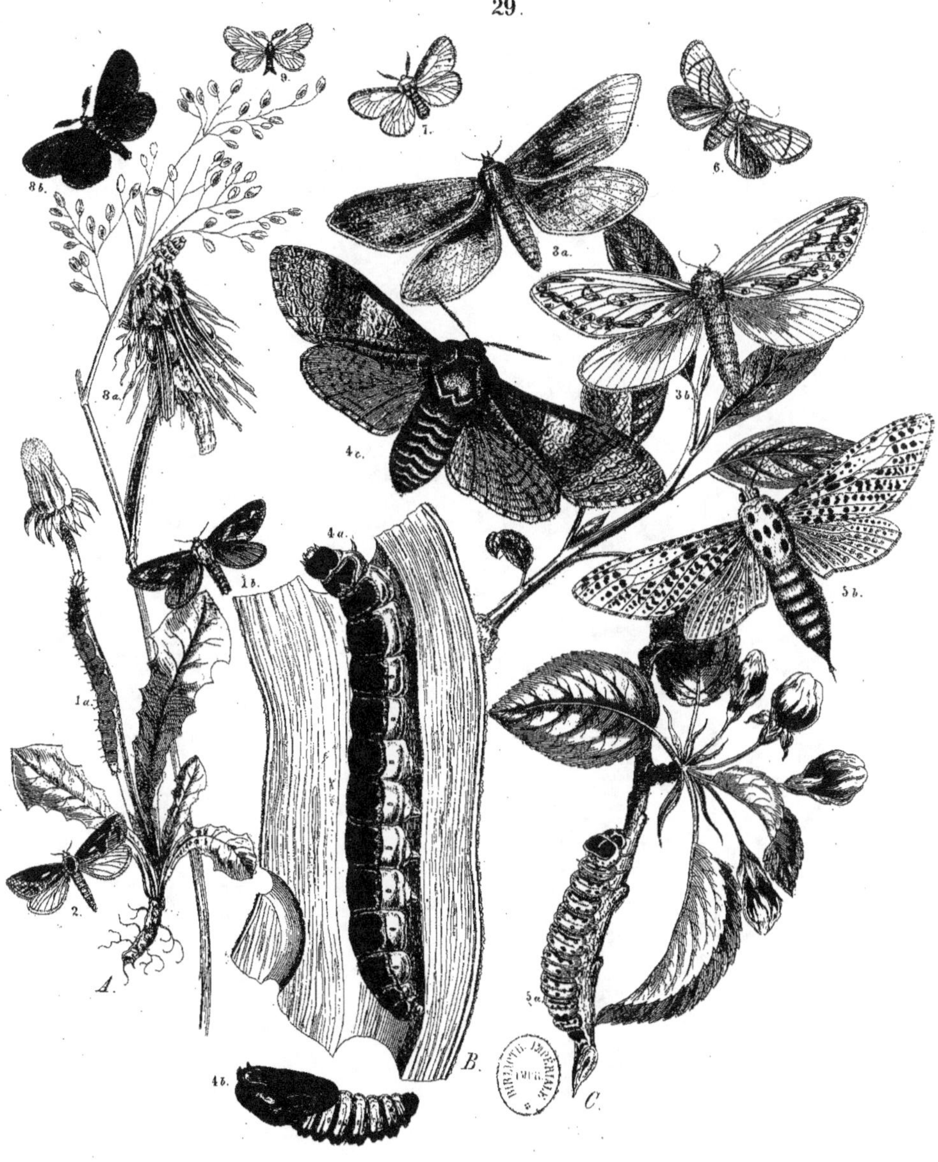

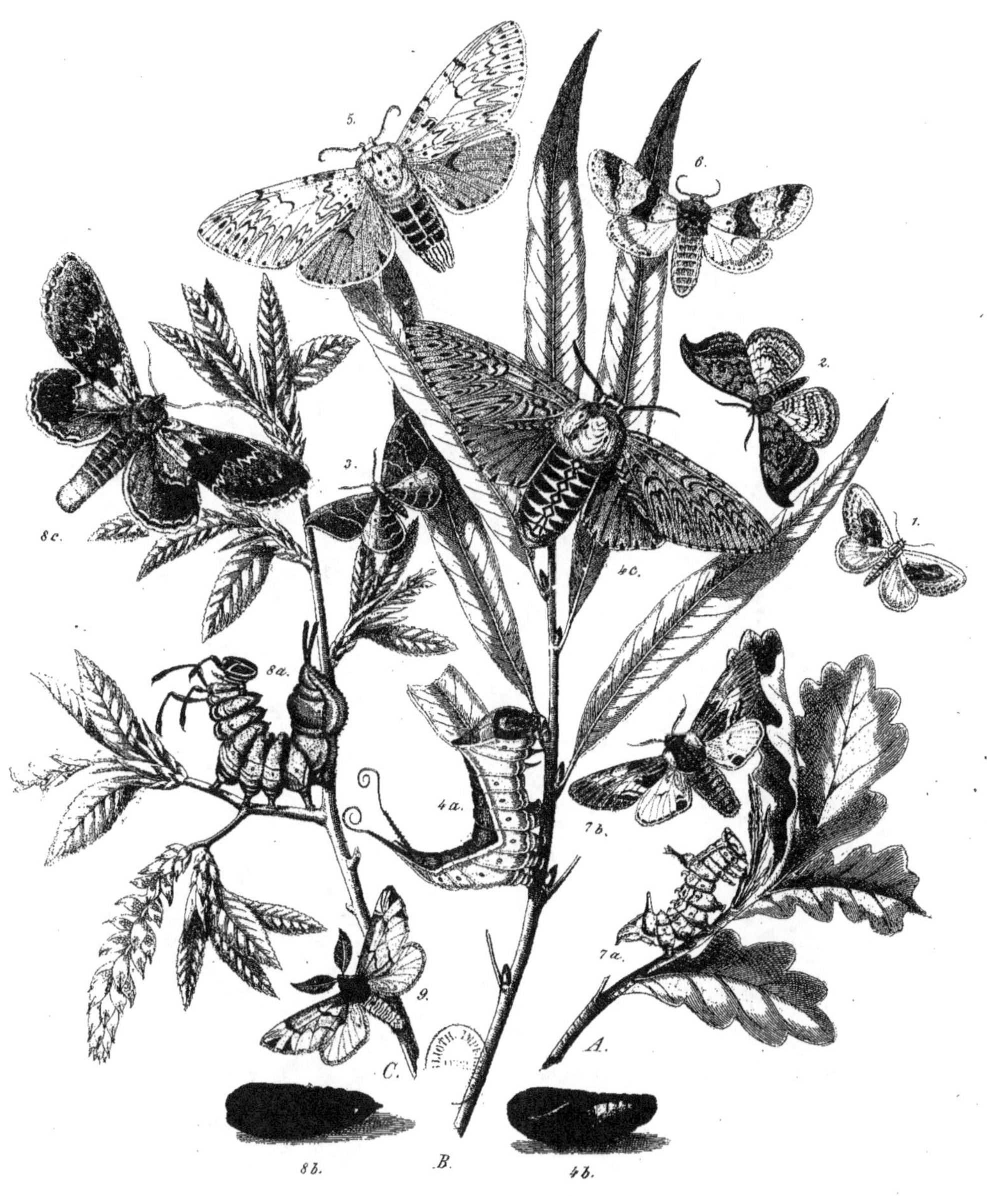

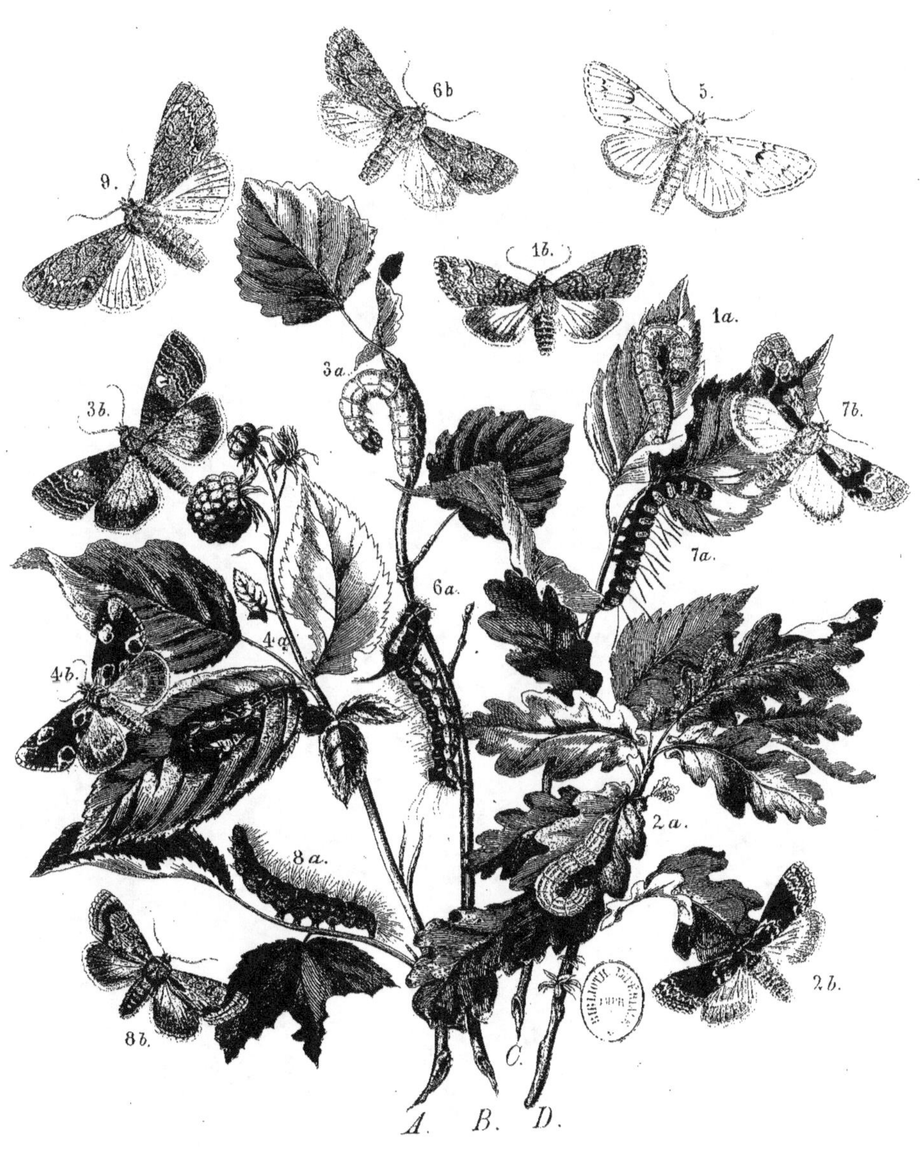

A.   B.   C.   D.

36.
6.
4b.
5.
7.
2.
3.
4a.
10.
1.
11b.
9.
8a.
11a.
12a.
8b.
12b.
A. B. C. D.

37.
11.
6b.
7.
4c.
6a.
3.
4a.
9.
2.
10.
8b.
1a.
5c.
8a.
1b.
5.
A.
B.
C.
D.
E.
4b.
5b.

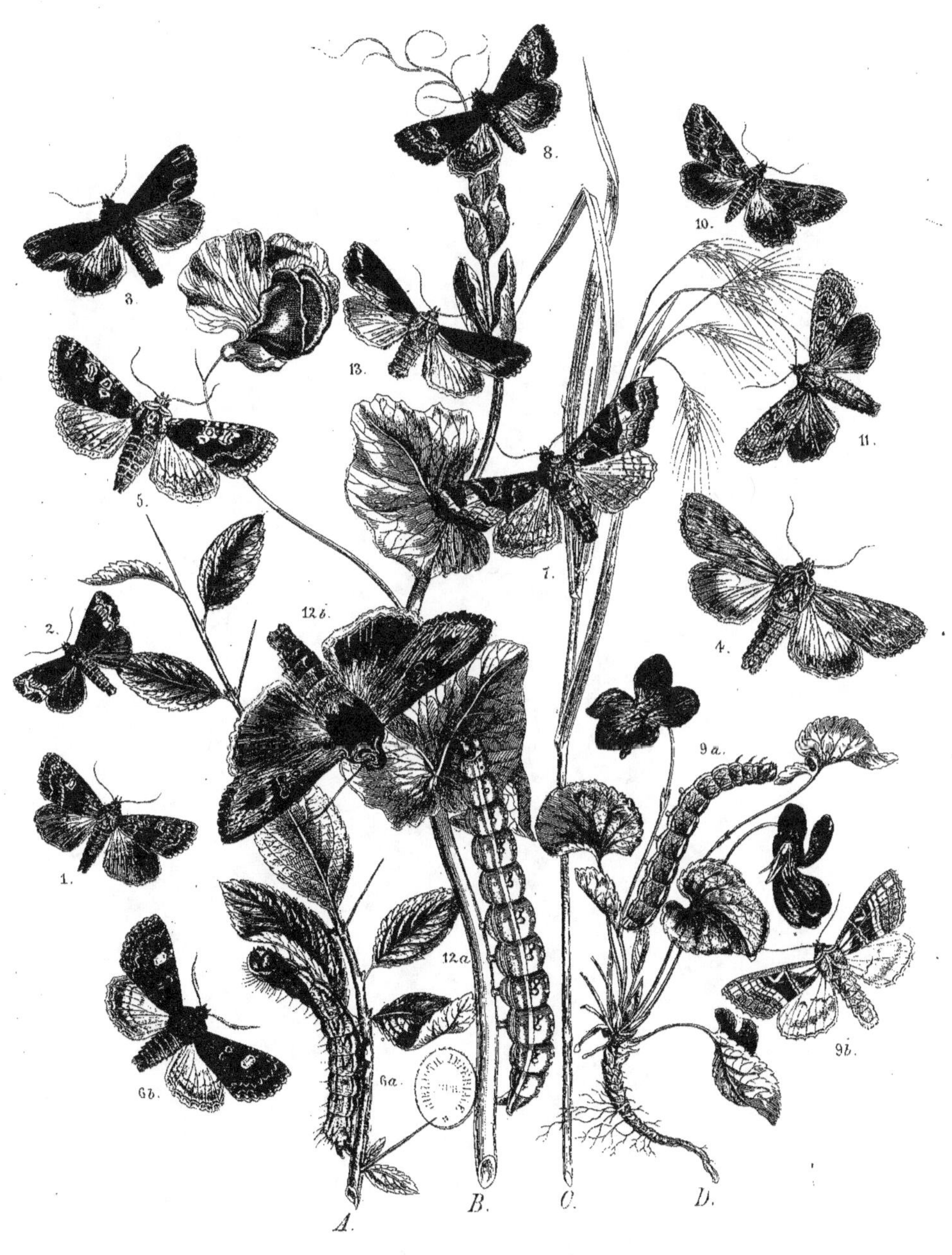

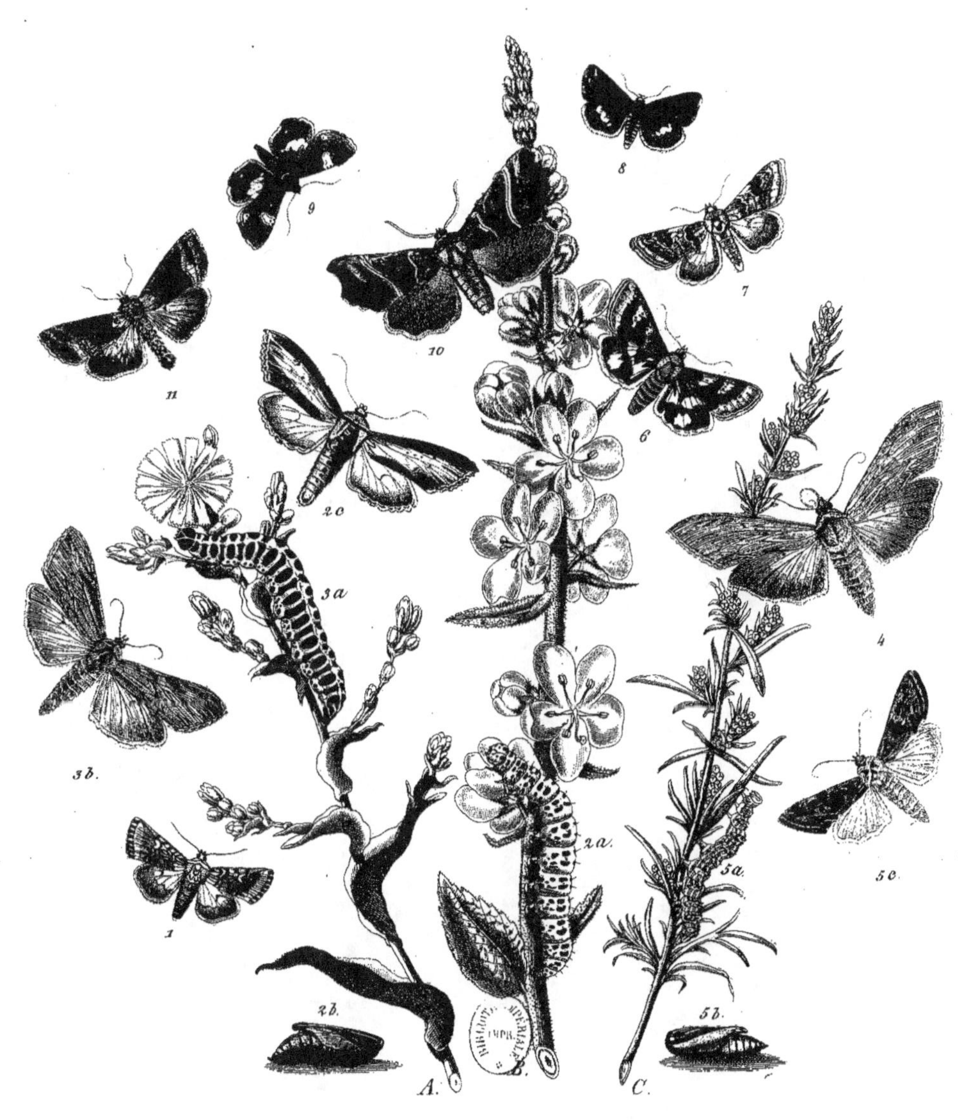

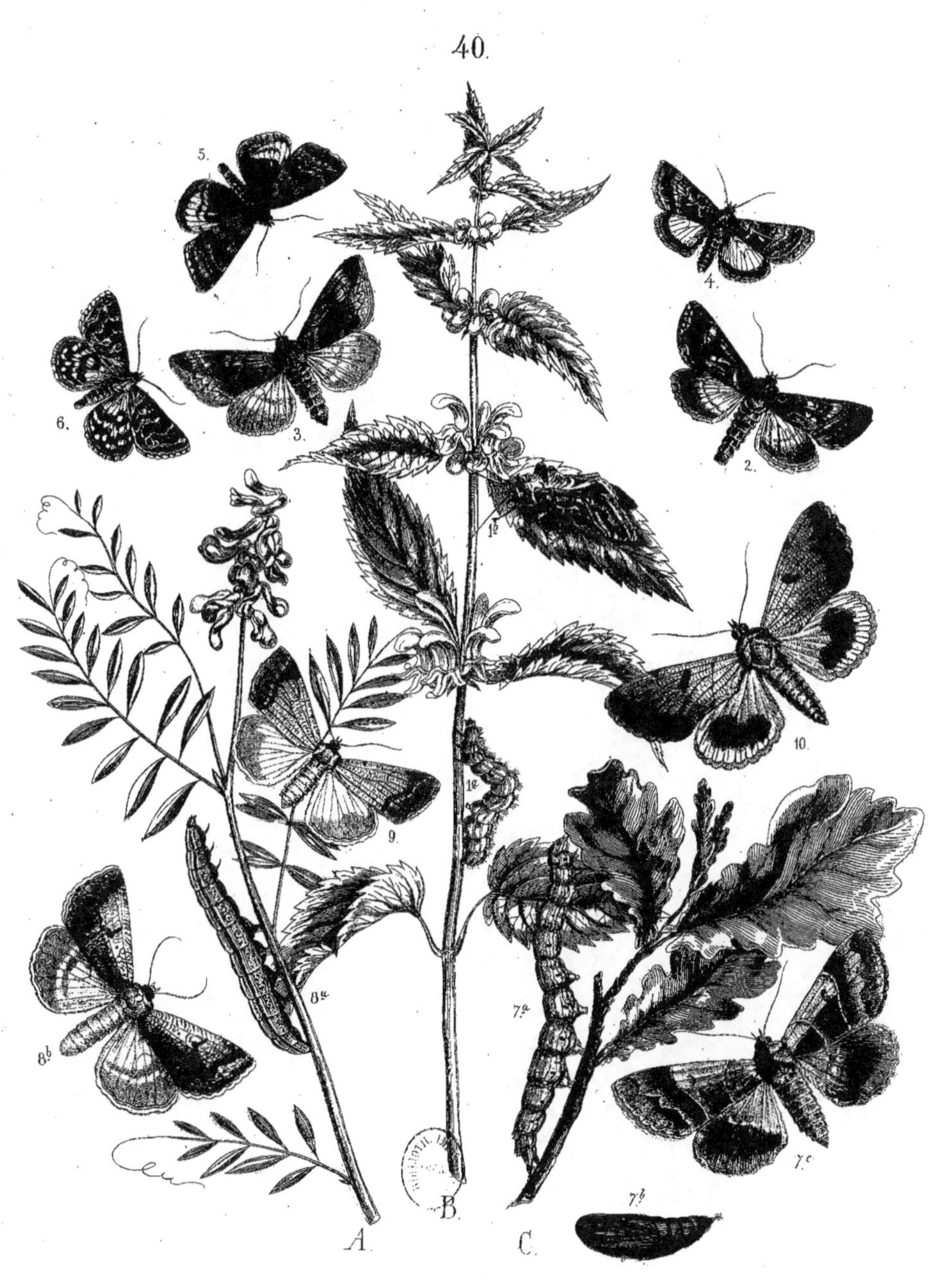

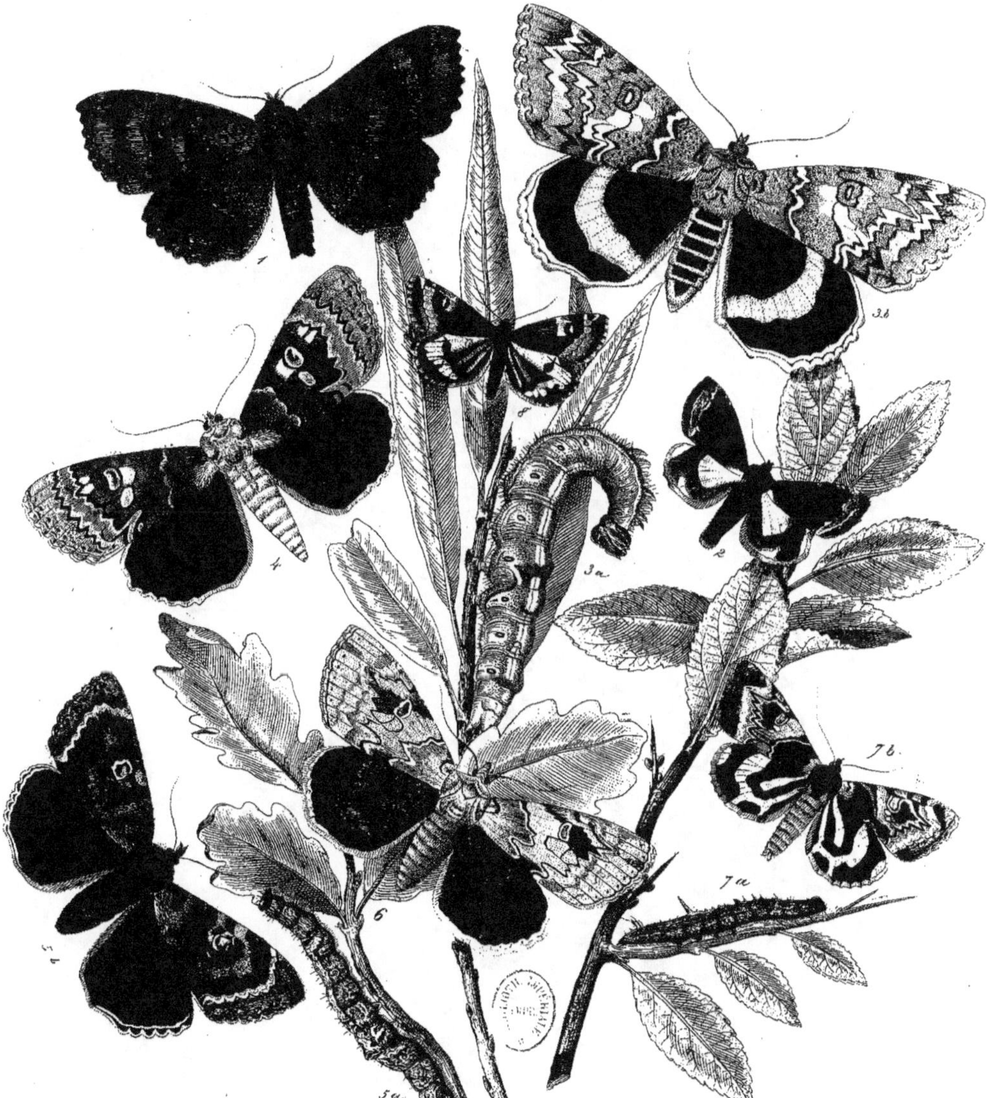

41.

44.

INVENTAIRE
S 8641
INVENTAIRE
S 8641